第4版

Freshman 化学

浅野　努
上野正勝
大賀　恭
　共著

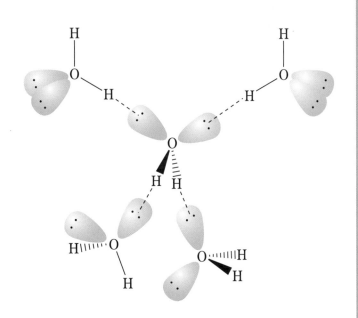

学術図書出版社

第 4 版にあたって

前回の改訂は 2019 年秋のことであった．それからわずか 3 年で版を改めることになった．その理由は大別して下記の 3 点に集約できる．

まず，度重なる変更・追加の過程における著者の不注意のため，囲み記事中の式番号に（1）（2）と（a）（b）が混在するといった形式的不一致が見られるようになった．

また，一部の囲み記事を，たとえば 2 章の "モル（mol）の起源" のように，より充実した内容に変更することが望ましいと考えるに至った．

そして最も大きな理由は，本文では熱力学における歴史的発展の経緯がほとんど記述されていないことを改めたいと考えたことである．

今では忘れられている多くの個人による小さな寄与の積み重ねが現在の科学を築き上げたのではあるが，どの分野でも数少ない個人が決定的役割を果たしたことを否定することはできない．そして，それらの "偉人たち" も生身の人間として様々な人生を生きたのである．

本文では触れなかったカルノー，ジュールといった数人の科学者の評伝を囲み記事として加えることによって，熱力学というサイエンスの確立の過程を知るとともに，決定的な寄与をした人物の横顔を少しでも知ることができるように試みた．いうまでもなく，非力な著者によるものであって，そのような目的が十分に果たせたとは思えないが，わずかでも学生諸君が学ぶ助けになれば幸せである．

本書の執筆にあたっては，先達の著書類はいうまでもなく，インターネットなどで公開されている多くの学術情報も参考にさせて頂いた．改めてここにその旨を記し，謝辞に換えたい．

いうまでもなくこの改訂は，ひとえに学術図書出版社の寛大なお取り計らいによって実現した．末筆ながら，同社の発田孝夫氏に深く感謝申し上げる．

2022 年 10 月
著者一同

※ 第 2 版，第 3 版の「まえがき」はこちらからご覧いただけます

まえがきに代えて

学生の皆さんへ

　この教科書は高校で化学を十分学習せずに大学に入学した人でも，講義の後で復習をするといったある程度の努力をすれば，理工系学部の卒業生として必要な化学の基礎知識と科学的考え方が身に付くようにと考えて執筆しました．

　環境問題やエネルギー問題といった私たちの生存に大きな影響を及ぼす問題の解決には，正しい科学的情報に基づいた論理的思考によって政治的判断を下すことが重要であるのは言うまでもありません．政治的判断は政治家が下しますが，その判断を左右しているのは世論です．したがって，多くの国民が正しい科学的知識に基づいて論理的に考えることが，今後ますます必要になります．また，このような態度は，職場においても日々の生活の場においても，個々の問題を解決するために必要です．そのような態度を身につける手助けを，この教科書が化学の学びの場で提供できれば，それに勝る喜びはありません．

　私たちは正しくない記述はもちろん，誤植などがないように心がけましたが，不備が多いのではないかと案じられます．誤りがあればどうか学術図書出版社までご連絡下さい．また改善の提案，質問も待っています．よろしくお願いします．https://www.gakujutsu.co.jp/text/isbn978-4-7806-1034-5/のご連絡用メールフォームからお願いします．

　この機会に新たな気持ちで化学を楽しく気長に学んで下さい．

著者一同

　　冬を運び出すにしては
　　小さすぎる舟です

　　春を運び込むにしても
　　小さすぎる舟です

　　ですから，時間が掛かるでしょう
　　冬が春になるまでは

吉野　弘

先生方へ

　この教科書は，理工系の学部で開講される専門基礎科目としての「化学」を念頭において執筆した．

　よく言われることであるが，理工系学部であっても新入生全員が高等学校で「化学 I」を履修してその内容を理解していることを期待はできない．また「化学 II」を履修したか，センター試験や個別学力検査で化学を選択したかによっても化学の基礎知識に大きな開きがある．このように多様な学生にどのような「化学」を教えるべきかについては意見の分かれるところかも知れないが，本書では「化学 I」で扱われている "物質の構成" "物質の変化" および「化学 II」で扱われる "物質の構造と状態" "化学反応と平衡" に相当する分野を中心に，高校レベルから始めて大学の専門基礎科目と考えられるレベルに至るまでを記述した．(週 90 分の講義 15 回／学期) × (2 学期) を念頭に置いているが，たとえば結晶構造のように，著者の判断から極めて限られた記述にとどめたトピックもあれば，逆に詳し過ぎると感じられる部分もあるかも知れない．ご意見をお寄せ頂ければ幸いである．平衡論における囲み記事は専門科目のレベルと考えられるが，余裕のある学生にはできるだけ正確な知識を身につけてもらいたいと考えてのものである．

　物理量の単位は SI 単位に統一した．圧力については標準状態圧力が 1×10^5 Pa と定められているにもかかわらず，現実には標準生成エンタルピーなどのように 1 atm を標準状態としたデータが依然として広く使われていることから atm の併用を考えたが，最終的には一貫性を優先して Pa に統一した．1.01×10^5 Pa あるいは 101 kPa などが頻繁に現れるのはそのためである．

　最近は講義にパワーポイントを使われる先生が多いと思われるが，著者によって作成された本書記載図表のデータを用意している．学術図書出版社まで連絡されたい (https://www.gakujutsu.co.jp/text/isbn978-4-7806-1034-5/ にデータ請求用メールフォームを準備した)．ご活用頂ければ幸いである．

　最後になったが，本書が日の目を見ることができたのは，学術図書出版社 発田孝夫氏のご協力あってのことである．ここに心からの謝意を表する．

2006 年 10 月

著者一同

目　　次

"もう少し詳しく" 一覧

1 化学の基本

　大学で化学あるいはそれに関連した科目を学ぶためにはその前提となる知識を必要とする．この章ではその知識を確かめよう．

　「化学」という言葉で表される学問の内容を短く正確にいい表すことはとても難しい．化学者の多くが物質を原子や分子として見ていることは間違いないが，ある人は原子または分子1個の振る舞いを研究しているし，またある人は数多くの分子が集まってできた細胞の中で起こっている現象を研究している．「化学」は物質に関する「科学」でそれは物理学，生物学とともに自然科学を支えている，とでもいえようか．しかし，これだけではあまりに漠然としているのでもう少し対象を絞り込む必要がある．

1.1　物質の分類

　物質とは体積と質量をもつすべてのものを意味する言葉である．体積はある物質が占める空間の大きさ，そして質量は物質の量のことで重量に比例するが重量と同じではない．重量は地上と宇宙船の中とで異なるが質量は変わらない．

　地球上で重さをもつものはすべてある大きさをもっているので物質とは重さをもつものすべてと言い換えてよい．よって化学の対象を明らかにするには物質を整理しなければならない．

　物質を構成する基本単位は原子であり，同一の原子番号を有する原子の種類を元素，ただ1種類の元素からなるものを単体という．原子番号の意味は1.5節で明らかにされる．

　物質には純物質と混合物があり，純物質とはただ1種類のものからできている物質で，たとえば不純物を除いた酸素ガスや水がその例である．これらの例に見られるように純物質は1種類の元素からなる単体と2種類以上の元素からなる化合物に分けることができる．単体と化合物の例を●表1.1に示す．

表 1.1　単体と化合物の例

単体	酸素　オゾン　水銀　金　ダイヤモンド　グラファイト
化合物	アンモニア　水　塩化ナトリウム　ブドウ糖　水晶

　混合物とは，たとえば塩化ナトリウム水溶液（食塩水）のように，2 種類以上の純物質が混合してできたと考えられるものである．塩化ナトリウムの濃度が低ければ塩化ナトリウムは完全に溶けて，溶液のどこをとっても水と塩化ナトリウムが同じ割合に混ざっている．このようなものを均一混合物という．しかし，水が蒸発して濃度が上がると溶液の底に塩化ナトリウムの結晶が現れる．このように混合物の部分によって含まれている物質の割合が異なるものを不均一混合物と呼ぶ．この世の中にある大部分のものは混合物それも不均一混合物であることは明白であり，化学の研究対象もそれらすべてに及ぶが，不均一混合物について知るにはその基になっている均一混合物，そして純物質について知らなければならない．したがって，この教科書では主として純物質と均一混合物を取り扱う．

1.2　巨視的観点と微視的観点

　たとえば水については●表 1.2 に示したように様々な性質が知られている．

　この表に与えられている値の大部分についてこれまで習ったことはなく，したがってそれらの意味はわからないかもしれない．ここではただこれらの性質が微視的と巨視的の 2 種類に分類できることを理解してもらえれば十分である．微視的性質というのは水分子 1 個についての性質であり，巨視的性質とはわれわれの目に見える程度に数多くの水分子が集まったときに測定できる性質を意味する．たとえば沸点は水が沸騰する温度であって，水分子 1 個について沸点というものは

表 1.2　水の微視的性質と巨視的性質

微視的性質	巨視的性質
1 分子の質量　2.99×10^{-26} kg	分子量　18.015
結合距離 O-H　95.79 pm	融点（凝固点）　273.15 K（$= 0\,°\mathrm{C}$）
結合角 ∠HOH　104.5°	沸点　373.15 K（$= 100\,°\mathrm{C}$）
双極子モーメント　6.19×10^{-30} C m	三重点　273.16 K（$= 0.01\,°\mathrm{C}$）
H-OH 結合解離エネルギー　492 kJ mol^{-1}	定圧比熱容量 *　4.1793 J K^{-1} g^{-1}
	蒸気圧 *　3.17 kPa（$= 23.8$ mmHg）
	密度 *　0.997 g cm^{-3}
	イオン積 *　1×10^{-14} mol^2 dm^{-6}

*25 ℃ における値

存在しない．しかし，目に見える水は水分子が集まったものであるから，水の沸点がアンモニアの沸点（$-33.4\,℃$）より高いことを理解するには水分子とアンモニア分子の違いを知らなければならない．よってこの教科書ではまず原子や分子の微視的性質について述べたのち，巨視的性質を解説する．

1.3 元素の名称と元素記号

2017 年までに 118 種類の元素が確認され，それぞれ固有の名前で呼ばれている．酸素，水素，炭素，窒素，金などがその例である．酸素，窒素，金などのように単体は元素の名前で呼ばれることが多い．しかし，2 種類以上の単体として存在する元素もあり，その場合，元素とは異なる名称も使われる．酸素原子が 2 個結合している酸素と 3 個結合しているオゾン，無数の炭素原子が異なる様式で結合したダイヤモンドとグラファイトなどがその例である．酸素とオゾン，ダイヤモンドとグラファイトなどはそれぞれ同素体と呼ばれる．

元素を表すために用いられる記号が元素記号である．かつて西洋ではラテン語とギリシャ語の教育をしっかり受けていなければ "教養がある" とはみなされず，科学者も例外ではなかった．したがって，多くの元素はギリシャ語あるいはラテン語によって命名され，それらの元素名から導かれた元素記号をもつものが多い．●表 1.3 と●表 1.4 にはそれぞれギリシャ語ならびにラテン語を語源とする名前をもつ元素の例を，そして●表 1.5 には元素記号はラテン語名から導かれているが，英語名はラテン語を語源としていない 9 つの元素を示す．なお日本語では漢字名 (あるいは漢字名のカタカナ表記) をもつ元素もあるが，多くはアルファベットで書かれた名前をカタカナで表記している．

1.4 元素記号の使い方

元素記号はどのようなときにどのようにして使うのであろうか？

誰でも知っているように H_2O は水のことである．この例に見られるように，元素記号と数字の組み合わせで化合物などの中にある原子の割合が表現される．後で学ぶように，単体，化合物を問わず一群の原子が分子と呼ばれる集団をつくって行動することが多いが，1 分子中に存在する原子の種類と数を元素記号とその右下につけた小さい数字で表す．このような式を分子式と呼ぶ．これからの学習に現れる分子の分子式とそれぞれの名前を●表 1.6 に示す．表の一番下にあるヘリウムとネオンはたいへん安定な原子で，他の原子と結合をつくる傾向が弱い．そこでこれらの単体は 1 つの原子からなる分子すなわち

表1.3 ギリシャ語に由来する名前をもつ元素の例 *

原子番号	元素記号	日本語名	英語名	語源となったギリシャ語	語源の意味
1	H	水素	Hydrogen	Hydro + Gen	"水をつくるもの":燃焼によって水を生成する.
2	He	ヘリウム	Helium	Helios	"太陽":太陽のスペクトルから太陽におけるその存在が明らかになった.
8	O	酸素	Oxygen	Oksys + Gen	"酸をつくるもの":すべての酸は酸素を含むと考えられていた.
35	Br	臭素	Bromine	Bromos	"悪臭":気体がつよい刺激臭をもつ.
43	Tc	テクネチウム	Technetium	Technetos	"人工の":人工的につくられた最初の元素
60	Nd	ネオジム	Neodymium	Neos+ Didymos-Di	"新しい双子":ランタンに性質がよく似ている.日本語名はドイツ語Neodymより.

*P. Loyson, *J. Chem. Educ.*, **2009**, vol.86, pp.1195-1199, DOI:10.1021/ed086p1195 などによる.

表1.4 ラテン語に由来する名前をもつ元素の例 *

原子番号	元素記号	日本語名	英語名	語源となったラテン語	語源の意味
6	C	炭素	Carbon	Carbo	"石炭,木炭"
13	Al	アルミニウム	Aluminum, Aluminium	Alumen	"ミョウバン(硫酸カリウムアルミニウム)"
44	Ru	ルテニウム	Ruthenium	Ruthenia	"ロシア":ロシア人K. Klausが発見.
67	Ho	ホルミウム	Holmium	Holmia	"ストックホルム":発見者P. T. Cleveの故郷
72	Hf	ハフニウム	Hafnium	Hafnia	"コペンハーゲン":D. KosterとG. von Hevsyがコペンハーゲンで発見.
75	Re	レニウム	Rhenium	Rhenus	"ライン川":ドイツ人W. Noddack, I. Tacke, O. Bergが発見.

*P. Loyson, *J. Chem. Educ.*, **2010**, vol.87, pp.1303-1307, DOI:10.1021/ed1000894 などによる.

表 1.5　元素記号が英語の名称と関係のない元素 *, **

原子番号	元素記号	日本語名	英語名	ラテン語名
11	Na	ナトリウム	Sodium	Natrium
19	K	カリウム	Potassium	Kalium
26	Fe	鉄	Iron	Ferrum
47	Ag	銀	Silver	Argentum
50	Sn	スズ	Tin	Stannum
51	Sb	アンチモン	Antimony	Stibium
79	Au	金	Gold	Aurum
80	Hg	水銀	Mercury	Hydrargyrum
82	Pb	鉛	Lead	Plumbum

* P. Loyson, *J. Chem. Educ.*, **2010**, vol.87, pp.1303-1307, DOI:10.1021/ed1000894 による.

** タングステン (英語名 Tungsten) は，この元素の酸化物を 1781 年にスウェーデン人 C. W. Scheele がスウェーデン語で "tungsten(重い石)" と呼ばれる鉱石から発見したことにもとづく名称である．一方その元素記号 W は 2 年後にスペイン人兄弟 Don Fausto de Elhuyar とその弟 Don Juan José が同じ酸化物を "wolframite" と呼ばれる鉱物から取り出して還元し，金属単体を得たことからドイツおよび北欧で用いられるようになった元素名 Wolfram からとられたものである.

表 1.6　分子式と分子の名称

分子式	名称 [英語名]
H_2	水素 [hydrogen]
N_2	窒素 [nitrogen]
O_2	酸素 [oxygen]
CO	一酸化炭素 [carbon monoxide]
CO_2	二酸化炭素 [carbon dioxide]
HCl	塩化水素 [hydrogen chloride]
CH_4	メタン [methane]
C_2H_6	エタン [ethane]
CH_4O	メタノール [methanol]
C_2H_6O	エタノール [ethanol]
He	ヘリウム [helium]
Ne	ネオン [neon]

単原子分子として扱われる．アルゴン，キセノン，ラドンも同様である.

　単体と同じく化合物も固有の名称をもっているが，それらは化学者の国際的な組織である「国際純正および応用化学連合」（IUPAC: International Union of Pure and Applied Chemistry）が定めた命名法によって決められている．分子式の中で元素記号をどの順に並べるかも IUPAC によって定められている．これらの規則については必要に応じて解説する.

　日常よく目にする化合物に塩化ナトリウム（食塩）NaCl があるが，それは●表 1.6 にない．なぜなら塩化ナトリウムは分子として存在しないからである．塩化ナトリウムはナトリウム原子と塩素原子そのものからできているのではない．ナトリウム原子が塩素原子に電子を 1 個与えた結果それぞれ Na^+ と Cl^- になり，これらのイオンと呼ばれる電荷をもつ原子が無数に集まってできている．正の電荷をもつイオンを陽イオンあるいはカチオン，負の電荷をもつイオンを陰イオンあるいはアニオンと呼ぶ．カチオンとアニオンからなるイオン性化合物はその中に存在するイオンの割合を最も簡単な整数比で表した組成式と呼ばれる式で示される．塩化ナトリウムを含むイオン性化合物についてそれらの名称，組成式および含まれるイオンとイオンの名称を●表 1.7 に示す.

表 1.7　イオン性化合物の例

組成式	含まれるイオンと名称 [英語名]	化合物の名称 [英語名]
NaCl	Na^+ ナトリウムイオン [sodium ion] Cl^- 塩化物イオン [chloride ion]	塩化ナトリウム [sodium chloride]
KOH	K^+ カリウムイオン [potassium ion] OH^- 水酸化物イオン [hydroxide ion]	水酸化カリウム [potassium hydroxide]
MgO	Mg^{2+} マグネシウムイオン [magnesium ion] O^{2-} 酸化物イオン [oxide ion]	酸化マグネシウム [magnesium oxide]
CaCO₃	Ca^{2+} カルシウムイオン [calcium ion] $CO_3{}^{2-}$ 炭酸イオン [carbonate ion]	炭酸カルシウム [calcium carbonate]
(NH₄)₂SO₄	$NH_4{}^+$ アンモニウムイオン [ammonium ion] $SO_4{}^{2-}$ 硫酸イオン [sulfate ion]	硫酸アンモニウム [ammonium sulfate]
Ba(NO₃)₂	Ba^{2+} バリウムイオン [barium ion] $NO_3{}^-$ 硝酸イオン [nitrate ion]	硝酸バリウム [barium nitrate]

●表 1.7 を見ると以下の特徴あるいは取り決めのあることがわかる.

1) イオンの電荷の数と正負の符合は元素記号の右上に小さく書く.

2) 組成式ではカチオン+アニオンの順にイオンを書く. 英語名ではカチオン名+アニオン名の順に，日本語名ではアニオン名+カチオン名の順に書く.

3) $NO_3{}^-$ や $NH_4{}^+$ のように複数の原子からなるイオンが 2 個以上含まれている場合にはイオンを表す式全体を ( ) でくくり，その外の右下にイオンの数を記す.

イオン性化合物全体を見ると正と負の電荷の数は等しく電気的に中性であることにも注意しよう.

小さい分子の形をとらない純物質はイオン性化合物だけではない. 炭素の同素体や種々の金属，ポリエチレンなどの高分子化合物がその例であるが，それらも元素記号または組成式で表される.

化学の重要な分野の 1 つは化学反応と呼ばれる物質の変換を研究することであるが，化学反応も分子式や組成式を使って表現される. たとえば一酸化炭素を十分な量の酸素とともに加熱すると二酸化炭素を発生する. この反応は式 (1.1) で表される [1].

$$2CO(g) + O_2(g) \longrightarrow 2CO_2(g) \tag{1.1}$$

化学反応の間に原子が生まれたり消えたりすることはないので，矢印 "$\longrightarrow$" で結ばれた左右両辺の原子の数が等しくなるように分子式あるいは組成式の前に係数をつけ，反応に関与する原子あるいは分子の数（の比）を明らかにする. 式 (1.1) は一酸化炭素 2 分子が酸素 1 分子と反応し二酸化炭素 2 分子ができることを表している.

分子としては存在しないイオン性化合物や金属などの反応でも，関

[1] 式 (1.1) で分子式の後ろに "(g)" とあるが，これはその分子が気体（gas）であることを示している. 固体，液体，水溶液はそれぞれ "(s)"(solid)，"(l)"(liquid)，"(aq)"(aqueous) で示される. しかし，物質の状態が重要ではない場合あるいは自明の場合には省略されることも多い.

"イオン" の名付け親ヒューウェルとファラデー

　今では日常生活でも馴染み深い語 "イオン"，この言葉を提唱したのは19世紀のイギリスで，王立研究所を舞台に数々の成果を上げた科学者マイケル・ファラデー（Michael Faraday, 1791-1867）である.

　1834年，電気分解の研究をしていたファラデーは，今で言う "陽極" と "陰極" を表現する新たな名称で苦労していた. 彼は，後の研究で誤りであることが明らかになるかもしれない理論（仮説）とは無関係の名称を，単純な一対の言葉，たとえば "東と西" からつくりたかったが満足できる用語を思いつかなかった. そのため彼は，神学者・哲学者・博物学者で "scientist" という言葉を初めて使ったことで知られるウィリアム・ヒューウェル（William Whewel, 1794-1866）に助けを求めた. ヒューウェルは東と西から日の出と日没を連想したのであろう，上昇（ascent）と下降（descent）を表すギリシャ語 "anodos" と "cathodos" からつくった "anode（陽極）" と "cathode（陰極）" を提案し，ファラデーはその提案に満足した. ヒューウェルはさらに，"昇る" と "沈む" を意味する動詞の中性分詞から anode 側に移動する陰イオンを "anion"，cathode 側に移動する陽イオンを "cation"，荷電粒子を "ion" と命名してはどうかと提案し，ファラデーはその提案も受け入れた.

与する原子あるいはイオンは一定の比率で反応する. たとえばナトリウムを水に入れると激しく反応して水素と水酸化ナトリウムになるが[式 (1.2)]，この反応ではナトリウム2原子と水2分子が反応して水素1分子を生じる. 水酸化ナトリウムは解離してナトリウムイオンと水酸化物イオンの水溶液が得られるので，それぞれ $Na^+(aq)$，$OH^-(aq)$ と書かれている.

$$2Na(s) + 2H_2O(l) \longrightarrow 2Na^+(aq) + 2OH^-(aq) + H_2(g) \qquad (1.2)$$

反応式 (1.1), (1.2) に示されているように，化学反応では反応物同士および反応物と生成物の物質量の比が常に一定である. これは化学の基本であって，このような関係の研究を化学量論と呼んでいる. 原子についての基本的知識があれば，これらの反応でなぜ CO_4 や Na^{2+} が生成しないのかといった疑問に答えることもできるのである.

1.5　原子番号と同位元素

　先に「同一の原子番号を有する原子の種類を元素という」と述べたが，「原子番号」とは何かを説明しなかった. 後で学ぶように，原子（あるいは元素）の性質は原子がもっている電子の数によって決まる. 電子の数は原子核中にある正電荷の数に等しく，この正電荷の数を原子番号といい Z で表す. 正電荷は核がもつ陽子（あるいはプロトン）

と呼ばれる正の電荷をもつ粒子によるものであるが，核には中性子と呼ばれる電気的に中性の粒子も存在する．原子の質量の大部分はこれら陽子と中性子によるものなので，陽子数+中性子数を質量数と呼んでいる．20世紀はじめまでは原子番号が同じであれば質量数も同じ，言い換えれば「同一原子」は1種類しかないと考えられていた．しかし，1912年にアストンは，ネオンが質量数が異なる複数の原子の混合物であることを明らかにした．現在では天然に存在する元素の多くは同様の混合物であることが明らかになっており，原子番号は等しいが，質量数が異なる元素のことを同位元素または同位体と呼んでいる．同位体を区別したいときには ^{79}Br，^{81}Br のように元素記号の左上に小さく質量数をつける．なお原子核が変化する反応を扱う場合には，原子番号の変化を明らかにするために，元素記号の左下に原子番号を付け加える．この場合，電子や中性子が関与する反応ではそれぞれ，$_{-1}^{0}$e, $_{0}^{1}$n と書かれる．これらの反応でも反応式の両辺で原子番号と質量数がつりあっていることに注意しよう．

$$_{92}^{238}\mathrm{U} \longrightarrow {}_{90}^{234}\mathrm{Th} + {}_{2}^{4}\mathrm{He} \tag{1.3}$$

$$_{4}^{9}\mathrm{Be} + {}_{2}^{4}\mathrm{He} \longrightarrow {}_{6}^{12}\mathrm{C} + {}_{0}^{1}\mathrm{n} \tag{1.4}$$

$$_{7}^{14}\mathrm{N} + {}_{0}^{1}\mathrm{n} \longrightarrow {}_{6}^{12}\mathrm{C} + {}_{1}^{3}\mathrm{H} \tag{1.5}$$

$$_{1}^{3}\mathrm{H} \longrightarrow {}_{2}^{3}\mathrm{He} + {}_{-1}^{0}\mathrm{e} \tag{1.6}$$

いくつかの同位元素とその存在％を●表1.8に示す．質量数2と3の水素は特に重水素 (deuterium)，三重水素 (tritium) と呼ばれ，それぞれ "D"，"T" という記号で表されることが多い．三重水素は不安定で電子を放出して He に変わるが [反応 (1.6)]，高層大気中で宇宙線の作用によって ^{14}N から絶えず生成している [反応 (1.5)] ので地球上に約 10 kg 存在し，雨水の中には ^{1}H の $1/10^{19} \sim 1/10^{17}$ 程度の T が含まれている．水素以外に特別な呼び名をもつ同位元素はない．もちろん全

表1.8　同位元素の例 *

元素	一般的に使われている物質中の同位体存在度 [原子百分率]		
水素	^{1}H 99.972〜99.999　　^{2}H 0.001〜0.028　　^{3}H 極めて微量		
炭素	^{12}C 98.84〜99.04　　^{13}C 0.96〜1.16		
窒素	^{14}N 99.578〜99.663　　^{15}N 0.337〜0.422		
酸素	^{16}O 99.738〜99.776　　^{17}O 0.0367〜0.0400　　^{18}O 0.187〜0.222		
塩素	^{35}Cl 75.5〜76.1　　^{37}Cl 23.9〜24.5		
臭素	^{79}Br 50.5〜50.8　　^{81}Br 49.2〜49.5		

* 日本化学会「元素の同位体組成表（2022）」による．

ての天然に存在する元素に同位体があるのではなく，Be，F，Na，Al，
P，Sc など 22 の元素はただ 1 種類の安定な原子からなる.

"同位元素" の物語

　　同じ原子番号をもつが質量数は異なる元素を "同位元素（アイソトープ）" と呼ぶことを提案したのはイギリスの化学者フレデリック・ソディーであった.

　　ソディーは 1877 年にイギリスの大ブリテン島南部にある町イーストボーンに生まれ，オックスフォード大学のメルトンカレッジを卒業，1900 年にカナダ・モントリオールにある McGill 大学実験助手に採用された. 研究面で彼は，アーネスト・ラザフォードと共同して，当時はその本質が不明であった元素の "壊変" について研究を行い，1900 年から 1902 年の間に発表した 9 編の論文において，壊変には α, β, γ の 3 種類があること，壊変とは原子が壊れて新しい物質に変わるプロセスであることを明らかにした. この業績によってラザフォードは 1908 年にノーベル化学賞を受賞したが，ソディは独立した共同研究者ではなくラザフォードの指導の下で研究を行ったに過ぎないとノーベル賞選考委員会が誤って判断したため受賞者とはならなかった.

　　1903 年，イギリスに帰国したソディは，希ガスの発見者ユニヴァーシティー・カレッジ・ロンドン（UCL）のサー・ウィリアム・ラムゼーとの共同研究において，α 壊変でラジウムから放出される α 粒子がヘリウムの原子核 He^{2+} であることを明らかにしたが，これはその後発表した "α 壊変では，原子番号が 2 質量数が 4 減少するのに対し，電子が放出される β 壊変では原子番号が 1 増大するだけで質量数には変化がない" という "放射性核種の変位法則 group displacement law" の発見へと繋がる研究であった.

　　1913 年にソディは学術誌 *Nature* の "編集者への手紙" という形式の論文で，ある元素が α 粒子を放出した後に β 粒子（電子）を 2 度放出すると最初の原子と同じ原子番号をもつが質量数は 4 少ない原子になることを指摘し，そのような元素をギリシャ語で "同じ場所" を意味する "isotope" と呼ぶことを提案した[1]. この名称は広く科学者によって受け入れられて定着し現在に至っている.

　　彼は，安定な元素にも同位元素が存在しうると考えていたが，それはトムソンとアストンによるネオンの同位体の分離，ソディーの研究室をはじめとする 4 つの研究室におけるラジウムの壊変によってできた鉛と通常の鉛が異なる質量をもつことの発見によって実験的にも証明された.

　　1921 年にその "放射性物質の化学への貢献と同位元素の起源に関する研究" に対してノーベル化学賞を与えられたソディーは，1919 年から 1936 年までオックスフォード大学化学科教授の職にあった. 彼は科学の教育と研究に携わる傍ら，経済・商業活動・財政・政治など多方面において発言を繰り返した. 彼の "金本位制を放棄して為替変動相場制へ移行し，財政の赤字と黒字を景気循環減殺のためのマクロ経済政策に利用する. そのために消費者物価指数を含む経済統計をとる部局を新設する" という，今では各国が採用している政策を提案

したが，当時は "変人" 扱いされた．

　彼はまた，早くから核エネルギーの理論的可能性を認識しており，1926 年に原子エネルギーが利用可能になったらどのような世の中になるかという問いへの答えとして，"もしその発見が明日なされるなら，今各国が化学兵器の開発に血道を上げているように，すべての国が戦争への応用に全身全霊を傾けるであろう" と記している．

　彼は 1956 年に 79 歳でこの世を去ったが，遺言によってフレデリック・ソディー財団 Frederck Soddy Trust が創設され現在に至るも人文地理学を中心とする調査研究などをサポートしている．

1) 彼自身の回想には，「'化学的には同一であって化学的手段では分離不可能な元素' と繰り返し書いているうちにあきあきしたので，この新語を造り出した」とあるが，ソディの学生アレクサンダー・フレックによれば，あるディナーパーティーの席で，ソディ夫妻の友人であった医師で作家のマーガレット・トッドによって示唆されたという．

1.6　原子量の決定

2) 原子量および分子量については，2.2 節を参照のこと．

　原子はその種類に応じて一定の質量をもっている．そこで原子 1 つの相対的質量（これを原子量[2]という）を決定したいと 19 世紀の化学者は考えた．そのための重要なヒントを気体の性質が与えていると思われた．

3) ボイルの法則とシャルルの法則を合わせて考えると，「一定量の気体の体積 V は圧力 P に反比例し，絶対温度（熱力学温度）T に比例する」ということになる．この関係をボイル-シャルルの法則という．6.2 節を参照のこと．

　当時化学者たちはすでに，気体の温度 T，体積 V と圧力 P の間には気体の種類に関係なくボイルの法則[3]（一定量の気体の体積は，一定温度では圧力に反比例する）とシャルルの法則[3]（一定量の気体の体積は，一定圧力では温度が 1 ℃ 上がると 0 ℃ の体積の $\frac{1}{273}$ だけ増加する）が成り立つこと，そして，「気体の反応においては，反応に関係する気体の体積比は，同じ温度同じ圧力のもとでは簡単な整数比になる」（気体反応の法則）ことも知っていた．そこで多くの化学者は「同じ温度と圧力で同じ体積を占める気体は同数の気体分子を含んでいる」というアボガドロの法則が成り立っていると考えていた．もしこの法則が正しければ気体の密度は気体分子の質量に比例する．したがって，分子の相対的質量（分子量[2]）は気体の密度を測定すれば求められ，酸素や水素のような単体の密度は原子量に直結しているはずであった．しかし，化学者たちは 1 つの分子（たとえば水素分子）の中に何個の原子があるか決めることができなかった．また 19 世紀半ばには，酸化銀は銀 93.10 ％ と酸素 6.90 ％ からなり，酸化亜鉛は亜鉛 80.35 ％ と酸素 19.65 ％ からなる，などのように，多くの化合物を正確に分析することができたが，それぞれの化合物中の原子数がわからないので分析結果から原子量を正しく決めることもできなかった．この困難を解決する方法を考えついたのがイタリアの化学者カニッツァ

表 1.9 水素を含む気体化合物の密度，水素含有率，1 分子中の水素の質量

化合物	相対密度（水素 = 2）	水素の質量 %	1 分子中の水素の相対質量（水素 = 2）
塩化水素	36.5	2.7	1
臭化水素	81	1.2	1
ヨウ化水素	128	0.78	1
水蒸気	18	11	2
硫化水素	34	5.9	2
アンモニア	17	18	3

ロであった．彼は水素を含む気体化合物中の水素の割合とその化合物の密度とから，分子 1 個の中にある水素の質量と水素分子 1 個の質量の比を求めた．その結果の一部を●表 1.9 に示す．いくつかの分子中には水素分子の $\frac{1}{2}$ の単位で水素原子が含まれていることは明らかであり，このことからカニッツアロは水素の分子式は H ではなく H_2 であると結論した．この結果，酸素の原子量は水素の原子量のおよそ 16 倍であることがわかり，そこから他の原子量も決まっていった．

原子量の基準はその後変更され，現在では炭素の同位体 ^{12}C を原子量の基準と定め，その原子量を 12 としている．同位体がある場合，その割合を考慮した平均値が原子量である．一例として銀の原子量を計

Stanislao Cannizzaro（1826-1910）

1826 年にイタリア南部の島シチリアに生まれたカニッツアロは，パレルモ大学で医学を修めた後，ピサ大学でピリアの指導を受けて化学を学んだ．当時，イタリアは多くの小公国に分かれてオーストリアの強い影響下にあったため，イタリアの統一と独立を求める運動が若者を中心に盛んであった．1848 年シチリア義勇軍が決起すると，前年に帰郷していたカニッツアロは軍に加わり戦った．一時はシチリア新政府が樹立され，カニッツアロは新政府の書記長に任命されたが，間もなくオーストリアの支援を受けたシチリア王フェルディナンド二世との戦いに破れ，フランスに亡命した．亡命中もパリなどで化学の研究を続けていたカニッツアロは 1851 年に帰国し，ゼノア大学などで教鞭をとる傍ら，有機化学や理論化学の研究に情熱を傾け 1853 年にはカニッツアロ反応 [1] を発見した．

1860 年ガリバルディによって義勇軍が組織されると再び軍務についたが，同年夏にはゼノアに戻り，9 月にカールスルーエで開かれた最初の化学者による国際会議において，アボガドロの仮説を受け入れるなら原子量の決定が可能であることを主張した．

カニッツアロは 1871 年から亡くなるまで 40 年間ローマ大学で教授を勤める一方，学会の指導者としてまた上院議員として活躍した．

[1] α 位に水素原子をもたないアルデヒドに水酸化アルカリを作用させると不均化が起こり，対応するアルコールとカルボン酸塩が生成する反応．

算してみよう.

文献によれば，^{12}C $= 12$ とすると ^{107}Ag $= 106.91$，^{109}Ag $= 108.90$ であり，それらの存在百分率はそれぞれ，51.839, 48.161 である．よって銀の原子量は $106.91 \times 0.51839 + 108.90 \times 0.48161 = 107.87$ となる[4].

4) それぞれの原子の質量が（陽子の数）×（陽子の静止質量）と（中性子の数）×（中性子の静止質量）の和（これはおよそ質量数に等しい）より小さいが，これは陽子と中性子が集まって原子核をつくるためにその質量の一部が結合エネルギーに変化したためである．

問　題

---

1. つぎの物質がどのような原子からできているかを調べてそれらを単体と化合物に分類せよ.
1) 水銀　　2) セレン　　3) ナフタレン　　4) アンチモン
5) 白金

2. つぎの元素の元素記号とその英語名を調べよ.
1) カリウム　　2) 銅　　3) ヒ素　　4) リン　　5) 亜鉛
6) スズ

3. 元素には発見につながる実験が行われた国（土地）あるいは発見者にゆかりの国（土地）に因んだ名前をもつものが多い．本文で言及されていないそのような元素の元素記号と名称を3つ示し，名称の由来を述べよ.

4. 窒化マグネシウムは Mg^{2+} と N^{3-} からなるイオン性化合物である．窒化マグネシウムの組成式を求めよ.

5. プルトニウムの原子番号は94である．^{239}Pu 原子中にはいくつの中性子が存在するか.

6. ウラン 238，^{238}U ($Z = 92$) は中性子と反応してネプツニウム 239 ^{239}Np ($Z = 93$) を生成する．この反応を式 (1.4) にならって記述せよ.

7. 以下に示す表を完成して，酸素分子が2原子分子であると推定できることを示せ.

酸素と酸素を含む化合物	相対密度 (水素 = 2)	酸素の質量 %	1分子中の酸素の相対質量 (水素 = 2)
酸素	32	100	32
一酸化炭素			
二酸化炭素			
一酸化二窒素			
一酸化窒素			

8. 塩素は 2 つの同位体 ^{35}Cl と ^{37}Cl からなり，それらの原子量は $^{12}\text{C} = 12$ とするとそれぞれ，$^{35}\text{Cl} = 34.97$，$^{37}\text{Cl} = 36.97$，存在割合はそれぞれ 75.77 % と 24.23 % である．天然に存在する塩素の原子量を求めよ．

9. 一般に同位元素とその化合物は性質がよく似ているが，水素 H と重水素 D，水 H_2O と重水 D_2O の性質はかなり異なっている．下記の表を完成してそのことを確認せよ．

	H_2	D_2	H_2O	D_2O
融点/K				
沸点/K				

2

単位と測定値の扱い

化学ではいろいろな測定を行い，測定値について様々な計算をする．この章では測定値の表現で欠くことができない単位，測定値の表現方法，そして測定値の取り扱いについて必要な基礎を学ぼう．

2.1 物理量と次元

科学では長さ，体積，重さといった日常生活でなじみ深い物理量もふくめて，様々な物理量の測定を行うことが多いが，得られた値（測定値）は必ず単位をもっている．したがって，科学を学ぶには単位について理解しておかなければならない．

次節で述べる SI 単位系では，7 つの基本物理量が固有の次元（dimension）をもつと考える．●表 2.1 にそれら基本物理量，次元を表すために一般的に用いられる記号，SI 単位系で用いられる単位の名称を明らかにしておく．次元と単位は同じように見えるが，次元は物理量の種類を表すもので，異なる単位で与えられている量であっても同じ次元をもつ物理量であれば "1 秒 + 1 分" のように足したり，引いたりすることは意味がある．一方，次元が異なる物理量の加減は意味をなさないが，掛け算・割り算をすることによって新たな物理量を導くことができる．たとえば体積は，$(4/3)\pi r^3$ のように，長さの 3 乗を含む

1) 物理量を表す記号は l, m, T などのように斜（イタリック）体で表す約束になっている．記号は斜体にするが，単位は標準（立）体で表す．また後述のアボガドロ定数 N_A のように下付き文字は原則として標準体とする．しかし，下付き文字が物理量を意味するときは K_p のように斜体にする．

表 2.1 基本物理量とそれらの次元の記号，それらの量を表すために使われる一般的記号 [1] および SI 単位の記号と名称

基本物理量	次元の記号	一般的に用いられる記号	SI 単位の記号と名称
時間	T	t	s 秒
長さ	L	l など	m メートル
質量	M	m	kg キログラム
電流	I	I, i	A アンペア
熱力学温度	Θ	T	K ケルビン
物質量	N	n	mol モル
光度	J	I_v	cd カンデラ

度量衡の変遷

　人類が社会生活を営み始めるとともに，物の長さ，容積，重さ（度量衡）を測るということが始まったと考えられる．恐らく，古代文明が栄えたどの地方でも，それぞれの都市国家固有の単位が使われていたであろうが，交易網が広がるにつれて統一された単位が必要になったことは想像に難くない．

　ホワイトロー[1]によれば，古代メソポタミアでは，都市国家ラガシュの王グデア（在位：紀元前 2144 頃-2124 年）の時代，都市国家間の共通基準をつくろうということになった．そして地球の周囲の長さの 1/360 を長さの基準にすると決められた．

　このような計測の統一基準をつくろうという試みは世界各地で，その後も多くの為政者によって行われたが，あくまでも為政者の支配が届く範囲で使われるに留まった．

　1215 年にイングランドの貴族たちが強制的に国王ジョンに作成，公布させたマグナ・カルタ（Magna Carta）に，"われわれの王国のどこにおいても，ワイン，エール，そして穀物を測るときの単位はただ 1 つ，すなわちロンドン・クゥオーター London quarter とする．また，布類の幅は両側の織端の間が 2 エル ell とする．重量についても同様の基準を定める．"とあることから見て，イギリスは度量衡の基準整備が比較的早く行われた国と考えられるが，エリザベス 1 世によって 1588 年に定められた基準は言うまでもなく，1824 年に導入されたフート，ポンドなどを基準とする帝国度量衡（Imperial Metrology）ですら，ヨーロッパ大陸諸国でひろく採用されることはなかった．

　状況が大きく変わったのは 18 世紀末であった．革命後の 1790 年，フランスの国民議会議員タレーラン・ペリゴール Talleyrand-Périgord が，自然界に基礎を置きかつ論理的な，世界各国共通の単位制度の確立を提案した．

　地球の北極点と南極点を通り，赤道と直交する大円，子午線，の 1/4 を 1000 万メートルとするという彼の提案によって，1792 年から 7 年かけて，フランス北部のダンケルクからパリを通ってスペイン南部バルセロナに至る子午線弧の長さが実測され，基準となるメートル・バー[2]がつくられた．またこの際，水の密度が最大となる温度，4℃，での $1\,dm^3$ の水の質量が $1\,kg$ と定められた．

　しかし，新しい単位，メートル法，の使用に対する抵抗は大きく，フランス国内においても普及は進まなかった．結局，1837 年に "1840 年以降はメートル法以外の単位の使用を禁止する" という法律が制定されたことによってようやく全土に普及していった．

　その後，メートル法は，度量衡の単位統一に悩んでいた国々の関心を集め，1867 年に開かれたパリ万国博覧会の際にパリに集まった学者の団体が，"メートル法によって単位を国際的に統一する" という決議を行った．1875 年にはメートル法を導入するため，各国が協力して努力するという主旨のメートル条約 Convention du Mètre が締結され，新たにつくられたメートル原器とキログラム原器が，フランスに置かれた国際度量衡局（BIPM: Bureau International des Poids et Mesures）で保管されることになった．

　日本でも度量衡に関する様々な記録が残されているが，江戸と京の枡座（ますざ）でつくられる枡の大きさが異なるなど，江戸時代においてすら，商工業の地方分散傾向を反映して，全国的な共通の基準は成立していなかった．この状態は明治政府が成立した後も 20 年近く続いたが，当時の指導者たちはメートル法と全国一律の度量衡制度導入の必要性を充分に認識していた．1885 年（明治 18 年），日本はメートル条約に加入し，1890 年にメートル原器とキログラム原器の複製が届けられた．その翌年，1891 年（明治 24 年），政府は度量衡法を公布し，伝統的尺貫法を，たとえば 1 尺は 10/33 m，1 貫は 15/4 kg のように，メートル法の基準との厳密な関係として定義した．

　その後，尺貫法とメートル法を併用する状態が長く続いていたが，1951 年（昭和 26 年）にメートル法の使用を義務づけ，尺貫法の使用を禁止する計量法が制定され，1966 年 4 月 1 日をもって厳密に施行された．

　当初は長さと質量のみを対象としていたメートル法であるが，1921 年に開かれた第 6 回国際度量衡総会（CGPM: Conférence Générale des Poids et Mesures）で，すべての物理量を対象とすることが決議され，1960 年の第 11 回 CGPM で本文 2.1 に記載されている国際単位系（SI）の原型が採択された．

1)　『単位の歴史　測る・計る・量る』Ian Whitelaw 著，富長 星訳，大月書店，2009.
2)　長さの単位は "測る" という意味のギリシャ語メトロン metron に因んで "メートル mètre" と呼ばれることになった．

関数として表すことができ，その次元は L^3 である．密度は単位体積当たりの質量であるから，その次元は ML^{-3} で，体積が $5\,\mathrm{m}^3$ の液体の質量が $4\,\mathrm{kg}$ の場合，その液体の密度は $0.8\,\mathrm{kg\,m}^{-3}$ である．

$$\frac{4\,\mathrm{kg}}{5\,\mathrm{m}^3} = \frac{4}{5}\left(\frac{\mathrm{kg}}{\mathrm{m}^3}\right) = 0.8\,\mathrm{kg\,m}^{-3} \tag{2.1}$$

この例からわかるように，密度は質量と体積を用いて表現できる．言い換えれば，数値に関する計算と同様に，単位（および次元）についても掛け算，割り算をすることによって，新たな単位（および次元）を導くことができる．このように基本物理量から導かれる単位を組立単位と呼ぶ．●表 2.2 に化学で比較的頻繁に使われる組立単位を示す．

　組立単位には固有の名称をもつものともたないものがある．なおセルシウス温度間隔（1 ℃）は 1 K に等しく 0 ℃ = 273.15 K であるため，脚注のような換算になる．

表 2.2 SI 組立単位

組立物理量と一般的な記号	SI 単位の名称と記号	他の SI 単位による表現（次元）
周波数，振動数 ν, f	ヘルツ　Hz	s^{-1} (T^{-1})
力 F	ニュートン　N	$m\,kg\,s^{-2}$ (LMT^{-2})
圧力 P	パスカル　Pa	$N\,m^{-2} = m^{-1}\,kg\,s^{-2}$ $(L^{-1}MT^{-2})$
エネルギー E	ジュール　J	$N\,m = m^2\,kg\,s^{-2}$ (L^2MT^{-2})
電荷 Q	クーロン　C	$A\,s$ (IT)
電位，電圧，起電力 ϕ, V, E	ボルト　V	$J\,C^{-1} = m^2\,kg\,s^{-3}\,A^{-1}$ $(L^2MT^{-3}I^{-1})$
電気抵抗 R	オーム　Ω	$V\,A^{-1} = m^2\,kg\,s^{-3}\,A^{-2}$ $(L^2MT^{-3}I^{-2})$
セルシウス温度 θ, t	セルシウス度　℃	K^* (Θ)
面積 S	—	m^2, cm^2 など (L^2)
体積 V	—	m^3, cm^3 など (L^3)
密度 ρ, d	—	$kg\,m^{-3}$, $g\,cm^{-3}$ など (ML^{-3})
容量モル濃度 c	—	$mol\,dm^{-3}$ (NL^{-3})
エントロピー S	—	$J\,K^{-1} = m^2\,kg\,s^{-2}\,K^{-1}$ $(L^2MT^{-2}\Theta^{-1})$

*セルシウス温度＝熱力学温度 -273.15　（$\theta/℃ = T/K - 273.15$）

モル（mol）の起源とモルの日

　物質量の単位として使われる "mol" は名詞 "mole" を短縮したものである．"mole" は元々ラテン語で，たとえば石臼の石のように，大きくて重いものを意味する．日本語の「モル」は英語の名詞 "mole" と形容詞 "molar" 両方の意味で使われる．化学でも微小な量を表す "molecular" の対義語として "molar" が使われていたが，20 世紀始めにドイツ人化学者オストヴァルト（Friedrich W. Ostwald, 1853-1932）が，ドイツ語の "Molekulargewicht 分子量" の短縮形 "Mol" を一定の物質量を表す意味で用い，その用法が広まった．

　この "モル" という用語が市民権を得るようにという趣旨で，化学者や化学を学ぶ学生らによって，6:02 10/23 と表記することができる，10 月 23 日の午前 6:02 から午後 6:02 の間をモルの日（モルの日，Mole Day）として祝う動きが広まりつつある．この "モルの日" は 1980 年代初頭の *The Science Teacher* 誌の記事に起源がある．この記事から着想し，ウィスコンシン州の高校の化学教師モーリス・エーラー（Maurice Oehler）が 1991 年 5 月 15 日に全国モルの日財団（National Mole Day Foundation）を設立した．今ではアメリカ合衆国，カナダ，オーストラリア，南アフリカなどの高校でこの日を祝っているだけでなく，アメリカ化学会は全米化学週間（10 月 23 日を挟む日曜日から土曜日までの 1 週間）を後援している．

　我が国でも，2013 年 10 月，日本化学会，化学工学会，新化学技術推進協会，日本化学工業協会の 4 団体が，化学および化学産業の魅力，社会への貢献などを広く知ってもらいたいという趣旨で，10 月 23 日を「化学の日」，その日を含む月曜日から日曜日までの 1 週間を「化学週間」と制定した．

2.2　SI 単位

　日常生活では現在も，距離をマイルで，重さ（正確には質量）をポンドで表す国があるように，地域によって異なる単位が使われているが，かつては科学や工学の分野においても似たような状況であった．圧力（単位面積当たりにかかる力の大きさ）を例にとろう．

　我が国では現在，天気図などで気圧を示す場合には hPa（ヘクトパスカル）という単位を使っている．しかし，以前は mmHg（ミリメートル水銀柱），atm（気圧），mbar（ミリバール）などがひろく使われていた．それだけではない．工場などで使われる圧力計には kgf cm^{-2}（1 kg 重/1 平方センチ）あるいは psi（1 ポンド重/1 平方インチ）で値が表示されるものもあった．そのために異なる単位で測定された圧力を比較するには換算が必要であった．

　このような不便をなくすために，18 世紀末のフランスでメートル法が創り出された．この単位系は "自然界に関する実測値に基礎を置き，異なる単位を論理的に導くことができる" 系統だったものであったため，次第に国際的に認知され多くの国で採用されるようになった．

　1875 年，国際度量衡委員会（CIPM: Comité International des Poids et Mesures）と国際度量衡局（BIPM: Bureau International des Poids et Mesures）が設立され，CIPM は傘下の事務局兼研究機関である BIPM とともに，メートル法の改善につとめてきた．そして 1960 年，拡張されたメートル法を "SI 単位系（Système International d'Unités 国際単位系，略称 SI）" と改称した．その後も SI は継続的に拡張と改善が行われてきたが，2017 年 9 月に大幅な改定が提案され，2018 年 11 月の国際度量衡総会での承認を経て，2019 年 5 月 20 日（国際度量衡日）に施行された．大幅な改定とは言っても，主として定義の変更であって，様々な過去の測定値を変更する必要がないように工夫されている．

　この新しい定義に基づく SI 単位系の概略は以下の通りである．

　SI では●表 2.3 に示した 7 つの基本物理量の値を SI 定義定数として定め，すべての単位を定義値あるいはそれらの積，商として記述することができるようにしてある．

　●表 2.1 にある基本物理量のうち，化学を学ぶ上で必要となるものについて，それらがどのように定義されるかを述べる．

時間の単位　秒 s：基底状態にある ^{133}Cs 原子の超微細構造の 2 つの準位間の電子遷移に伴って放射される光の振動数を厳密に $\Delta\nu_{\mathrm{Cs}} = 9\,192\,631\,770\,\mathrm{s}^{-1}$ と定めたので，1 s は以下の式で与えられる．

$$1\,\mathrm{s} = \frac{9\,192\,631\,770}{\Delta\nu_{\mathrm{Cs}}} \tag{2.2}$$

表 2.3 基本物理量（SI 定義定数），その記号，数値および単位

物理量	記号	数値	単位
基底状態にある ^{133}Cs 原子の超微細構造の 2 つの準位間での電子遷移に伴う放射の振動数 *	$\Delta\nu_{\mathrm{Cs}}$	9 192 631 770	Hz （s^{-1}）
真空中の光速度	c	299 792 458	m s^{-1}
プランク定数	h	6.626 070 15 $\times 10^{-34}$	J s （m^2 kg s^{-1}）
電気素量（電子の電荷）	e	1.602 176 634 $\times 10^{-19}$	C
ボルツマン定数	k	1.380 649 $\times 10^{-23}$	J K^{-1} （m^2 kg s^{-2} K^{-1}）
アボガドロ定数 **	N_{A}	6.022 140 76 $\times 10^{23}$	mol^{-1}
分光視感効率	K_{cd}	683	lm W^{-1}

*電子遷移については 3 章で述べる． **単位をもたない数値 $6.022\cdots\times10^{23}$ をアボガドロ数と呼ぶ．

長さの単位 　メートル m：真空中の光速度を厳密に $c = 299\ 792\ 458$ m s^{-1} と定めたので，1 m は以下の式で与えられる．

$$1\,\mathrm{m} = \left(\frac{c}{299\ 792\ 458} \right) (1\,\mathrm{s}) \tag{2.3}$$

1 s は $9\ 192\ 631\ 770/\Delta\nu_{\mathrm{Cs}}$ に等しいので，

$$1\,\mathrm{m} = \left(\frac{c}{299\ 792\ 458} \right) \left(\frac{9\ 192\ 631\ 770}{\Delta\nu_{\mathrm{Cs}}} \right)$$

$$= 30.663\ 319\cdots \left(\frac{c}{\Delta\nu_{\mathrm{Cs}}} \right) \tag{2.4}$$

である．

質量の単位 　キログラム kg：（キログラム原器の質量が正確に 1 kg であるとして）できる限り正確に測定したプランク定数を厳密に $6.626\ 070\ 15\times10^{-34}$ kg m^2 s^{-1} と定め，ついでその値を基準として 1 kg を定める．よって 1 kg は以下の式で与えられる [2]．

$$1\,\mathrm{kg} = \left(\frac{h}{6.626\ 070\ 15\times10^{-34}} \right) (1\,\mathrm{m}^{-2}\,\mathrm{s})$$

$$= 1.475\ 521\cdots\times10^{40} \left(\frac{\Delta\nu_{\mathrm{Cs}}h}{c^2} \right) \tag{2.5}$$

　この定義に基づくキログラム原器の質量は 1 kg に等しいが，その値は 1×10^{-8} kg の不確かさをもつ．

電流の単位 　アンペア A：$1\,\mathrm{A} = 1\,\mathrm{C\,s}^{-1}$ であり，電気素量 e を厳密に $1.602\ 176\ 634\times10^{-19}$ C と定義したので，1 A は以下の式で与えられる．

$$1\,\mathrm{A} = \left(\frac{e}{1.602\ 176\ 634\times10^{-19}} \right) (1\,\mathrm{s}^{-1})$$

$$= 6.789\ 687\cdots10^8\,\Delta\nu_{\mathrm{Cs}}e \tag{2.6}$$

熱力学温度の単位 　ケルビン K：ボルツマン定数を厳密に $k = 1.380\ 649\times10^{-23}$ kg m^2 s^{-2} K^{-1} と定めたので，1 K は以下の式で与えられる．

2) プランクによれば電磁波のエネルギー E は最小エネルギーの整数倍しか取り得ずその最小値はプランク定数 h と電磁波の振動数 ν の積 $h\nu$ で与えられる．

$$E = h\nu$$

一方，アインシュタインによれば光は mc^2 に等しいエネルギーをもつ粒子である．

$$E = mc^2$$

したがって，

$$m = h\nu/c^2$$

であり，質量 m は光の振動数 ν と，速度 c を介してプランク定数と直接結びついている．

プランク定数の測定

　質量の定義に用いられているプランク定数の値は $6.626\,070\,15 \times 10^{-34}$ J s であるが，その値は 2 つの原理的に異なるアプローチによって得られた 8 つのデータから決定された.

　第一のアプローチでは B. キッブルが考案したキッブル天秤（またはワット天秤，図 1）が用いられた.

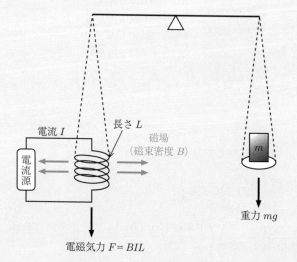

図 1　キッブル天秤．重力 mg とつりあう力 F を生じる電流 I の測定

　右の皿には既知の質量 m の分銅が乗っている．重力加速度を g とすると，下向きに mg の重力が働く．一方，長さが L の左のコイルを磁石から発生した磁場（磁束密度 B）が貫いている．このコイルに電流 I を流すと，BIL に等しい力 F が下向きに働く．この力が重力 mg に等しくなるように電流 I を調節すると，天秤はつりあう.

$$mg = BIL \tag{1}$$

　つぎに図 2 にあるように分銅を取り去り，電流源を電圧計に代えて，天秤を速度 v で上下に動かす．するとコイルには速度 v，磁束密度 B，コイルの長さ L の積に比例する誘導起電力 U が発生するのでその値を測定する.

$$U = BLv \tag{2}$$

　B と L の正確な値は不明であるが，式 (1) と (2) から BL を消去して式 (3) を得る[1].

$$mgv = IU \tag{3}$$

　測定を行っている地点における重力加速度 g は絶対重力計によって高い精度で測定できる．天秤の上下動の速度 v も移動距離と時間を測定することによって正確に決定できる．I と U はジョセフソン効果と量子ホール効果と呼ばれる量子力学的現象を利用して高精度で測定が可能である．したがって，g, v, I, U の値から改めて分銅の質量 m を高精度で決定でき，質量 m と比例関係にあるプランク定数 $h\left(= \dfrac{mc^2}{v}\right)$ を精度よく求められる．キッブル天秤

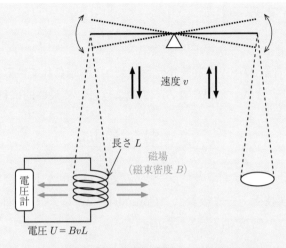

図2　キッブル天秤. 上下運動の速度 v と誘導起電力 U の測定

はイギリスで開発され, 数カ国で製作されたが, 最終的に高精度でプランク定数を決定することに成功したのは, アメリカ, カナダ, フランスの3カ国であった.

　第二のアプローチはプランク定数 h と厳密な理論的関係[2]が成立するアボガドロ定数 N_A を測定するというものであった. 用いた元素は, 半導体産業で精製と単結晶の製作技術が確立されているケイ素 Si である. このプロジェクトには日本, ドイツ, イタリア, オーストラリア, アメリカ, イギリスの研究所に欧州標準物質計測研究所 (Institute for Reference Materials and Measurements, IRMM), 国際度量衡局 (Bureau international des poids et mesures, BIPM) を加えた国際チームが当たり, 各研究機関が各々の得意分野で協力した.

　天然のケイ素には ^{28}Si, ^{29}Si, ^{30}Si がそれぞれ92%, 5%, 3%含まれているので, まず遠心分離法で ^{28}Si の濃度を99.99%まで高めたケイ素を作り[3], 5kg の単結晶を作成した. そこから質量 1kg, 直径約 94mm の球体を2つ切り出して研磨し, できる限り完全な球体を得た. レーザー干渉計を用いて球体の直径を測定し, 真空天秤でキログラム原器と比較して球体の質量を決定した. それらの値から球体の密度 $\rho(\mathrm{Si})$ が得られた[4]. 一方, 同じ単結晶から切り出した小片を用いて, ケイ素の結晶の繰り返し単位 (単位胞) の大きさ a (格子定数) を X 線結晶密度法によって決定した. ケイ素の単位胞は図3

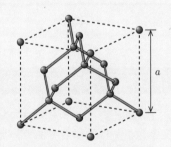

図3　ケイ素の単位胞

のように立方体で, 8つの頂点と6面の中心, それに立方体の内部に4つの原子が存在する. したがって, 単位胞当たりのケイ素原子数は8個なので, ケイ素原子1個当たりの質量を $m(\mathrm{Si})$ とすると, 単位胞の密度は $\dfrac{8m(\mathrm{Si})}{a^3}$ であり, その値は球体の質量と体積から求めた値と一致するはずである.

$$\rho(\mathrm{Si}) = \frac{8m(\mathrm{Si})}{a^3} \tag{4}$$

よって $m(\mathrm{Si})$ は式 (5) で与えられる.

$$m(\mathrm{Si}) = \frac{\rho(\mathrm{Si})a^3}{8} \tag{5}$$

一方, ケイ素のモル質量 $M(\mathrm{Si})$ は質量分析計によって測定されているので, その値と $m(\mathrm{Si})$ の比としてアボガドロ定数 N_{A} が得られる. このようにして最終的に日本とドイツにおいて N_{A} が決定された.

$$N_{\mathrm{A}} = \frac{M(\mathrm{Si})}{m(\mathrm{Si})} = \frac{8M(\mathrm{Si})}{\rho(\mathrm{Si})a^3} \tag{6}$$

キッブル天秤から得られた 4 つのプランク定数と, アボガドロ定数から得られた 4 つのプランク定数を科学技術データ委員会 (Committee on Data for Science and Technology, CODATA) が総合的に評価して決定されたのが

$$h = 6.626\,070\,15 \times 10^{-34}\,\mathrm{J\,s}$$

という定義値である.

1) 式 (3) の両辺はどちらも仕事率 (ワット) なのでこの天秤はワット天秤とも呼ばれる.
2) アボガドロ定数 N_{A} は電子 1 mol の質量 M_{e} と電子 1 個の質量 m_{e} の比 $M_{\mathrm{e}}/m_{\mathrm{e}}$ で与えられる. 一方, m_{e} は本文 38 ページにある式 (3.2) の左辺を波数 (波長 λ の逆数) に置き換えたときに現れる定数項 R_∞ (リュードベリ定数) と水素原子のスペクトルに現れるわずかな分裂 (微細構造) を説明するために必要な微細構造定数 α を用いて, $m_{\mathrm{e}} = 2R_\infty h/c\alpha^2$ と表すことができる. よってアボガドロ定数とプランク定数は反比例の関係にある.

$$N_{\mathrm{A}} = \frac{M_{\mathrm{e}}}{m_{\mathrm{e}}} = \frac{cM_{\mathrm{e}}\alpha^2}{2R_\infty h}$$

3) この同位体濃縮は $^{235}\mathrm{U}$ の濃縮に用いられた遠心分離機によってロシアで行われた.
4) ケイ素球の表面に存在する酸化被膜などの化学組成, 厚さなどを評価して, その影響をできるだけ排除した上で密度が求められた.

Max Planck (1858-1947)

マックス・プランクは 1858 年にドイツ北部の港湾都市キールで生まれた. プランクの祖父と曾祖父は神学者であり, 父ヴィルヘルム・プランクは法学者であった.

1867 年, 父ヴィルヘルムがミュンヘン大学に招聘されたことに伴って, 9 歳のマックスはミュンヘンのギムナジウム [1] に転校した. ギムナジウム時代のマックスは, ドイツ語, 外国語, 宗教, 歴史, 数学などすべての教科で成績優秀であったが, とりわけ音楽の才能はすばらしく, 大学での専攻を音楽にすることを考えたほどであった. また, プランクは品行方正で慎み深く教師に寵愛されたが, 同級生はそれを妬まず, 同級生にとっても彼は信頼できる友人であった.

1874 年 7 月, 卒業試験に合格したプランクは, ミュンヘン大学に進学したが, "純粋に数学的な原理だけでは解けない自然現象の問題" への関心を深めて行った. 1877 年から 78 年にかけてベルリンで, 著名な物理学者ヘルマン・フォン・ヘルムホルツとグスタフ・キルヒホッフ

の講義を聴講してミュンヘンに戻ったプランクは，1879 年 2 月に博士論文『熱力学の第二法則について』を提出，6 月に博士号を授与され，翌 1880 年には無給講師資格（Privatdozent）を得た．ミュンヘン大学で講師を勤めたのち，1885 年にキール大学に理論物理学を担当する准教授として採用され，1889 年 4 月にはベルリン大学教授となった．最終的にプランク定数の発見に至る，熱放射の研究を始めたのは 1894 年であった．

　プランクの青少年時代はプロイセン（プロシア）がプロシア・フランス戦争（普仏戦争）で勝利をおさめ，ドイツ民族を統一してドイツ帝国へと発展する過程と重なり，彼の内面では，発展する帝政ドイツに対する誇りと，自然界の仕組みの統一的解明という学問的理想への献身が分ち難く結びついていた．彼は保守的で，既成の秩序・権威を受け入れることに疑問を感じなかったが，それが偏狭な愛国主義や人種差別に繋がりはしなかった．

　1900 年に発表されたプランクの量子論は即座に認められたわけではなかった．それどころか，保守的なプランク自身が，自らの理論を古典的物理学の体系に組み入れようと空しい努力を数年にわたって続けた末に断念したのであった．1910 年代に入ると，アインシュタインの相対性理論とともに量子論は誰もが認める新しい物理学の礎石となり，第一次世界大戦後の 1919 年には（1918 年の）ノーベル物理学賞を受賞した．また，温厚で人望のあったプランクは，1911 年にドイツ科学の発展のために設立されたカイザー・ヴィルヘルム協会のメンバーとして数々の活動に携わることになった．

　第一次大戦が始まった 1914 年，ベルリン大学長の職にあったプランクは，後にひどく後悔することになる行動をとった．彼は劇作家ルートヴィヒ・フルダが起草した声明『文明世界への訴え』にハーバーら 92 名の著名なドイツ人とともに署名した．この声明はつぎのように始まっていた．

　　“ドイツの科学および芸術を代表する者として我々はここに，生存のために強いられた闘争で苦闘するドイツの名誉を汚そうと腐心する，嘘と中傷に対して文明世界に抗議する．……ドイツがこの戦争を引き起した元凶であるというのは正しくない．ドイツ人も，政府もカイザーも戦争を望まなかった．”

そしてドイツ軍国主義を高らかに擁護し，ドイツ文化への誇りで結ばれていた．

　　“……ドイツ軍国主義がなければ，ドイツの文明は疾うに地表から一掃されていたであろう．……ドイツ軍とドイツ国民は一体である．この意識が今，7,000 万ドイツ人を階級，立場，政党などの違いを越えて 1 つに結びつけている．……我々を信じよ．ゲーテの，ベートーベンの，カントの遺産が自らの家庭や郷土と同様に神聖である文化国家の国民として，我々はこの戦いを最後まで戦う．”

ドイツの文化人たちはドイツ軍が残虐行為を働き，文化財を破壊する[2]などという “中傷” には耐えられなかったのである．

　戦争は 1918 年 11 月にカイザー・ヴィルヘルム二世の退位で終った．多くの人に信頼され

ていたプランクは，戦後の混乱期，ワイマール共和国そして反ユダヤ主義の嵐が吹き荒れた
ナチスの第三帝国時代を通じて，ドイツ科学界のリーダーでありつづけた．1930年に彼はカ
イザー・ヴィルヘルム協会会長に選任されたが，多くのユダヤ人科学者を雇用する協会はナ
チスによる攻撃の標的となった．協会はその予算の多くを帝国政府に仰いでいたため，プラ
ンクは政府と徹底的に対決するのではなく，できる限り協調しつつ，ドイツの科学にとって
もまた国民にとっても不利益になる優秀なユダヤ系科学者の追放に歯止めをかけようと努力
を重ねた．しかしアインシュタインは1933年はじめにアメリカ合衆国へ講演旅行に行くとそ
のまま亡命してしまった．ハーバーの場合は悲劇的であった．外国で "化学戦争の父" とし
て多くの人に忌み嫌われていた彼は，ユダヤ人であるという理由だけで公職から追放され亡
命を余儀なくされた．それを知ったプランクはヒトラーに会って説得を試みた．1933年5月
16日に行われた会合で，"（国にとって）有益なユダヤ人に移住を強制するのはドイツが自
らの手足を切ることである" というプランクの説得を聞いたヒトラーは逆上して口汚く罵っ
たので，プランクは口をつぐんで退出するほかなかった．

　プランクには亡命する気はまったくなかった．あくまでも愛国者であった彼は，ハイゼン
ベルクをはじめとする若い物理学者たちに，国内に留まるように忠告した．しかしプランク
は同時に，良心の人でもあった．心臓を病んでいたハーバーが1934年1月にスイスのバー
ゼルで死去したことを知ったプランクは，翌年1月の命日に追悼式典を開催すると決めた．
「ユダヤ人と黒人は，似非（えせ）科学でドイツ人科学者と同じ世界にいるつもりでいる」と
公言してはばからなかった科学・教育大臣ベルンハルト・ルストは，公務員が式典に出席す
ることを禁じる通達を式典の2週間前に出した．しかしプランクはひるまなかった．式典前
夜，彼はリーゼ・マイトナーに「警察が私を連れ去らない限り，この式典を行います」と語っ
た．当日，会場となった協会のハルナック・ハウス[3]内のゲーテ・ホールには，ハーバーの
研究を継承してアンモニア合成の工業化を成し遂げた総合化学メーカー I. G.ファルベン会
長のカール・ボッシュが同社の重役たちを従えて座っていた．しかし，より目を惹いたのは
このホールでは珍しい多数の女性であった．彼女たちは参加を禁じられた公務員の妻だった．
シューベルトの弦楽四重奏が鳴り終わると壇上のプランクは右手を上げた．「ハイル・ヒト
ラー！」．式典は滞りなく進み，プランクは追悼の辞をつぎのように締めくくった．

　　　"私たちは忠誠には忠誠をもって報います．偉大な科学者，尊敬すべき人物，ドイツ
　　　の戦士，フリッツ・ハーバーにこのひと時を捧げます．"

プランクの抵抗もここまでであった．
　1945年5月の終戦をプランクはエルベ川に近い疎開先で迎えた．プランクの長男は第一次
大戦で戦死していた．次男エルヴィンは1月にヒトラー暗殺計画に関わったとして処刑され
ていた．空襲はベルリンの自宅を貴重な資料とともに跡形もなく破壊していた．多くの人と
物を失い，変形性脊椎症からくる痛みに苦しむ老人は，ゲッティンゲン大学の友人による通
報で，アメリカ軍によって救出された．

　入院治療によってプランクはかなり回復し，1946 年 7 月に 4 年遅れで開かれた "アイザック・ニュートン生誕 300 年祭" に，唯一のドイツ人来賓として出席した．そして 9 月には，カイザー・ヴィルヘルム協会に代わるものとして設立された "マックス・プランク協会" の名誉会長となった．

　1947 年 10 月 4 日，プランクはゲッティンゲンで 89 年の生涯を閉じた．葬儀は 3 日後に聖アルバニ教会で行われた．

1) 主に大学への進学を希望する子供たちが進学する，日本でいう中高一貫教育にあたる．大学進学資格，アビトゥーア，の取得を目的としている．
2) この声明は，ベルギーのルーヴェン大学図書館が 1914 年 8 月 25 日夜から 26 日にかけてのドイツ軍の攻撃によって焼け落ち，壊滅的な被害を受けたことに対する国際的な非難への抗議として出された．
3) カイザー・ヴィルヘルム協会のゲストハウス．協会設立に与って力あった神学者アドルフ・フォン・ハルナックの名誉を讃えてハルナック・ハウスと命名された．

本稿の執筆に当たって，下記の書籍を参考にした．
『プランクの生涯』A. ヘルマン著，生井沢 寛，林 憲二訳，東京図書，1977.
『マックス・プランクの生涯』J. L. ハイルブロン著，村岡晋一訳，法政大学出版会，2000.
"Master Mind: The Rise and Fall of Fritz Haber, The Nobel Laureate who Launched the Age of Chemical Warfare", Daniel Charles, HarperCollins, 2005.

プランク定数の発見

　質量の定義に使われているプランク定数はどのような背景で導出され，科学の発展においてどのような役割を果たしたのであろうか．

　古くから，融解した鉄のような高温の物体が放つ光は，温度が低いときには波長が長い赤色光が強く，温度が高くなるにつれて次第に波長の短い光が強くなることが知られていた．

　1859 年，ハイデルベルク大学教授グスタフ・キルヒホフは，すべての波長の電磁波を吸収する物体，黒体[1]，が放射する光（黒体放射）の波長分布はその物体の温度のみに依存し，その物体を構成する物質の種類によらないことを明らかにした．この事実は黒体放射の波長分布，黒体放射スペクトル，が自然界の根本原理に根ざしていることを示唆するものであり，それを再現する温度 T と波長 λ の関数を得るなら，それが自然の秘密を解き明かす重要な一歩になると思われた．しかし，大きな関心が払われたにもかかわらず，その関数はなかなか発見されなかった．

　1896 年，プランクの若い友ヴィルヘルム・ヴィーンは黒体放射エネルギー E の波長 λ への依存性を，物体の温度 T と，実験結果に合わせて定められるパラメーター C_1, C_2 を含む経験式 (1) で表現できることを見いだした．

$$E_\lambda(T) = \frac{C_1}{\lambda^5} \frac{1}{\exp(C_2/\lambda T)} \tag{1}$$

　この式は，発表当時知られていた比較的波長が短い領域の実験結果をよい精度で再現できたが，その後行われた赤外線など長波長の領域での測定結果を再現できなかった．

　プランクは 1900 年 10 月，式 (2) が長波長領域から短波長領域にわたるすべての測定結果を再現できることを物理学会で報告した．

$$E_\lambda(T) = \frac{C_1}{\lambda^5} \frac{1}{\exp(C_2/\lambda T) - 1} \tag{2}$$

しかし，自然法則の中に絶対的なものを探し求めていたプランクは，経験的パラメーターを含むこの式には満足していなかった．同年 12 月 14 日プランクは，全エネルギーを振動数 $\nu (= c/\lambda)$ に比例する極めて微小なエネルギー量 ε，式 (3)，に分割することによって，式 (2) から C_1, C_2 を除外した理論式 (4) が得られることを示した．

$$\varepsilon = h\nu \tag{3}$$

$$E_\lambda(T) = \frac{8\pi h\nu^3}{c^3} \frac{1}{\exp(h\nu N_A/RT) - 1} \tag{4}$$

　ここで c は真空中での光速度，N_A はアボガドロ定数，R は気体定数，そして，プランクが，放射スペクトルの実験値からその値を $6.55 \times 10^{-34}\,\mathrm{J\,s}$ と決定した定数 h は，後にプランク定数と呼ばれることになった．

　ニュートンが，物理量は連続的に変化することからそれを連続量と呼んだように，近世物理学においては "自然は飛躍せず" という命題が基本原理であった．プランク定数の導入はこの基本原理がエネルギーでは成立せず，エネルギーはゼロまたはエネルギー量子 $h\nu$ の整数倍でなければならないことを意味していた．したがって，1900 年 12 月 14 日は量子論の誕生日と言える．しかしこのときのプランクは，自らの発見が意味することを十分に理解してはいなかった．

　1889 年以来維持されてきた，国際キログラム原器に基づく質量の定義をプランク定数で置き換えるためには，原器の長期間に亘る安定性 $50\,\mu\mathrm{g}$，言い換えれば相対的不確かさ 5×10^{-8}，より高い精度でプランク定数を測定できることが必須である．我が国の産業技術総合研究所（産総研）を含む多くの国の研究機関が協力して行った複数の方法による測定結果に基づいて，CODATA（Committee on Data for Science and Technology 科学技術データ委員会）は 2017 年にプランク定数を $6.626\,070\,15 \times 10^{-34}\,\mathrm{J\,s}$ と決定したが，その相対的不確かさは 1.0×10^{-8} であった．

---

1)　黒体は仮想的物体であるが，内部に大きな空洞をもつ物体に十分小さい孔を開けると，孔から入った電磁波のうち，内部で反射された後に孔から出てくる電磁波は無視できる．したがってこのような空洞孔からの放射，空洞放射，を黒体放射とみなして測定が行われた．

$$1\,\mathrm{K} = \left(\frac{1.380\,649 \times 10^{-23}}{k} \right) (1\,\mathrm{kg\,m^2\,s^{-2}})$$

$$= 2.266\,665\cdots \left(\frac{\Delta\nu_{\mathrm{Cs}} h}{k} \right) \tag{2.7}$$

過去には，氷と水と水蒸気が安定に共存する温度（水の三重点）が厳密

に 273.16 K と定められていたが，現在の SI ではその値は 3.7×10^{-7} K の不確かさをもつ実測値である.

物質量の単位　モル　mol：原子，分子，イオン，電子などの粒子に関して，アボガドロ定数 N_A を厳密に $N_A = 6.022\ 140\ 76 \times 10^{23}\ \text{mol}^{-1}$ と定めたので，1 mol は以下の式で与えられる.

$$1\,\text{mol} = \frac{6.022\ 140\ 76 \times 10^{23}}{N_A} \tag{2.8}$$

言い換えれば，1 mol とは $6.022\ 140\ 76 \times 10^{23}$ 個の粒子の集まりのことである.

過去には，^{12}C 原子 1 mol の質量が厳密に 0.012 kg と定められていたが，現在の SI ではその値は，4.5×10^{-10} kg の不確かさをもつ実測値である.

化学では原子や分子（記号 X で表す）1 mol の質量，すなわち，相対原子質量（略して原子量）$A_r(X)$，あるいは相対分子質量（分子量）$M_r(X)$ が頻繁に使われるが，それらは $A_r(^{12}C) = 12$ とした相対値である.よって原子あるいは分子 X 1 mol の質量 $m(X)$ は，それぞれ式 (2.9)，(2.10) で与えられる.

$$m(X) = N_A A_r(X) m_u \tag{2.9}$$

$$m(X) = N_A M_r(X) m_u \tag{2.10}$$

ここで，m_u は統一原子質量単位と呼ばれるもので，^{12}C 原子の質量の 1/12 である.統一原子質量単位を表す記号としては u が用いられる [3].なお，^{12}C 原子 1 mol の質量は実質的に 0.012 kg に等しいと考えてよいので，$N_A m_u \approx 1 \times 10^{-3}$ kg = 1 g であることに注意しよう.

なお「分子」という概念を使うことができないイオン性化合物については「分子量」に代わるものとして，モル質量あるいは化学式量という用語を用いることがある.イオン性化合物のモル質量は化合物を構成する原子の原子量の和に等しい.

SI 単位系はすべての物理量を表現できるようにつくられているが，現実には SI 以外の単位を見かけることがある.したがって，それら非 SI 単位と SI 単位との関係を知っておくことが望ましい.いくつかの非 SI 単位を●表 2.4 に示す.

●表 2.4 にある「オングストローム」はスウェーデンの物理学者 Ångström が最初に使った単位なので彼の名がつけられている.「トル」は大気圧が約 76 cm の水銀柱がその底面に対して示す圧力に等しいことを示したイタリアの物理学者トリチェリー Torricelli に由来した単位で，1 atm の 1/760 または 1 mmHg として定義されている.「カ

[3] 生物学や生化学においては，タンパク質複合体など分子の概念に当てはまらない物質の質量の単位として，ダルトン（またはドルトン，記号 **Da**）が用いられるが，$1\,\text{Da} = 1 m_u$ である.

表 2.4 非 SI 単位

物理量	単位の名称	単位の記号	SI 単位による値
長さ	オングストローム	Å	1×10^{-10} m
体積	リットル	L または l	1×10^{-3} m^3
圧力	標準大気圧（気圧）	atm	$1.01\,325 \times 10^5$ Pa
	バール	bar	1×10^5 Pa
	トル	mmHg または Torr	≈ 133.322 Pa
エネルギー	熱化学カロリー	cal	4.184 J
	電子ボルト	eV	1.602×10^{-19} J

ロリー」は 101325 Pa（1 atm）の下で 0.001 kg の水の温度を $14.5\,^{\circ}$C から $15.5\,^{\circ}$C へ上げるのに必要な熱量のことであり，「電子ボルト」は電気素量 e の電荷をもつ粒子が真空中で電位差 1 V の 2 点間で加速されるときに得るエネルギーである．

2.3 基礎物理定数

●表 2.3 に示した SI 定義定数のほかにも，自然界の仕組みによって決まっている多くの基礎物理定数がある．●表 2.3 に記載されているものも含めて，化学に関係する主な物理定数を●表 2.5 に示す．

表 2.5 基礎物理定数の値 *

物理量	記号	数値	単位
真空の透磁率（磁気定数）	μ_0	$1.256\,64 \times 10^{-6}$	N A^{-2}（m kg s^{-2} A^{-2}）
真空中の光速度 **	c	$299\,792\,458$	m s^{-1}
真空の誘電率（電気定数）	$\varepsilon_0 = 1/\mu_0\,c^2$	$8.854\,19 \times 10^{-12}$	F m^{-1}（m^{-3} kg^{-1} s^4 A^2）
電気素量 **	e	$1.602\,176\,634 \times 10^{-19}$	C（s A）
プランク定数 **	h	$6.626\,070\,15 \times 10^{-34}$	J s（m^2 kg s^{-1}）
アボガドロ定数 **	N_{A}	$6.022\,140\,76 \times 10^{23}$	mol^{-1}
電子の質量	m_{e}	$9.109\,38 \times 10^{-31}$	kg
陽子の質量	m_{p}	$1.672\,62 \times 10^{-27}$	kg
中性子の質量	m_{n}	$1.674\,93 \times 10^{-27}$	kg
ファラデー定数	F	$9.648\,53 \times 10^4$	C mol^{-1}（s A mol^{-1}）
気体定数	R	$8.314\,46$	J K^{-1} mol^{-1}（m^2 kg s^{-2} K^{-1} mol^{-1}）
ボルツマン定数 **	k	$1.380\,649 \times 10^{-23}$	J K^{-1}（m^2 kg s^{-2} K^{-1}）

*定義された値以外は四捨五入で得られた 6 桁の値を示す． **定義された正確な値．

2.4 指数表示と SI 接頭語

●表 2.5 を見れば明らかなように，科学的測定では大きな数値あるいは小さな数値を扱うことが多い．その場合，指数を使って表すことが実際的

である．たとえば窒素分子 1 mol の個数を 60221000000000000000000 個と書いてみれば指数表示がどれだけ有効かわかるであろう．小さい値，たとえばエタノールにおける炭素原子間の距離は 0.0000000001504 m であるが，1.504×10^{-10} m とする方が簡潔に情報を伝えられる．これらの例が示すように，化学では指数表示を避けて通ることはできない．グラフを描くなどの目的でコンピュータに数値を入力する際には，それぞれ 6.0221E23，1.504E−10 と入力すればよい．

指数表示は便利であるが，さらに一目見て大きさがわかるようにほぼ 3 桁ごとに 10 の整数乗倍を表す **SI 接頭語** が決められ，広く用いられている（●表 2.6）．これらの接頭語の多くはなじみが薄く初めて見るものも多いであろう．しかしなかにはヘクタール（ヘクト）やデシリットル（デシ）のように小中学校で習った単位に含まれているものもある．これらの接頭語を使っていくつかの量を表現してみよう．

1) 太陽と地球の距離 $l = 147{,}000{,}000$ km $= (147{,}000{,}000$ km$) \times \left(\dfrac{1000\,\text{m}}{1\,\text{km}}\right) = 147 \times 10^9$ m $= (147 \times 10^9\,\text{m}) \times \left(\dfrac{1 \times 10^{-9}\,\text{Gm}}{1\,\text{m}}\right) = 147$ Gm

   式中の分数は換算因子である．たとえば最初の換算因子は km を m に換算するためのもので 1 km $= 1000$ m であることを，また 2 番目の因子は 1 m $= 1 \times 10^{-9}$ Gm であることを示している．

2) 波長 3.80 m の電磁波の周波数 $f = \dfrac{3.00 \times 10^8\,\text{m\,s}^{-1}}{3.80\,\text{m}} = 7.89 \times 10^7\,\text{s}^{-1} = 7.89 \times 10^7\,\text{Hz} = (7.89 \times 10^7\,\text{Hz}) \times \left(\dfrac{1\,\text{MHz}}{1 \times 10^6\,\text{Hz}}\right) = 78.9$ MHz

3) 水分子の質量 $m = 2.99 \times 10^{-26}$ kg $= (2.99 \times 10^{-26}\,\text{kg}) \times \left(\dfrac{1000\,\text{g}}{1\,\text{kg}}\right) = 2.99 \times 10^{-23}$ g $= (2.99 \times 10^{-23}\,\text{g}) \times \left(\dfrac{1 \times 10^{24}\,\text{yg}}{1\,\text{g}}\right) = 29.9$ yg

表 2.6 SI 接頭語

10^{24}	yotta	ヨタ	Y
10^{21}	zetta	ゼタ	Z
10^{18}	exa	エクサ	E
10^{15}	peta	ペタ	P
10^{12}	tera	テラ	T
10^{9}	giga	ギガ	G
10^{6}	mega	メガ	M
10^{3}	kilo	キロ	k
10^{2}	hecto	ヘクト	h
10^{1}	deca	デカ	da
10^{-1}	desi	デシ	d
10^{-2}	centi	センチ	c
10^{-3}	milli	ミリ	m
10^{-6}	micro	マイクロ	μ
10^{-9}	nano	ナノ	n
10^{-12}	pico	ピコ	p
10^{-15}	femto	フェムト	f
10^{-18}	atto	アト	a
10^{-21}	zepto	ゼプト	z
10^{-24}	yocto	ヨクト	y

2.5　測定値の精密さと有効数字

測定には，少人数の授業で出席者を数えるときのように厳密な値が得られるものもあるが，化学の測定で厳密な数値が得られることはまずない．測定値は必ずある不確かさを含んでいる．この不確かさを表現する簡便な方法が有効数字という考えである．有効数字とは測定値のうち意味のある数字のことである．

デジタル機器ではその機器がもっている精度の範囲内で意味のある数値のみが表示される．たとえば反応に使う薬品の量を知るには天秤で質量を測定する．一般に使われている分析天秤では 5.3326 g のよ

うに 0.1 mg の桁まで数字が表示される．しかしそれは 5.3326000⋯ g であることを意味していない．天秤が質量は 5.3325 g と 5.3327 g の間で，5.3326 g に最も近いと判断したのである．表示された最も下の桁は意味のある数字と考えてよいが，それより下の桁について天秤はまったく情報を与えていない．よって上の値を 5.33260 g と書いたなら，0.01 mg の桁まで意味があるという誤った情報を他人に与えることになる．デジタル機器によって読み取った値を記録するときには正しく記録しなければならない．アナログの測定器では最小目盛りの 1/10 まで目分量で読めることが多いので，たとえば 1 ℃ 間隔で目盛りがつけられた温度計で 25.3 ℃ と読んだ場合には 0.1 ℃ の桁までは意味をもつことになる．このように意味のある数字を有効数字，その桁数を有効桁数という．5.3325 g では有効桁数は 5，25.3 ℃ では 3 である．ここでゼロ "0" の扱いには注意が必要である．位取りを示すためのゼロは有効数字ではない．たとえば 0.00256 m のように表示されている数値は 2.56×10^{-3} m であるから有効桁数は 3，0.002560 m の有効桁数は 4 である．これに対し 5379000 m と書かれた場合，有効桁数は 4〜7 の間の何れかであり明らかでない．有効数字を明らかにしたい場合には指数表示にしなければならない [4]．

4) 有効桁数が多い測定は精密な測定である．しかし，精密な測定が正確であるとは限らない．たとえば 1 ℃ 間隔と 0.1 ℃ 間隔の目盛りがある温度計による測定を比較すれば，後者による測定の方が精密であるが，もし何らかの理由で目盛りの値が正しい値からずれているならば正確な測定ではない．

2.6　測定値を含む計算

今日では電卓やパソコンを使って計算するので，計算式に従って正しく数値を入力すれば答えは 10 桁あるいはそれ以上の桁数で出てくる．しかしながら，その結果を記すときには有効数字について注意しなければならない．

2.6.1　加減算

当然のことながら加減算は同じ物理量を同じ単位で表した数値について行った場合しか意味をもたない．たとえばつぎの計算では質量を "g" 単位で求めている．

$$2.35\,\text{kg} + 136\,\text{g} - 505\,\text{mg} = (2.35\,\text{kg}) \times \left(\frac{1000\,\text{g}}{1\,\text{kg}}\right) + 136\,\text{g}$$
$$- (505\,\text{mg}) \times \left(\frac{0.001\,\text{g}}{1\,\text{mg}}\right)$$
$$= 2350\,\text{g} + 136\,\text{g} - 0.505\,\text{g}$$
$$= 2485.495\,\text{g}$$

しかし，最初の数値は 1 g の桁について何も情報を与えていないので，答えも意味があるのは 10 g の桁までである．よってこの場合は

2.49×10^3 g が正しい答えの書き方である．加減算では有効数字をその末位が最も高いものに合わせなければならない．

2.6.2 乗除算

かけ算，割り算では異なる物理量の間での計算も可能であり，単位についても計算が必要である．同じ物理量は単位を揃えて入力しなければならない点は加減算と同様である．2つの例について見よう．

例1　球の体積：半径 $r = 3.9$ cm の球の体積 V を求める．

$$V = \frac{4}{3}\pi r^3 = \frac{4}{3}\pi \times (3.9\,\text{cm})^3 = 79.092\pi\,\text{cm}^3 = 248.4748\cdots\,\text{cm}^3$$

半径 r は $3.85\,\text{cm} \leqq r < 3.95\,\text{cm}$ の範囲内にあると考えてよいので体積 V は

$$239.040\,\text{cm}^3 \leqq V < 258.155\,\text{cm}^3$$

の範囲にある．よって $100\,\text{cm}^3$ の位の値 2 は確実である．$10\,\text{cm}^3$ の位は多少不確実であるが意味がある．$1\,\text{cm}^3$ の位の値は上の位の値の範囲を限定するという意味しかもたない．そして小数点以下の値はまったく無意味な数字である．よってこの場合，3桁目を四捨五入し $2.5 \times 10^2\,\text{cm}^3$ としなければならない．

例2　エタノールの密度：メスシリンダーで体積 $V = 92.3\,\text{cm}^3$ のエタノールをとり，その質量 m を上皿天秤で測定したら 72.61 g であった．密度 d は

$$d = \frac{m}{V} = \frac{72.61\,\text{g}}{92.3\,\text{cm}^3} = 0.78667\,\text{g}\,\text{cm}^{-3}$$

であるが，その値は以下の範囲にある．

$$\frac{72.605\,\text{g}}{92.35\,\text{cm}^3} < d < \frac{72.615\,\text{g}}{92.25\,\text{cm}^3}$$

よって

$$0.78619\,\text{g}\,\text{cm}^{-3} < d < 0.78715\,\text{g}\,\text{cm}^{-3}$$

であり，上の例と同様に考えると $0.787\,\text{g}\,\text{cm}^{-3}$ と表示するのが妥当である．

これらの例から見てわかるように乗除算の結果は，用いた数値のうち有効桁数が最も小さい数値と同じ有効桁数をもつと考えて記録しなければならない．

2.6.3 対数

化学では式 (2.11), (2.12) に示した水素イオン濃度と水素イオン指数 pH の関係のように，対数と指数の関係にある物理量は数多い[5]．こ

5) 化学では常用対数とともに自然対数もよく使われる．それぞれ $\log_{10} a$, $\log_e a$ のように表してもいいが，$\log_{10} a \to \log a$, $\log_e a \to \ln a$ のように書いて区別することが多い．"ln" は英語で言うなら "logarithm natural" からとられているので最初の文字は "エル" であって "アイ" ではない．書くときに間違えないようにしよう．

こで [H_3O^+] とあるのは水溶液中にある水素イオン H_3O^+ の濃度を容量モル濃度という単位で表した数値である.

$$\mathrm{pH} = -\log_{10}[H_3O^+] \tag{2.11}$$

$$[H_3O^+] = 10^{-\mathrm{pH}} \tag{2.12}$$

一般に水素イオン濃度は pH メーターと呼ばれる機器を用いて水素イオン指数 pH という形で測定される. 水素イオン濃度を求めるためには式 (2.12) による計算が必要である. よって水素イオン濃度の不確かさは測定される pH の不確かさから推定しなければならない. 例を見よう.

例 1　pH $= 5.3 \pm 0.05$ の場合：pH の有効桁数を 2 と考えるのは正しくない. $-5.3 = -6 + 0.7$ であるから "5.3" の "5" は小数点の位置を示すだけの厳密な値であり, この場合は指数 -6 に対応し, その値は 10^{-6}, また "5.3" の "3" は指数 0.7 に対応し, その値は $10^{0.65} = 4.46 \approx 4.5 \sim 10^{0.75} = 5.62 \approx 5.6$ である. したがって, [H_3O^+] の値は $4.5 \times 10^{-6} \leqq [H_3O^+] < 5.6 \times 10^{-6}$ の範囲にある. よって [H_3O^+] $= 5 \times 10^{-6}$ としなければならない.

例 2　pH $= 8.55 \pm 0.005$ の場合：$-8.55 = -9 + 0.45$ であり $2.786 \times 10^{-9} \leqq [H_3O^+] < 2.851 \times 10^{-9}$ の範囲にある. よって [H_3O^+] $= 2.8 \times 10^{-9}$ となる.

これらの例からわかるように, 対数の有効数字は小数点以下のみであって, その桁数が対数から計算される値の有効桁数になると考えてよい. 大きな数値でも同様である.

$$N_A = 6.02 \times 10^{23} \qquad \log N_A = 23.\mathbf{780}$$

有効桁数 3

なお, 自然対数では値が常用対数の $\log_e 10 = 2.303$ 倍になるが, 有効数字については同様に扱ってよい.

"pH" の "p"？

"pH" という概念は 1909 年にデンマークの化学者 S. P. L. セーレンセンによって提案された. ここで使われている "p" は "べき乗" の意味であるドイツ語の "Potenz", 英語の "power" からとられたもので, "$-\log_{10}$" をとるという操作を意味している.

問 題

1. 地球の表面積は $510,070,000\,\mathrm{km^2}$ である．この値を $\mathrm{m^2}$ 単位に換算し，指数表示を用いて表せ． $\qquad$ $(5.1007 \times 10^{14}\,\mathrm{m^2})$

2. 海王星と太陽の間の平均距離は $4,496,000,000\,\mathrm{km}$ である．この距離を km, Mm, Gm, Tm 単位で表した値を指数表示で記せ．

3. 非 SI 単位で与えられた下記の数値を指示されている SI 単位で表せ．

    a) $3,100\,\mathrm{kcal} =$ $\qquad$ J

    b) $1.54\,\mathrm{\AA} =$ $\qquad$ nm

    c) $1.50\,\mathrm{atm} =$ $\qquad$ Pa

4. つぎの単位の次元を記せ．

    a) $\mathrm{km\,h^{-1}}$ b) $\mathrm{mol}\,l^{-1}$ c) $\mathrm{J\,s}$

5. 以下の数値の有効桁数を明らかにせよ．

    1) $39.0\,\mathrm{nm}$ 2) $2.010 \times 10^3\,\mathrm{K}$ 3) $0.00229\,\mathrm{g}$

6. 測定値に関する以下の計算を，有効桁数に注意して行え．

    1) $(20.3\,\mathrm{m})(33.77\,\mathrm{m}) =$ $\qquad$ $(686\,\mathrm{m^2})$

    2) $\dfrac{1025\,\mathrm{km}}{3.6 \times 10^2\,\mathrm{s}} =$ $\qquad$ $(2.8\,\mathrm{km\,s^{-1}})$

    3) $102\,\mathrm{g} + 23.2\,\mathrm{g} - 0.88\,\mathrm{g} =$ $\qquad$ $(124\,\mathrm{g})$

    4) $\log 75.6 =$ $\qquad$ (1.879)

7. アメリカ合衆国の天気予報では一般に華氏（ファーレンハイト F）で気温を表す．華氏温度が定義された経緯についてはいくつかの説があるが，現在は華氏温度 ℉ と摂氏温度 ℃ は $\mathrm{℉} = \left(\dfrac{9}{5}\right)\mathrm{℃} + 32$ の関係にあるとされている．

    $0\,\mathrm{℉}$ と $100\,\mathrm{℉}$ を摂氏温度（℃）に変換せよ．

    $\qquad$ $(それぞれ，-17.8\,\mathrm{℃},\ 37.8\,\mathrm{℃})$

8. 素粒子，原子核，原子，分子などの微粒子が電気素量 e の電荷をもつとき，その粒子が真空中で電位差 $1\,\mathrm{V}$ の2点間で加速されるときに得るエネルギーを $1\,\mathrm{eV}$（電子ボルト）と呼ぶ．電気素量 e の電荷をもつ粒子 $1\,\mathrm{mol}$ が，真空中で電位差 $1\,\mathrm{V}$ の2点間で加速されるときに得るエネルギーを求め，$\mathrm{kJ\,mol^{-1}}$ に変換せよ． $\qquad$ $(96.5\,\mathrm{kJ\,mol^{-1}})$

3 原子の構造と性質

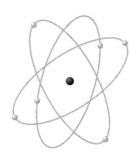

図 3.1 原子核のまわりを回転する電子

　原子を肉眼で見た人はいないけれど，物質の基本として原子と呼ばれる微小な粒子が存在することは多くの実験結果からみて今では疑う余地はない．では，中心に正の電荷をもった原子核があり，そのまわりを負の電荷をもつ電子が回転しているという■図 3.1 のような絵は原子の本当の姿を映しているのであろうか．この章ではまずこの問題を考えよう．

3.1　電子の発見

　19 世紀後半，物理学者たちは放電管と呼ばれる装置を使って様々な実験をしていた．■図 3.2 に放電管の模式図を示す．

　ガラス管に封入した電極に高い電圧をかけて，管中のガスを真空ポンプで排気すると放電が始まり，負の電荷をもつものが負極から正極へ向けて流れることが確かめられた．トムソンは電場と磁場を使ってこの流れの方向を変える実験を行った結果，電極の材質や封入された気体の種類に関係なく，この負電荷をもったものはその電荷と質量の比が一定であることを証明した（1897 年）．彼はこのことからあらゆる原子に同じ負電荷をもつ粒子が存在すると結論したが，1899 年にローレンツはこの粒子が 1891 年にストーニイが存在を予言し電子 (electron) と名付けた粒子であることを指摘した．トムソンは電子の

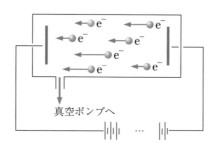

真空ポンプへ

図 3.2　放電管の模式図

電荷を正確に決定することはできなかったが，それは1909年ミリカンによって 1.6×10^{-19} C と決定され，その値から電子はたいへん小さい質量（水素原子の約 1/1860）をもつことが明らかになった．

電子があるにもかかわらず原子は電気的に中性である理由についてトムソンらは，■図3.3のように電子が正に帯電した粒子のなかに埋め込まれているためであると考えた．この構造はイギリスでクリスマスに食べられる干した果物が入ったクリスマスプディングあるいはプラムプディングと呼ばれるケーキに似ているので（プラム）プディングモデルと呼ばれた．しかし，このモデルは根本的に誤りであることが1911年に明らかになった．

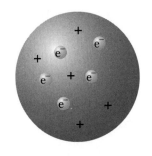

図3.3　トムソンが考えた原子の構造

3.2　核をもつ原子

1909年ラザフォードは自らが発見した α 粒子を使って重大発見につながる実験を始めた．彼はすでに，ラジウムやウランから放射される α 線は電子のおよそ7500倍の質量と $2e^+$ の電荷をもつヘリウムの原子核が高速で飛行しているものであることを明らかにしていた．彼が考えた実験は，その α 粒子が薄い金箔に衝突するとき，その進路がどのような影響を受けるかを調べようというものであった（■図3.4）．

はじめ金箔は α 粒子の進行方向をわずかにずらすだけのように見え，ラザフォードはその結果をトムソンの模型で説明できると考えた．しかし，彼は部下のガイガーに散乱の角度と散乱確率の関係を調べることを提案し，研究室に加わったばかりの学生マースデンが実験をすることになった．結果は驚くべきものであった．数は少ないもののその進路を90°以上変えられた α 粒子が発見され，なかには180°進行方向が変わって戻ってきた粒子もあった．この散乱実験の結果は α 粒子が原子に埋め込まれた電子と何回も衝突したためとしては説明できなかった．そこで彼はつぎのように考え，重くて大きな正電荷をもつ小さい粒子が原子の中心にあるという結論に達した．

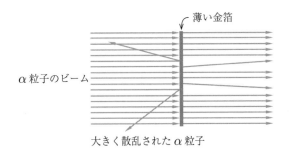

図3.4　α 粒子が散乱される様子

Ernest Rutherford (1871-1937)

　移民の子としてニュージーランドの田舎に生まれた．奨学金の助けを借りて Nelson College, Canterbury College で学び 1894 年に修士課程を修了した．1895 年，彼はニュージーランドで 2 年に 1 人推薦される奨学金を得てイギリスへ渡り，トムソンの研究室（Cambridge 大学 Cavendish Laboratory）に加わった．彼はトムソン研究室のケンブリッジ卒業生ではない最初のメンバーであった．その後カナダの McGill 大学，イギリスの Manchester 大学を経て Cavendish Laboratory へ戻った．彼は α 線と β 線の発見，重い原子が自発的に他の原子に変化する放射性壊変の発見，放射性元素ラドンの発見など数々の業績を挙げているが，彼の名が多くの人に記憶されることになった最大の業績は，ノーベル化学賞（1908 年）を与えられた『元素の壊変と放射性物質の化学』ではなく，本文に述べた α 粒子散乱実験であった．

　ラザフォードはその偉大な業績ゆえに数々の名誉を手にし，要職を歴任したが，暖かい人柄の持ち主として知られている．たとえば彼はヒトラー政権下のドイツから逃れた科学者のアメリカへの移住を助けた．

　1937 年彼は 66 歳で死去したが，植民地出身者として初めてウエストミンスター寺院に葬られた．彼の功績を讃えて原子番号 104 の元素はラザホージウムと命名されている．

- α 粒子は $2e^+$ の電荷をもっているので，その進路を変えた力は正電荷同士に働く反発である．
- もしその正電荷をもつ粒子の質量が小さければ，α 粒子の大きな運動エネルギーのためにそれははじき飛ばされてしまうであろう．
- したがって，正の電荷をもつ粒子はヘリウムの原子核よりはるかに大きな質量をもっている．
- α 粒子がその進路を大きく変更される確率は数千分の 1 なので，正の電荷をもつ重い粒子はたいへん小さく，原子の体積の大部分は電子以外存在しない空間である．

ラザフォードが考えた α 粒子散乱の原理は■図 3.5 に示す通りである．ラザフォードはこのモデルを使って，α 粒子が散乱される角度とそ

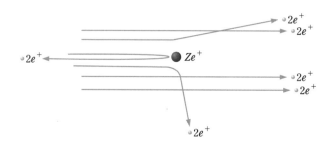

図 3.5 α 粒子が散乱される理由

の確率の関係を再現することができた．このようにして，原子には小さくて重い原子核があるということが実験によって証明されたのである．ラザフォードはその散乱の確率から，金の原子核がもつ電荷は $(100 \pm 20)e^+$ であると推定した．また α 粒子の運動エネルギーがすべて正電荷の反発による位置エネルギー（ポテンシャルエネルギー）に変換される位置の計算から，原子核の半径は 10^{-14} m 程度であることも明らかになった[1]．原子の大きさは一般に 10^{-10} m 程度なので，原子核が仮にパチンコ玉と同じ直径 11 mm であるとすれば，原子の直径は 110 m となる．ラザフォードの実験は，われわれを取り巻く物質はその大部分が空虚なものであるということを示したのであった．

3.3　プロトンの発見

　原子には核があって，そのまわりを電子が取り巻いているという原子の基本的構造は明らかになったが，正の電荷をもつものの正体はまだ見つかっていなかった．その粒子を発見したのもラザフォードであった．彼は 1917 年から 21 年にかけて，ホウ素，窒素，フッ素，ナトリウム，アルミニウム，リンに α 粒子をぶつけるとすべての試料から水素の原子核と同じ質量と同じ電荷をもつ粒子が飛び出すことを発見した．これは核に存在する粒子の最初の発見であったので，ラザフォードはギリシャ語の protos（= first）にちなんでプロトンと名付けた．しかし多くの原子核の質量はその核がもつプロトンの数のおよそ 2 倍であった．この事実を説明するために，ラザフォードはプロトンとほぼ同じ質量をもつ電気的に中性の粒子の存在を仮定したが，その粒子の存在を実験で確認することはできなかった．中性子と呼ばれることになったこの粒子は 1932 年になってラザフォードの研究室にいたチャドウィックによって発見された．

---

[1]　α 粒子が標的である原子核と正面衝突するように接近すると，粒子がもっていた運動エネルギーがすべて静電気的位置エネルギーに変換される位置まで接近する．この最近接点での α 粒子と原子核の間の距離を $r_{\min}$ とすると式 (1) が成り立つ．ここで m は α 粒子の質量，Z は相手の原子核の原子番号である．

$$\frac{1}{2}mv^2 = \frac{2Ze^2}{4\pi\varepsilon_0 r_{\min}} \tag{1}$$

ラジウムの壊変によって得られる α 粒子では $v = 1.6 \times 10^7 \,\mathrm{m\,s^{-1}}$，$m = 6.68 \times 10^{-27}$ kg であるから，仮に標的原子核の $Z = 79$ とすれば

$$r_{\min} = \frac{\left(\dfrac{Ze^2}{2\pi\varepsilon_0}\right)}{\left(\dfrac{mv^2}{2}\right)} = \frac{\dfrac{79 \times (1.60 \times 10^{-19}\,\mathrm{C})^2}{2\pi \times 8.85 \times 10^{-12}\,\mathrm{F\,m^{-1}}}}{\dfrac{(6.68 \times 10^{-27}\,\mathrm{kg})(1.6 \times 10^7\,\mathrm{m\,s^{-1}})^2}{2}}$$

$$= 4.3 \times 10^{-14}\,\mathrm{m}$$

であり，原子核の半径は 4.3×10^{-14} m より小さいと結論できる．

3.4　水素原子から出る光

　正電荷と負電荷の間には常に引力が働いているのになぜ原子の中の電子は核から離れて存在できるのだろうか．これは電子が粒子であると同時に波でもあるためだが，そこへ到達する前に原子が発する光（原子スペクトル）についての理解が必要であった．

　■図 3.2 の放電管に水素ガスを入れて放電すると赤紫に近い色が見える．その光をプリズムに導いて分光すると■図 3.6 に示すように特定の波長をもつ光の集まり（線スペクトル）であることがわかり，その振動数 $\nu(\mathrm{s}^{-1})$ は式 (3.1) で与えられた[2]．この式で n_1 は 2 より大きい整数である．

> 2) 光は電磁波と呼ばれる波であるが，その波が真空中を進む速度 c は波長に関係なく一定である．波の速度は波長 λ と振動数（1 秒間に通過する波の数）ν の積なので光の場合は $(c/\mathrm{m\,s}^{-1}) = (\nu/\mathrm{s}^{-1}) \times (\lambda/\mathrm{m})$ であり，ν は λ に反比例する．

$$\nu = 3.29 \times 10^{15} \left(\frac{1}{4} - \frac{1}{n_1{}^2} \right) \mathrm{s}^{-1} \quad (n_1 > 2) \tag{3.1}$$

水素放電管からの光をさらに詳しくしらべると，同じような線スペクトルが紫外線にも赤外線にも見つかり，振動数は 2 つの整数 n_1, n_2 を含む一般式 (3.2) で表現できることが明らかになった．

$$\nu = 3.29 \times 10^{15} \left(\frac{1}{n_2{}^2} - \frac{1}{n_1{}^2} \right) \mathrm{s}^{-1} \quad (n_1 > n_2) \tag{3.2}$$

それにしてもこの式は奇妙な形をしている．なぜ整数の 2 乗が必要になるのだろうか．その理由を考えるにはこの光の由来を知らなければならない．

　水素ガスを通して放電すると，高速で飛行する電子が水素分子 H_2 と衝突する．その際，電子がもつ大きな運動エネルギーが水素分子に与

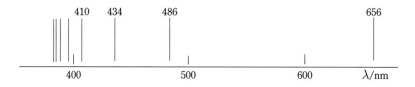

図 3.6　水素原子のスペクトル

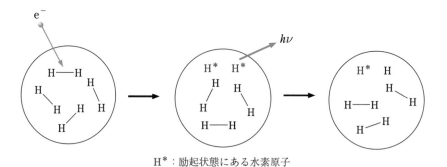

H^*：励起状態にある水素原子

図 3.7　水素放電管の発光原理

Niels H. D. Bohr (1885-1962)

コペンハーゲンで生理学者クリスチャン・ボーアの長男として生まれた．少年時代は後に数学者になった弟ハラルドとともにサッカー選手として活躍した．学校での成績は 20 人のクラスで 3, 4 番であった．数学と物理への興味を呼び覚ましたのは学校の先生ではなく父親であったと彼自身が 1922 年に回想している．

1911 年にコペンハーゲン大学で博士号を取得しトムソンのグループに加わったが，トムソンとは気が合わず，1912 年にラザフォードの研究室へ移った．ボーアはラザフォードを師と仰ぎ，2 人の関係は 1937 年にラザフォードが亡くなるまで続いた．

紆余曲折の後 1916 年コペンハーゲン大学の理論物理学教授になったが，母方にユダヤ人の血が流れていたため，第二次大戦中はドイツ軍に占領されたデンマークからスウェーデンに逃れ，後にはアメリカで原子爆弾の開発に携わった．彼の科学的貢献を讃え原子番号 107 の元素はボーリウム Bh と命名された．

えられて水素-水素結合を切るだけでなく，水素原子中の電子を高いエネルギー状態（励起状態）にする．「物質はエネルギーができるだけ低い状態を選ぶ」というのが自然界を支配する 1 つの原理なので，電子はより安定な状態を求めて変化する．その際もう 1 つの自然界の法則「エネルギーは形を変えることはあっても，生成または消滅はしない」に従って余分のエネルギーを光の形で放出する（■図 3.7）．言い換えれば，放電管からの光は水素原子のなかで電子がもつエネルギーの値を教えてくれる貴重な手がかりである．ではなぜ電子のエネルギーが整数を含む式で表現されるのだろうか．この不思議を解き明かしたのがボーアであった．

3.5 ボーアのモデル

ボーアの考えはつぎのようにまとめることができる．

- 原子のなかにおいて電子は遠心力 $\left(\frac{m_e v^2}{r}\right)$ が核との間のクーロン力（正電荷と負電荷の間に作用している力）$\left(\frac{e^2}{4\pi\varepsilon_0 r^2}\right)$ とつりあう速度で円軌道上を安定に運動している．
- 電子はどのような半径の円軌道上を運動してもいいのではなく，電子の質量 m_e と速度 v および軌道半径 r の積 $m_e vr$（これを角運動量と呼ぶ）が $\frac{h}{2\pi}$ の整数 n 倍に等しい，すなわち $m_e vr = \frac{nh}{2\pi}$ という条件を満たす軌道だけが許される．
- 電子は外からエネルギーを受け取ると，エネルギーが低い軌道から高い軌道へ遷移する．またエネルギーが高い軌道から低い

軌道へ遷移するときは余分のエネルギーを光として放出する.

これらの仮定に基づいて円軌道の半径 r と電子がもつ全エネルギー E を計算すると，その値はそれぞれ式 (3.3), (3.4) で与えられた.

$$r = (5.29 \times 10^{-11}) \, n^2 \, \text{m} \tag{3.3}$$

$$E = -\frac{2.18 \times 10^{-18}}{n^2} \, \text{J} \tag{3.4}$$

ここでエネルギーの値が負であるのは，原子核と電子が無限に遠く離れているときをエネルギーの基準 $E = 0$ と定めたためである．整数 n が小さいほど電子は原子核の近くにあり，そのエネルギーが低い．■図 3.8 に電子軌道の相対的な大きさとエネルギーの値（エネルギー準位）を示す．電子が $n = n_1$ の軌道から $n_2 (n_1 > n_2)$ の軌道へ遷移するときに放出されるエネルギー ΔE は $2.18 \times 10^{-18} \left(\dfrac{1}{n_2{}^2} - \dfrac{1}{n_1{}^2} \right)$ であり，それが光子1つのエネルギー $h\nu$ に等しいのでその振動数は式 (3.5) で与えられる．この式は実験で観察されたすべてのスペクトルの振動数を正確に再現できた.

$$\nu = \frac{\Delta E}{h} = 3.29 \times 10^{15} \left(\frac{1}{n_2{}^2} - \frac{1}{n_1{}^2} \right) \, \text{s}^{-1} \quad (n_1 > n_2) \tag{3.5}$$

ボーアの理論は水素原子スペクトルを再現できたという意味では満足であったが問題点も見えてきた．彼の考えのなかで最も革新的であったのは，角運動量 $m_e v r$ が $\dfrac{h}{2\pi}$ の整数倍になる軌道だけが許され

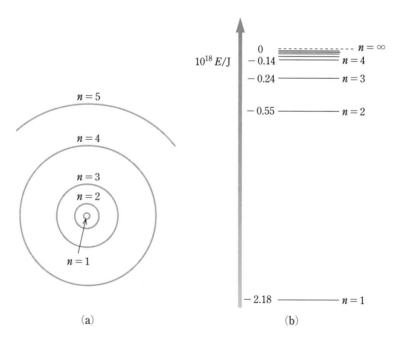

図 **3.8**　ボーアによる水素原子中の電子の軌道 (a) と電子のエネルギー準位 (b)

Henry G. J. Moseley（1887-1915）と原子番号

　ラザフォードはその実験で，原子核がもつ正電荷の大きさを正確に求めることはできなかった．それに最初に成功したのはイギリスの物理学者 Henry G. J. Moseley である．

　1895 年にレントゲンは気体放電管から X 線（波長の短い電磁波）が発生していることを発見した．この X 線には広い波長領域にまたがる連続した波長をもつ連続 X 線と，陽極物質に固有な線スペクトルをもつ特性 X 線があった．特性 X 線にはいくつかの系列があり，それらは波長が短い順に K 系，L 系，M 系と呼ばれていた．アルファベットの中間の K から始めたのは，研究が進んでもっと短波長の X 線が発見される可能性を考えてのことであった．

　1913 年に，マンチェスター大学でラザフォードの指導を得て研究していたモーズリーは，同じ系列に属する X 線の振動数 ν と，陽極物質の原子番号 Z（原子を原子量が増加する順に並べたときの順番）との間に式 (1) の関係があることを発見した．この式で a と b はそれぞれの系列に固有の定数である．

$$\sqrt{\nu} = a(Z - b) \tag{1}$$

　ボーアのモデルから考えて，式 (1) に表れた Z は原子核の上にある正電荷の数であることは明らかであり，これは原子番号の物理的意味を解明した歴史的発見であった．

　1914 年，モーズリーは母校オックスフォード大学に招聘されたが，第一次大戦が始まったために志願して従軍した．1915 年 8 月 10 日，連合軍がオスマントルコ帝国のガリポリ半島占領を企てたガリポリの戦いで，狙撃兵の放った銃弾が命令を電話で伝達していたモーズリーの命を奪った．27 歳であった．彼の戦死が科学界に与えた衝撃は大きく，以後，各国政府が科学者の前線勤務を禁止する方針をとるようになったと言われている．

　　"ラザフォードの仕事は本気にされなかった．今日では理解できないことだが，彼の仕事はまったく真面目に受け取られなかった．それに対する言及はどこにも見られなかった．大きな変化がモーズリーから起こった．"

　　　　　　　　　　　　　　　　　　　　　　　　　　— ニールス・ボーア，1962

るということであった．しかし，なぜその条件が必要かをボーアは説明できなかった．もう 1 つの問題点は 2 個以上の電子をもつ原子のスペクトルを説明できないことであった．He^+ や Li^{2+} のように原子番号 Z が 1 より大きい原子であっても，核の周囲を回転している電子が 1 個のイオンでは，水素原子と同様の仮定を適用すると式 (3.4), (3.5) はそれぞれ式 (3.6), (3.7) になり，これらはそれぞれのイオンのスペクトルを完全に説明できた．しかし，ボーアは電子を 2 個もつ He のスペクトルでさえ説明できなかった．

$$E = -2.18 \times 10^{-18} \frac{Z^2}{n^2} \, \text{J} \tag{3.6}$$

$$\nu = \frac{\Delta E}{h} = 3.29 \times 10^{15} Z^2 \left(\frac{1}{n_2{}^2} - \frac{1}{n_1{}^2} \right) \mathrm{s}^{-1} \quad (n_1 > n_2) \qquad (3.7)$$

　ボーアが真理の一部を把握したことに疑いはなかったが，まだ理解していないことがあることも明らかであった．そしてこの謎は原子のような微小な世界とわれわれが日常目にする世界との間には根本的な違いがあることを意味していたのであった．

3.6　電子の波動性

　プランクが 1900 年に提案しアインシュタインが発展させた理論によれば，物体が光の形でエネルギーを吸収あるいは放出するとき，そのエネルギーはプランク定数と光の振動数の積 $h\nu$ の整数倍になる．このエネルギーの最小単位 $h\nu$ は光のエネルギー量子と呼ばれる [3]．

　この現象は電気量が電子という粒子を単位として成り立っているように，光もまた一定のエネルギーをもつ粒子（光子）からできていると考えなくては理解できない．アインシュタインの相対性理論によれば，質量 m とエネルギー E は本質的に同じもので，両者の関係は式 (3.8) で与えられる．

$$E = mc^2 \qquad (3.8)$$

一方，光子についてはプランクの関係が成立する．

$$E = h\nu \qquad (3.9)$$

光の速度 c が振動数 ν と波長 λ の積に等しいことを考慮すると，式 (3.8), (3.9) から式 (3.10) を導くことができる．

$$\lambda = \frac{h}{mc} \qquad (3.10)$$

もし電子のように小さな質量をもつものは粒子であると同時に波でもあるなら，それらについて式 (3.10) を式 (3.11) と書き直すことができるであろうとド・ブロイは考えた．これまで波と粒子はまったく別のものとして語られてきたが，光を仲介者として両者が結びつけられたという点で彼の提案は画期的であった．

$$\lambda = \frac{h}{mv} \qquad (3.11)$$

　質量が大きいものでは波長が極端に短くなり波動性を検出することは不可能であるが，電子のように小さければ実験的に式 (3.11) を検証することが可能であった．たとえば $1{,}000\,\mathrm{V}$ の電圧によって加速された電子は $(1000\,\mathrm{V}) \times (1.60 \times 10^{-19}\,\mathrm{C}) = 1.60 \times 10^{-16}\,\mathrm{J}$ の運動エネルギーをもって飛行することになる．一般に質量 m，速度 v の物体がもつ運

3) 光のエネルギー量子のように，ある単位になる量の整数倍の値しかとらない量についてその単位量を量子という．電荷は電子の電荷 $-e$ の整数倍の値しかとらないので e は電気量における量子である．量子という概念は "自然は飛躍せず" という古（いにしえ）からの考えの限界を示すものであった．

Louis-Victor de Broglie (1892-1987)

17 世紀以来のフランスの名門ド・ブロイ家に生まれる. はじめ歴史を学んだのち科学に転じた. 兄モーリスも物理学者として著名. 第一次世界大戦の間軍務に服し無線部門に属したが, その勤務地はエッフェル塔であった. 大戦終了後理論物理学の研究を始めたが, 実験物理学者であった兄の影響もあって実験に対する興味も失わなかった. 研究を始めた 1920 年当時, 兄は X 線に関する研究を行っていたが, それがド・ブロイの興味を引いた. 1963 年に彼はつぎのように回想している.

「兄との会話の中で私たちはいつも X 線については波動性と粒子性を考えなければならないという結論になった. それは間違いなく 1923 年の夏のことだったが, 突然この二重性は物質の粒子, とりわけ電子, にまで拡張されなければならないという考えがひらめいた」

1924 年にパリ大学に提出した学位論文『量子論に関する研究』で電子の波動性を論じたが, その理論はほどなく実験的に証明され, その結果 1929 年にド・ブロイはノーベル賞を授けられた. 受賞講演で彼は「30 年前物理学は 2 つの領域に分断されていた. 1 つは粒子と原子の概念に基づき古典的ニュートン力学の法則に従うべき物質の物理学, もう 1 つは仮想的な連続した電磁場の媒質エーテルにおける波動の伝播に基づいた輻射の物理学である. しかし, これら 2 つのシステムは互いに離れて存在し続けることは不可能であり, それらは物質と輻射の間のエネルギー交換の理論を定式化することによって統一されなければならなかった」と述べている.

ド・ブロイはその後パリ大学教授などとして研究活動を続ける傍ら, アンリ・ポアンカレ研究所で毎年異なる講義を行うなど教育にも力を尽くし, 多くの研究者を育てた.

動エネルギーは $\frac{1}{2}mv^2$ に等しく, 電子の質量 m_e は $9.11 \times 10^{-31}\,\mathrm{kg}$ であるから速度と波長は以下のようになる.

$$v^2 = \frac{2 \times (1.60 \times 10^{-16}\,\mathrm{J})}{(9.11 \times 10^{-31}\,\mathrm{kg})} = 3.51 \times 10^{14}\,\mathrm{m^2\,s^{-2}}$$

$$v = 1.87 \times 10^7\,\mathrm{m\,s^{-1}}$$

$$\lambda = \frac{h}{m_e v} = \frac{(6.63 \times 10^{-34}\,\mathrm{J\,s})}{(9.11 \times 10^{-31}\,\mathrm{kg}) \times (1.87 \times 10^7\,\mathrm{m\,s^{-1}})}$$

$$= 3.9 \times 10^{-11}\,\mathrm{m} = 39\,\mathrm{pm}$$

電子の波動性は 1927 年にデヴィッソン, ジャーマー, G. P. トムソン (J. J. トムソンの子) らによって実験で確かめられ, 後には陽子や中性子さらにヘリウム原子についても波動性が確かめられた. これらの波はド・ブロイ波 (または物質波) と呼ばれる.

さて, 電子が波であることから, 水素原子中の電子の角運動量についてボーアが必要とした仮定 (3.12) の意味が明らかになった.

$$m_e vr = \frac{nh}{2\pi} \tag{3.12}$$

波が一定の円周に添って円運動を続けるということは波が定常的に存在できるということで，これは■図3.9に示すように，軌道のある点から出発した電子が1周して元の点に戻るとき位相が一致するということである．言い換えれば円周の長さが波長の整数倍であることを意味する．

$$2\pi r = n\lambda \tag{3.13}$$

式 (3.13) に式 (3.11) を代入すればボーアが仮定した式 (3.12) が得られる．

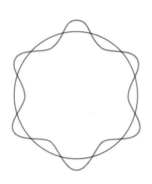

図 3.9　原子核のまわりを安定に回転する波としての電子

3.7　不確定性原理

　このようにして原子の中の電子について多くのことがわかり，ゴールも近づいてきたように見えたが，もう1つ根本的な変更を加える必要があった．この点を指摘したのがハイゼンベルクであった．

　われわれが日常目にする物体，たとえば野球でピッチャーが投げた球が，いつどこをどのような速度で移動しているかは適切な実験を行うことによって正確に決定することができる．しかし，電子においては位置と速度を同時に正確に決定することが原理的に不可能であることをハイゼンベルクは指摘した．■図3.10に示すように，速度 v で水平方向に移動している電子の y 軸方向の位置を決めるために幅 Δy のスリットを使うとする．スリットを通過する直前までこの電子は y 軸方向の運動量をもっていないが，スリットを通過すると同時に波に特有の回折 [4] という現象によってスリットの幅より広がり，y 軸方向の運動量をもつ可能性を生じる．しかし，ある位置でその電子が y 軸方向にどのような速度で動いているかを知ることができない．すなわち，位置を決めようとすると速度がわからなくなってしまうので，電子のように粒子としての性質と波としての性質を同時にもっている物質に

4) 波が障害物に当たってもその影に回り込む性質を回折と呼んでいる．回り込みの程度は波長が長い波ほど大きい．可視光の波長はおよそ 400 〜 800 nm であるのに対して人間が聞くことができる音の振動数（周波数）はおよそ 20 〜 20,000 Hz で，女性の声の平均的振動数 300 Hz の音の波長は，音速がおよそ 340 m s^{-1} であるから，約 1.1 m である．したがってテレビの前にものを置くと画面は見えなくなるが，音声を遮ることは難しい．

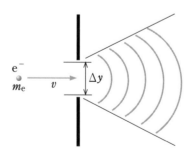

図 3.10　スリットを通過する前と通過した後の電子

Werner Heisenberg（1901-1976）

　ハイゼンベルクは，1901年ドイツ南部バイエルン州のヴュルツブルクに生まれ，州都ミュンヘンで少年時代を過ごした．当時のドイツは皇帝ヴィルヘルム2世が統治するドイツ帝国であり，前世紀の秩序がまだ保たれていた．

　第一次世界大戦が始まったのはハイゼンベルクが13歳の誕生日を迎える前であった．出征する父を見送るためにオランダとの国境に近い北ドイツの町オスナブリュックまで行った少年は，戦争の勃発に熱狂する人々の姿に不気味な不可解さを感じ取った．程なく，志願して出征した親しい人の早すぎる死に接した彼は，無批判な陶酔状態がもたらす悲劇の危険性をはっきりと理解したのであった．

　ミュンヘン大学でギリシャ語などを教えていた彼の父アウグスト・ハイゼンベルクは，"祖国に対する義務を果たすこと"を当然と信じながらも，確固とした人道主義者で偏狭なイデオロギーの結果として現れる非人間性を嫌悪していた．後日，彼はヒトラーを"精神的に錯乱した誘惑者"と呼び，「決してこの男と関わりをもってはいけない」と息子に忠告していた．

　戦争はハイゼンベルクが17歳になる前に終わった．彼は1920年までミュンヘンのマクシミリアン・ギムナジウムで古典の勉学を続け，19歳でアビトゥーア（大学入学資格試験）に合格したが，その最後の2年間に数学と物理学への興味を強め，相対性理論の背後にある思考形態を十分理解するために，ミュンヘン大学で数学を勉強しようと思うようになっていた．

　しかし，数学の教授F.リンデマンはハイゼンベルクの物理学への強い興味を知ると，「それでは，あなたは数学をやってもだめでしょう」と言って指導を断った．その結果彼は，N.ボーアと並ぶ前期量子論の指導的研究者A.ゾンマーフェルトの学生となった．1922年の初夏，優れた教育者でもあったゾンマーフェルトは，後に"ボーア祭 Bohr Festspiele"と呼ばれることになる，ゲッティンゲン大学でのボーアによる連続講義にハイゼンベルクを伴って参加した．3回目の講義でハイゼンベルクは鋭い批判的な質問をした．すでに気鋭の量子論の学者として知られていたボーアであったが，この一学生の意見に耳を傾けただけでなく，講義の後で散歩に誘い，さらに討論を重ねた．このとき以降2人の親密な関係は第二次世界大戦まで続いた．

　1923年ハイゼンベルクは学位試験に合格したが，その成績は Habilitation（大学教授資格取得）には不十分であった[1]．ゲッティンゲン大学で理論物理学者M.ボルン（1954年ノーベル物理学賞）の助手を1年間務めたのち，1924年7月漸く教授資格を得たハイゼンベルクはロックフェラー奨学金を得て，24年から25年にかけての冬をコペンハーゲンのボーア研究室で過ごした．デンマーク語はもちろん，英語による会話も苦手だったが，彼は数週間で言葉の壁を克服し研究生活に邁進した．それから27年まで続いたコペンハーゲンとゲッティンゲンの間を往復する生活は彼の研究者として最も充実した期間となった．

　1927年わずか26歳でライプチッヒ大学教授に招聘されたが，この教授就任とそれに伴う業務の増大およびその後のナチス台頭は，彼の科学的活動にマイナスの影響を与えた．1933

年に（1932年の）ノーベル物理学賞を授与されたが，その対象となったマトリックス力学の創造は1925-26年に行われたものであったし，不確定性原理の発見は1927年の業績であった．

　ハイゼンベルクを語る上で避けて通ることができないのは彼とナチス政権との関係である．ヒトラーの首相就任（1933年1月）以降，ハイゼンベルクと政権との間の緊張は次第に高まっていった．彼は総統（ヒトラー）との連帯を宣言する電報への署名を拒否し，ドイツの国際連盟脱退（10月）を支持する教員集会にも参加しなかった．さらに彼はP. レーナルト（1905年ノーベル物理学賞）とJ. シュタルク（1919年ノーベル物理学賞）を中心とする"ドイツ物理学"集団によって「ユダヤ人の空威張りにすぎない」と批判されていたアインシュタインの相対性理論への支持を隠そうとしなかった．これらの結果，彼は"科学界の白いユダヤ人"と呼ばれることになった．1937年7月，退官したゾンマーフェルトの後任としてミュンヘン大学に招かれようとしていたハイゼンベルクは，SS[2]の機関紙"黒い軍団"紙上でシュタルクによって痛烈に批判された．

　　"1933年ハイゼンベルクはアインシュタインの弟子シュレーディンガーおよびディラックと同時にノーベル賞を受賞した．これは … 国家社会主義のドイツに反対する，ユダヤの影響を受けたノーベル委員会の示威運動である．ハイゼンベルクはそれに対して感謝の意を表す一方，1934年8月に総統兼国家首相との連帯を示すドイツのノーベル賞受賞者のアピールに署名することを拒否している．… 外国における彼の著名さは，外国のユダヤ人とユダヤ人の同志との共同作業による誇張された後遺症なのだ．"

　当時，このような攻撃は生命の危険を意味していた．SSは数ヶ月に亘って彼を尋問したが，最終的にSS総司令官ヒムラーが彼の釈放を命令した[3]．

　このような経験にも拘らず，M. プランクによる「すべてが過ぎ去るまで耐え抜いて"不変の島"を築き，若い人々をできる限り破局を切り抜けさせ，大切なものを守り伝えなさい」という助言もあって，ハイゼンベルクはドイツ国内に留まる決心をした．しかしそれは，彼がドイツの勝利を確信していたからではなかった．彼は，戦争が終われば敗者の側にあること，そして後日非難され，処罰されることもあり得ると覚悟していた．

　開戦直後，陸軍兵器庁から，原子エネルギーの使用を可能にする問題に従事することを命じられたハイゼンベルクは，ライプチッヒの研究室で原子炉のひな型を作り，核分裂の連鎖反応を兵器として利用できることと同時に，そのためには少なくとも数年の年月と莫大な経費を要するであろうことを確信した．1942年，カイザー・ヴィルヘルム物理学研究所長の職にあった彼は，ヒトラーが信頼していた軍需大臣シュペーアに「爆弾は3〜4年以内にはできない」と説明し，その結果ドイツが原爆の開発を断念したことが知られている．

　ハイゼンベルクは1945年のドイツ降伏に伴い拘束され，（核分裂を発見した）O. ハーンを含む9名の科学者とともにイギリスに抑留された．これには，ドイツにおける核兵器開発についての情報を収集すると同時に，有力な科学者のソビエト連邦への移住を阻止する目的があったと考えられる．1946年春，帰国したハイゼンベルクはハーンらとともにカイザー・

ヴィルヘルム研究所をマックス・プランク研究所として再建し再び研究生活に復帰した．それから30年，1976年2月に74歳で他界するまでハイゼンベルクは，物理学界の指導者として，またドイツ科学界の良心として幅広い活動を続け，広く敬愛された．

1) 試験官の一人，実験家 W. ヴィーン（1911年ノーベル物理学賞）は，ハイゼンベルクの実験についての知識が不十分であることに怒り，低い評価を下した．
2) ナチス親衛隊 Schutzstaffel の略．第三帝国の主要な治安組織・諜報組織ほぼすべてを傘下に持つだけでなく，軍事組織，武装親衛隊も保有し，毎週水曜日に機関紙 “Das Schwarze Korps”（黒い軍団）を発行していた．
3) ハイゼンベルクはヒムラーに “有効な保護と名誉の回復” を求める手紙を書き，それを彼の母が旧知の間柄であったヒムラーの母に渡した．“黒い軍団” の論説から1年後ハイゼンベルクはヒムラーからつぎのような手紙を受け取った．「小官は，貴下が他でもない小官の身内より仲介されたため，貴下の問題について特に厳密かつ公正に調査し，そしてここに “黒い軍団” の論説における攻撃は妥当なものであるとは認めがたく，したがって，貴下に対する攻撃が今後行われることのないよう措置したことを，貴下にご通知できる次第となり，これを喜びとするものである」．

本稿の執筆に当たって，下記の書籍を参考にした．
『ハイゼンベルクの追憶』E. ハイゼンベルク著，山崎和夫訳，みすず書房，1984.
『ハイゼンベルクの世界』H. キュニー著，遠藤真二訳，東京図書，1976.
『部分と全体』W. ハイゼンベルク著，山崎和夫訳，みすず書房，1974.

ついては，原理的にその位置と速度を同時に正確に決定することは不可能である．これは実験装置の不完全さから来るものでなく，自然界の仕組みそのものであり不確定性原理と呼ばれる．ボーアが考えた原子構造では電子の核からの距離と速度をともに正確に仮定しているから，不確定性原理に違反していることは明らかであった．

3.8　軌道関数と電子配置

　1925年ド・ブロイの論文に触発されたシュレーディンガーは，原子のなかにある電子を波として表現する波動方程式を提案した．彼の方程式はプランクやアインシュタインといった当時の指導的物理学者に賞賛をもって受け入れられ，たちまち原子中の電子状態を記述する標準的理論となり現在に至っている．

　シュレーディンガーによれば電子の状態は彼の波動方程式の解 ψ（プサイ）によって与えられる．この関数を日本語では軌道関数（略して軌道）と呼んでいるが，ボーアの軌道とはまったく異なる意味をもつことを理解する必要がある．電子は一定の形の軌道に沿って動いているわけではなく，電子の存在はある空間に電子を見つける確率として表現するしかないが，その値（電子密度）は ψ^2 に等しい．仮に電子の位置だけを確定できる測定を繰り返し行ったとし，測定のつど電子が見つかったところに点を打っていくとやがてその点が集まって雲のように見えてくる．このようにして得られる電子分布を電子雲と呼んでいる．

軌道関数には3種類の整数すなわち，主量子数 n，方位量子数 l，磁気量子数 m が含まれる．またそれらとは別に電子の自転に関するスピン量子数 s も必要であることが明らかになった．これらの量子数に許される値とその意味は以下に述べる通りである．

主量子数 $n = 1, 2, 3, \cdots$

ボーアの n と一致する．この量子数は方位量子数とともに軌道のエネルギーを決めている．n が増加するにつれて電子と核の平均距離は大きくなりエネルギーは高くなる．言い換えれば主量子数は電子雲の大きさを決めている．$n = 1$ の軌道をK殻，$n = 2$ をL殻，$n = 3$ をM殻などと呼び，さらに n が最も大きい殻を最外殻（原子価殻）といって他の電子殻と区別している．

方位量子数 $l = 0, 1, 2, \cdots, n - 1$

$l = 0$ の電子雲は球対称，$l = 1$ はアレイ形のように，この量子数は電子雲の形を決めている．$l = 0$ の軌道をs軌道，$l = 1$ の軌道をp軌道，$l = 2$ の軌道をd軌道，$l = 3$ の軌道をf軌道と呼ぶ．水素では軌道のエネルギーは n のみの関数であるが，電子を2つ以上もつ原子の軌道エネルギーは n と l によって決まる．

磁気量子数 $m = -l, -l + 1, \cdots, 0, \cdots, l - 1, l$

この量子数は電子雲の方向を決めているが，エネルギーには関係しない．ある l の値について $2l + 1$ 個の m の値が可能なので，s軌道は1個，p軌道は3個，d軌道は5個，f軌道は7個ある．複数の軌道が同じエネルギーをもつ場合それらは縮退しているといわれる．

スピン量子数 $s = -1/2, +1/2$

電子の自転状態を表すもので↑と↓で表すことが多い．

これらの規則が存在する結果，電子が取り得る量子数の組み合わせとそれぞれの軌道は●表3.1のようになる．

主量子数 $n = 1, 2, 3$ の軌道に電子が入ったときの電子雲の例を■図3.11に示す．1s軌道の電子雲は球対称で原子核の近くで最も電子密度が高い．2s軌道も球対称であるが，電子密度が二重構造をしている．これは波動関数の符号の逆転に伴って，途中で $\psi = 0$ になるためである．3つの2p軌道は互いに直交しているので一般に x, y, z 軸の方向に広がる形で表現されそれぞれ $2\mathrm{p}_x$, $2\mathrm{p}_y$, $2\mathrm{p}_z$ と表記される．いずれも原子核を挟んで2つの同じ大きさの電子雲からなるアレイ型で，図に示した $2\mathrm{p}_x$ では y-z 面内で $\psi = 0$ である．3d軌道には互いに直交した4つの電子雲からなる $3\mathrm{d}_{xy}$, $3\mathrm{d}_{xz}$, $3\mathrm{d}_{yz}$, $3\mathrm{d}_{x^2-y^2}$ と z 軸方向に最大の広がりをもつ $3\mathrm{d}_{z^2}$ があるが，図には $3\mathrm{d}_{xz}$ と $3\mathrm{d}_{z^2}$ を示した．

表3.1 電子が取り得る量子数の組み合わせと軌道関数の名前

n	電子殻	l	軌道	m							s	収容し得る電子数
1	K	0	1s				0				$\pm 1/2$	2
2	L	0	2s				0				$\pm 1/2$	2
		1	2p			-1	0	1			$\pm 1/2$	6
3	M	0	3s				0				$\pm 1/2$	2
		1	3p			-1	0	1			$\pm 1/2$	6
		2	3d		-2	-1	0	1	2		$\pm 1/2$	10
4	N	0	4s				0				$\pm 1/2$	2
		1	4p			-1	0	1			$\pm 1/2$	6
		2	4d		-2	-1	0	1	2		$\pm 1/2$	10
		3	4f	-3	-2	-1	0	1	2	3	$\pm 1/2$	14

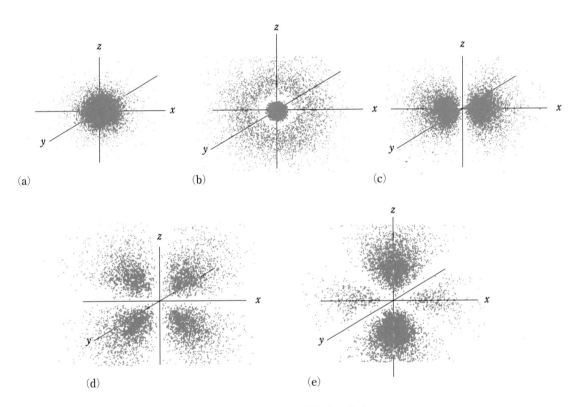

図3.11 電子雲の例. (a) 1s軌道, (b) 2s軌道, (c) x軸方向に存在する $2p_x$ 軌道, (d) x-z 面内にあり, x 軸および z 軸と $45°$ の傾きをもつ $3d_{xz}$ 軌道, (e) z 軸方向に最大の広がりをもつ $3d_{z^2}$ 軌道.

　軌道の形と方向を電子雲として描いてもよいが, 図3.12 のように簡単な図形で表すとより便利である. この図では, ψ の符号の変化を示すために軌道は色分けされている. ここでいう「ψ の符号」は波としての電子の位相 (いわゆる山と谷) を表すものである. 1s軌道では全体が同じ位相であるのに対し, 2p軌道や3d軌道では位相が途中で逆転

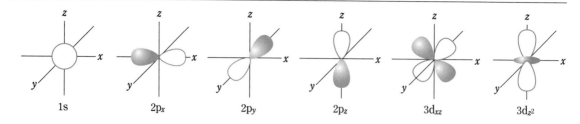

図 3.12　抽象的な図形による原子軌道の表現

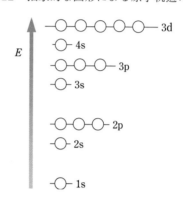

図 3.13　1s 軌道から 4s 軌道までのエネルギー準位

5) 1s 軌道，2s 軌道，2p 軌道の
位相は下図に示す通りである．
位相の境界では $\psi^2 = 0$ であ
るから電子密度がゼロになる．

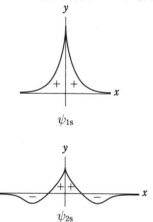

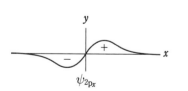

している[5]．f 軌道はもっと複雑な形をしているがここでは省略する．

　■図 3.13 は，1s 軌道から 4s 軌道までのエネルギー準位を示す．電子はエネルギーが低い軌道から順に埋めていくが，そのときに従わなくてはならない 2 つの規則，パウリの排他原理とフントの規則がある．

　パウリの排他原理：多電子原子において 2 個以上の電子が同じ量子数の組み合わせの状態をとることはできない．

　この原理に従えばある軌道に入りうる電子の数は最大 2 であり，その場合，2 つの電子はスピンが異ならなければならない．●表 3.1 にある「収容しうる電子数」はこの規則によって許される最大の電子数である．

　フントの規則：エネルギー準位が縮退している複数の軌道に電子が入るとき，できるだけ異なる軌道にスピンの方向をそろえて入る．

　原子番号 $Z = 1 \sim 10$ の原子の最もエネルギーが低い状態（基底状態）での電子配置を●表 3.2 に示す．この表で $1s^1$ とあるのは 1s 軌道に電子が 1 個ある状態，$1s^2$ は 2 個ある状態のことである．

　炭素，窒素，酸素の電子配置は■図 3.14 のように表すことができる．この図では軌道は ◯ で，電子は円の中におかれた ↑ と ↓ によって表現されている．1 つの軌道に 1 個だけ入っている電子は不対電子と呼ばれる．炭素と酸素には 2 個，窒素には 3 個の不対電子がある．

表 3.2　原子番号 1〜10 の原子の基底状態の電子配置

元素記号	電子配置
H	$1s^1$
He	$1s^2$
Li	$1s^2 \quad 2s^1$
Be	$1s^2 \quad 2s^2$
B	$1s^2 \quad 2s^2 \quad 2p^1$
C	$1s^2 \quad 2s^2 \quad 2p^2 \ (2p_x{}^1 \ 2p_y{}^1)$
N	$1s^2 \quad 2s^2 \quad 2p^3 \ (2p_x{}^1 \ 2p_y{}^1 \ 2p_z{}^1)$
O	$1s^2 \quad 2s^2 \quad 2p^4 \ (2p_x{}^2 \ 2p_y{}^1 \ 2p_z{}^1)$
F	$1s^2 \quad 2s^2 \quad 2p^5 \ (2p_x{}^2 \ 2p_y{}^2 \ 2p_z{}^1)$
Ne	$1s^2 \quad 2s^2 \quad 2p^6 \ (2p_x{}^2 \ 2p_y{}^2 \ 2p_z{}^2)$

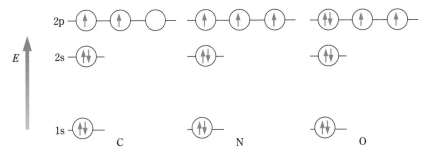

図 3.14　炭素，窒素および酸素原子の電子配置

　ナトリウムから先の原子の電子配置は裏表紙の見開きページにある周期表に与えられている．そこで [Ne] のように書かれているのはネオンの電子配置 $1s^2 \, 2s^2 \, 2p^6$ を省略したものである．たとえばアルゴンの電子配置は $1s^2 \, 2s^2 \, 2p^6 \, 3s^2 \, 3p^6$ なので [Ne] $3s^2 \, 3p^6$ と書かれている．

　アルゴンまでは電子が主量子数と方位量子数が小さい組み合わせの軌道から順に埋めてきた．しかし，カリウムからは少し様子が違う．■図 3.13 を見ると，3p 軌道のつぎにエネルギーが低いのは 3d ではなく 4s である．そのためカリウムとカルシウムの電子配置はそれぞれ [Ar] $4s^1$, [Ar] $4s^2$ となる．そしてスカンジウムから亜鉛までは少し不規則なところはあるが，[Ar] $3d^1 \, 4s^2$ から [Ar] $3d^{10} \, 4s^2$ へと電子配置が変化していく．ここで 3d が 4s より先に書かれていることに注意しよう．電子配置を書く場合，主量子数と方位量子数が小さい順に軌道を書くという慣わしになっている．ガリウムからクリプトンまでは 4p 電子の数が 1 つずつ増えるので，[Ar] $3d^{10} \, 4s^2 \, 4p^1$ から [Ar] $3d^{10} \, 4s^2 \, 4p^6$ となる．これらの電子配置で主量子数が最も大きい原子価殻（最外殻）の軌道に入っている電子を価電子，それ以外の電子を内殻電子と呼んで区別している．つぎの節で学ぶように価電子は原子の化学的性質を

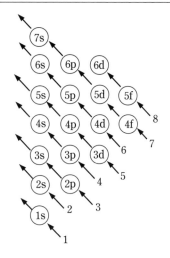

図 **3.15**　電子が軌道を満たしていく順番

決める重要な電子である.

　主量子数が 4 以上の軌道についてはそのエネルギー準位が原子番号によって微妙に変化するが, 電子が軌道を埋めていくおよその順番は■図 3.15 によって推定できる. 多くの場合, 周期表に書かれた電子配置を■図 3.15 から推定できることを確かめてみよう.

名前の由来

　主量子数 $n = 1, 2, 3, \cdots$ などの軌道をそれぞれ K 殻, L 殻, M 殻などと呼ぶのは, 特性 X 線 (41 ページ "Henry G. J. Moseley (1887-1915) と原子番号" 参照) の系列 K, L, M, $\cdots$ がそれぞれ, エネルギーが高い軌道から $n = 1, 2, 3, \cdots$ の軌道への電子遷移によって発生することからの命名である.

　一方, 方位量子数 $l = 1, 2, 3, \cdots$ などの軌道をそれぞれ s, p, d, $\cdots$ と呼ぶ慣わしの起源は 19 世紀後半に遡る. 1872 年から 80 年にかけて, イギリスの化学者ジョージ・ライヴィングとサー・ジェームズ・デュワーはナトリウムなど 1 族の原子の線スペクトルを 3 つのシリーズに分類し, それらの強度や明確さからそれぞれ principal, sharp, diffuse シリーズと呼んだ. また 1907 年にはアルノ・バーグマンが第 4 のシリーズを発見してそれを fundamental と命名した.

　1920 年代に電子の原子軌道が明らかになり, 電子配置を記述できるようになったとき, ボーアは, たとえば $3_1, 3_2, 3_3$ などのように, 主量子数と方位量子数の組み合わせでそれぞれの軌道を表した. しかし, 線スペクトルのシリーズが, たとえば principal シリーズは $l = 2$ の軌道から $l = 1$ の軌道への遷移によるなど, 方位量子数と密接に関係していることから, シリーズ名の最初の文字を主量子数と組み合わせる 3s, 3p, 3d といった表記がフントなどによって始められ, 1930 年代に入るとそれが次第に化学者の間にも浸透して行った.

3.9　周期表と元素の分類

　ここで周期表とは何かを説明しておこう．これまでに存在が確認された原子をそれらの電子配置に基づいて原子番号順にならべて整理したものが周期表で，その原形は 1869 年にメンデレーエフによって提案された．

　■図 3.16 ならびに裏表紙見開きにある周期表が現在最も一般的に見られる周期表であるが，その成り立ちを説明する．

　原子は原子番号が増加する順に左から右へと水平に配列される．この水平の行のことを周期と呼ぶ．最初の周期は左右に H と He の 2 元素が配置されて終わる．これは $n = 1$ の軌道は 1s のみであり，可能な電子配置が $1s^1$ と $1s^2$ であることを反映している．第 2 周期には Li, Be が左端に，B から Ne までの 6 元素が右端に配列されているが，これは $[\text{He}]\, 2s^1$ から $[\text{He}]\, 2s^2\, 2p^6$ の電子配置をもつ元素であり，周期の左端には価電子を 1 つもつ原子を，右端には $ns^2\, np^6$ のように価電子を 8 個もつ原子を配置するという約束による．第 3 周期も同様に $[\text{Ne}]\, 3s^1$ の Na から $[\text{Ne}]\, 3s^2\, 3p^6$ の Ar までの 8 元素が配列されている．周期表の縦列は族と呼ばれるが，同一族の元素は最外殻電子配置が同じであることに注意しよう．元素の化学的性質を決定している最も大きな要素が最外殻電子配置であるから，同じ族の元素は化学的性質が似ている．第 4 周期には 18 元素が収容されているが，その理由は■図 3.15

	1	2	3	4	5	6	7	8	9	10	11	12	13	14	15	16	17	18
1	H																	He
2	Li	Be											B	C	N	O	F	Ne
3	Na	Mg											Al	Si	P	S	Cl	Ar
4	K	Ca	Sc	Ti	V	Cr	Mn	Fe	Co	Ni	Cu	Zn	Ga	Ge	As	Se	Br	Kr
5	Rb	Sr	Y	Zr	Nb	Mo	Tc	Ru	Rh	Pd	Ag	Cd	In	Sn	Sb	Te	I	Xe
6	Cs	Ba	ランタノイド	Hf	Ta	W	Re	Os	Ir	Pt	Au	Hg	Tl	Pb	Bi	Po	At	Rn
7	Fr	Ra	アクチノイド	Rf	Db	Sg	Bh	Hs	Mt	Ds	Rg	Cn	Nh	Fl	Mc	Lv	Ts	Og

ランタノイド	La	Ce	Pr	Nd	Pm	Sm	Eu	Gd	Tb	Dy	Ho	Er	Tm	Yb	Lu
アクチノイド	Ac	Th	Pa	U	Np	Pu	Am	Cm	Bk	Cf	Es	Fm	Md	No	Lr

　　　■ 金属元素　　　■ 半金属元素　　　□ 非金属元素

図 3.16　周期表と元素の分類

Dmitrii I. Mendeleev（1834-1907）

　シベリアのトボリスク中学校長イワン・メンデレーエフとマリア・メンデレーエバの間に14人兄弟の末子として生まれた．少年時代，数学，理科，歴史は得意であったが，ラテン語は大の苦手であったことは後年彼がつぎのように述懐していることからも明らかである．「ラテン語ではよく落第点をとったものだ．今ならおそらく何回落第していたことか，退学処分になっていたかも知れない．実際に落第していたとしたら，わたしの人生はおそらくダメになっていたことだろう．教育の仕事は教師の良識にかかっている」[1] 母マリアは彼の才能を信じ，本来なら入学願書の受付が行われないはずの年である1850年にペテルスブルグの高等師範学校物理数学部に入学させるために奔走し，彼の入学後間もなく50歳で死去した．この母親の存在がなければ化学者メンデレーエフが誕生したか疑わしい．

　元素の化学的性質についての深い洞察から元素の性質が周期的に変化すること（周期律）を確信したメンデレーエフは，元素を周期表の形で整理し1869年にロシア語の論文として発表した．1871年には論文をドイツ語でも発表し，当時の指導的化学者に送ったがほとんど無視された．1860年の国際会議でアボガドロの仮説を復活させれば原子量を決定できることを示した，あのカニッツアロからも返事はなかった．彼の論文に対する一般的な見解は "無益な思索" "薄弱な発想" [1] というものであった．

　しかし，彼が論文の中でその存在と性質を予言した未知の元素，ガリウム，が1875年に発見され，しかもその密度が当初報告された $4.7\,\mathrm{g\,cm^{-3}}$ ではなく，メンデレーエフが予言した $5.9\,\mathrm{g\,cm^{-3}}$ であることが明らかになると，周期律の評価は一気に高まった．メンデレーエフはスカンジウムとゲルマニウムの存在とそれらの性質も予言していたが，これらの元素も相次いで発見され予言通りの性質を示すことが確認された．

　原子番号101のメンデレビウムは彼のこのような功績を讃えて命名されたものである．また，モスクワ大学化学科の正面には，分子とは原子が固有の形で結合したものであるという，化学構造の概念を明確にしたアレクサンドル・ブートレロフとともにメンデレーエフの銅像が置かれ，後輩たちを見守っている．

　　1)　『メンデレーエフ伝』G. スミルノフ著，木下高一郎訳，講談社，1976.

を見れば明らかである．電子は 4s →3d→4p の順に軌道を埋め，3d 軌道は5個あるので [Ar] $4s^1$ の K から [Ar] $3d^{10}\,4s^2\,4p^6$ の Kr まで18元素が存在する．同様に第5周期は [Kr] $5s^1$ の Rb から [Kr] $4d^{10}\,5s^2\,5p^6$ の Xe までの18元素からなる．族は左端から順に1族，2族と呼ばれ，右端は18族である．1, 2, 13 ～ 18族の最外殻電子の数は族番号の下1桁と一致している．しかし3 ～ 12族では最外殻電子配置が ns^1 あるいは ns^2 で，内殻の d 軌道の電子数が増えていく．

　第6周期では3族の欄に "ランタノイド" と書かれ欄外に La～Lu の

15 元素が記されているが，その理由は以下の通りである．

■図 3.15 に従えば，5p 軌道のつぎに 6s 軌道に電子が入るはずであり，実際に Cs と Ba はそれぞれ Cs：[Xe] $6s^1$，Ba：[Xe] $6s^2$ の電子配置であることが知られている．6s 軌道のつぎに電子は 4f 軌道に入るが，4f 軌道と 5d 軌道のエネルギー差が小さいため，巻末の周期表に記された電子配置からわかるように，すべての電子が 4f 軌道に入るとは限らない．しかし，La から Lu の最外殻電子配置はすべて $6s^2$ であるため，これらの元素は性質がよく似ている．そこでそれらをランタノイドとしてまとめ，欄外に記載しているのである．Hf：[Xe] $4f^{14}5d^26s^2$ から Hg：[Xe] $4f^{14}5d^{10}6s^2$ までを 4 族〜12 族に，Tl：[Xe] $4f^{14}5d^{10}6s^26p^1$ から Rn：[Xe] $4f^{14}5d^{10}6s^26p^6$ を 13 族〜18 族に分類するのは第 4, 5 周期と同じである．

第 7 周期には，アクチノイドとして欄外に記載されている 15 元素を含め，第 6 周期と同じく 32 元素が属している．電子配置がすべて明らかになっているわけではないが，基本的に■図 3.15 に従っていると考えられ，最後の Og は [Rn] $5f^{14}6d^{10}7s^27p^6$ の電子配置をもつ非金属元素であると推定されている．

2022 年の時点で周期表は第 7 周期で終わっているが，これは，より原子番号が大きな原子が存在しないということではない．より重い新元素を発見しようという実験が世界各地で進行中である．なお，原子番号 $Z = 84$ の Po からあとの原子はすべて不安定な放射性元素で，大部分が地球上での存在確認ができず，人工的につくられたものである．

■図 3.16 では元素が色分けされている．周期表の左側にある濃く網かけされた元素はいわゆる金属元素，右側の網かけのない元素は非金属元素，それらに挟まれた薄く網かけされた元素は金属と非金属の中間的性質を示す半金属元素である[6]．金属原子がつくる金属結晶や非金属原子がつくる分子と共有結合結晶，そして金属原子と非金属原子がつくるイオン結晶，さらに半金属元素の特徴については 4 章と 5 章で述べる．

3.10 ルイス構造

化学で最も重要な役割を演ずるのは価電子であるから，（原子核＋内殻電子）を元素記号で表し，価電子を元素記号の周囲に配置した・で表すことがよく行われ，そのような式はルイス構造と呼ばれる．原子番号 18 までの元素のルイス構造を■図 3.17 に示す．この図では基底状態で不対電子が何個あるかを反映するように・が打たれていることに注意しよう．たとえば窒素は 5 個の価電子をもつがその内 3 個が

6) これらの分類は必ずしも確かなものではなく，とりわけ金属元素と半金属元素の境界はあいまいである．また，第 7 周期の元素の多くは極めて微量が合成されたに過ぎず，しかも寿命が短いので元素としての性質を実験によって明らかにできているわけではない．たとえば Nh（$Z = 113$）は理化学研究所の仁科加速器研究センターにおいて，原子番号 83，質量数 209 のビスマス Bi に，光速の 10% まで加速した原子番号 30，質量数 70 の亜鉛 Zn のビームを照射して合成されたが，9 年間にわたる実験によってわずか 3 個の原子が確認され，しかもその半減期は 0.0014 s であった．したがって Nh が金属であるという分類はあくまでも周期表における位置からの推定である．

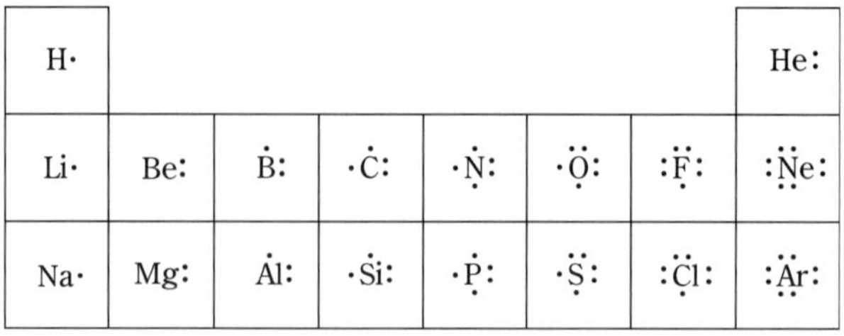

H·							He:
Li·	Be:	Ḃ:	·Ċ:	·Ṅ:	·Ö:	:Ḟ:	:Ṅe:
Na·	Mg:	Ȧl:	·Ṡi:	·P̈:	·S̈:	:C̈l:	:Är:

図 3.17 H から Ar までのルイス構造

不対電子として描かれている．これらのルイス構造は 4 章で共有結合を表現するために再び使われる．

問　題

1. 図 3.6 にある $\lambda = 656\,\text{nm}$ の光の振動数 ν を求めよ．

$$(4.57 \times 10^{14}\,\text{s}^{-1})$$

2. 太陽のスペクトルを分光器で調べると，連続スペクトルのなかにたくさんの暗線が出ているのがわかる．これをフラウンホーファー線という．フラウンホーファー線の 1 つは波長 656 nm である．この暗線が現れる理由を述べよ．

3. 人間の目は波長がおよそ 380 nm から 800 nm の光を見ることができる．水素原子において，$n = 3$ の軌道から $n = 2$ の軌道に電子が遷移するときに放出される光が可視光線であることを確かめよ．　　　　　　　　　　　　　　　（波長は 656 nm）

4. ヘリウム He は 300 K で平均速度 $1.4 \times 10^3\,\text{m s}^{-1}$ で運動している．この原子のド・ブロイ波長 λ を求めよ．　　　　（71 pm）

5. 図 3.14 と同様の電子配置図をスカンジウム Sc $(Z = 21)$ について描け．

6. 周期表の 13 族，14 族，15 族の原子において，それぞれの最外殻電子配置は一般にどのように表されるか．

7. メンデレーエフは周期表を作るに当たって，当時知られていた元素を原子量が増加する順番に並べた．しかしテルル Te はヨウ素 I より原子量が大きいにもかかわらずヨウ素の前に配置した．ヨウ素とテルルの性質を第 4 周期のセレン Se および臭素 Br と比較してこの順番が正しいことを示せ．

4 原子から分子へ

　現在までに人類が手にした原子は高々 110 種類余りであるから，化学がもし原子を扱うだけならどんなに退屈なものだろう．しかし，原子はイオン結合，共有結合，金属結合など化学結合と呼ばれる結合によって結びつき，文字通り無限に多くの物質に変わっていく．この変化が化学のだいご味であり，化学者を魅了し続けている．ここでは原子と原子がなぜ分子をつくるのか，そして分子と分子の間に働く力とは何かについて考えよう．

4.1　ルイスの考えた共有結合

　■図 3.16 に示した周期表で非金属元素と分類された元素の原子は互いに結合して分子と呼ばれる原子の集合体をつくることが 19 世紀には明らかになっていた．アメリカの化学者ルイスは 1916 年に，原子が電子を共有して 8 個（水素では 2 個）の電子に囲まれることによって安定化するという考えを提出した．音楽用語の八重奏（オクテット）になぞらえてオクテット説と呼ばれる彼の考えは，ルイス構造を使って■図 4.1 のように表現できる．結合電子対を "：" で表してもよいが，"—" を使うと結合の存在がはっきりするので分子を■図 4.1 右端のように表現することも多い．今後この教科書でもルイス構造を書くとき，結合電子対を "—" で表すことにする．2 原子が電子対を共有することによってできる結合を共有結合という．

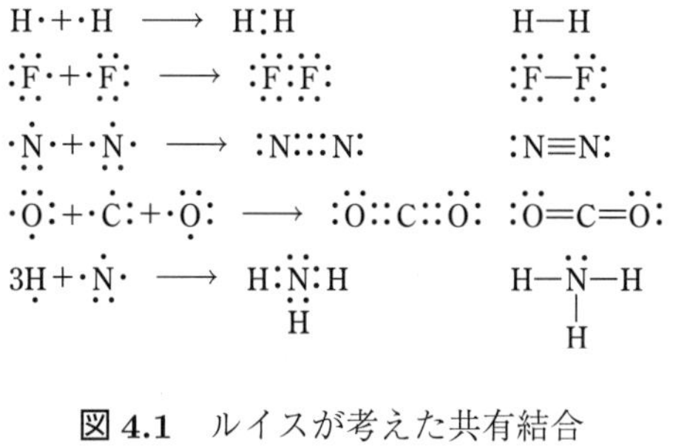

$$
\begin{array}{lll}
\mathrm{H\!\cdot+\cdot H} & \longrightarrow & \mathrm{H\!:\!H} \qquad\qquad \mathrm{H\!-\!H} \\
\mathrm{:\!\ddot{F}\!\cdot+\cdot\ddot{F}\!:} & \longrightarrow & \mathrm{:\!\ddot{F}\!:\!\ddot{F}\!:} \qquad \mathrm{:\!\ddot{F}\!-\!\ddot{F}\!:} \\
\mathrm{\cdot\ddot{N}\!\cdot+\cdot\ddot{N}\!\cdot} & \longrightarrow & \mathrm{:\!N\!:::\!N\!:} \qquad \mathrm{:\!N\!\equiv\!N\!:} \\
\mathrm{\cdot\ddot{O}\!:+\cdot\ddot{C}\!\cdot+\cdot\ddot{O}\!:} & \longrightarrow & \mathrm{:\!\ddot{O}\!:\!\ddot{C}\!:\!\ddot{O}\!:} \;\; \mathrm{:\!\ddot{O}\!=\!C\!=\!\ddot{O}\!:} \\
\mathrm{3H+\cdot\ddot{N}\!\cdot} & \longrightarrow & \mathrm{H\!:\!\ddot{N}\!:\!H} \qquad \mathrm{H\!-\!\overset{|}{N}\!-\!H} \\
& & \quad\;\; \mathrm{H} \qquad\qquad\quad \mathrm{H}
\end{array}
$$

図 4.1　ルイスが考えた共有結合

　　共有結合によって電子のオクテットをつくると原子は安定化するというルイスの考えは便利なものであるが，この理論がなぜ成り立つかもう少し理解を深められないものだろうか．

4.2　共有結合1：σ（シグマ）結合

　　2つの原子が電子を共有するとエネルギーが下がるという共有結合の本質を最もわかりやすく説明するのは分子軌道という考え方である．

　　水素原子が接近するとそれらの電子の位相が同じか逆か，言い換えれば軌道関数 ψ の符号が同じであるか異なっているか，に応じて2つの新しい分子軌道が形作られる（■図4.2）．符号が同じ軌道が重なり合うと互いに波は強めあい，2つの核を包み込むような形の σ_{1s} 軌道が，符号が逆なら波は互いに反発しあって2つの核の中間点で位相が逆になる σ_{1s}^* 軌道ができる．

　　σ_{1s} では電子が2つの核の中間に存在する時間が長いのに対し，σ_{1s}^* では電子がどちらか1つの核から離れた空間に存在する時間が長いという特徴をもち，σ_{1s} のエネルギーは1s軌道より低く，σ_{1s}^* は1s軌道より高い．よって前者は結合性軌道，後者は反結合性軌道と呼ばれる．2つの原子が接近すると2つの電子が結合性軌道に入ることによってエネルギーが下がり，水素分子がつくられる．この過程を象徴的に示したものが■図4.3である．

　　結合性軌道も反結合性軌道もその電子雲は2つの核を結ぶ結合軸に関し方向性がないという特徴をもつ．このような結合は一般に σ（シグマ）結合と呼ばれる．ここで1つ大切なことを指摘しなければなら

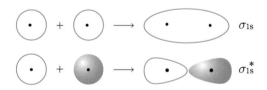

図4.2　水素分子の結合性分子軌道 σ_{1s} と反結合性分子軌道 σ_{1s}^*．原子核の位置は "・" で示されている．

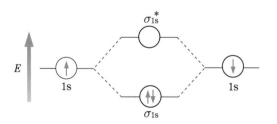

図4.3　水素の1s軌道と分子軌道のエネルギー

ない．2 つの原子軌道からは必ず結合性と反結合性の軌道ができるのである．よってもし 2 つの原子軌道が 2 個の電子で満たされていると，結合性の軌道だけではなく反結合性の軌道にも電子が 2 個入るのでエネルギーはまったく低下しない．言い換えれば，共有結合をつくるには原子が不対電子をもつことが必要なのである．ヘリウムが He_2 という分子をつくらないのはヘリウムが不対電子をもたないためである．

リチウムは電子を共有してもオクテットをつくれないが，Li_2 という分子をつくる．これも 2s 軌道から分子軌道 σ_{2s} と σ_{2s}^* がつくられ，σ_{2s} に 2s 電子が入ると考えれば理解できる．ではフッ素が■図 4.1 にあるように F_2 という分子をつくるのはどのように理解すればいいのであろうか．フッ素の電子配置をもう一度確認しよう．それは■図 4.4 の通り $1s^2\,2s^2\,2p_x{}^2\,2p_y{}^2\,2p_z{}^1$ で不対電子は 2p 軌道にある．2 つのフッ素原子の不対電子をもつ 2p 軌道は■図 4.5 のように重なり合って結合性と反結合性の軌道 σ_{2p} と σ_{2p}^* をつくる．反結合性軌道 σ_{2p}^* の位相が 2 つの核の中間点で逆転し，結合軸の外側の電子雲が大きいのに対し，結合性軌道 σ_{2p} の電子雲は 2 つの核の中間で大きいことに注意しよう．電子は σ_{2p} に入り安定化する．電子分布は結合軸に関して方向性をもたないのでこの結合も σ 結合である．

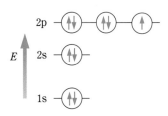

図 4.4 フッ素の電子配置

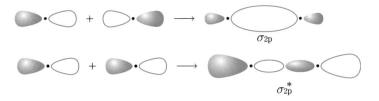

図 4.5 フッ素の結合性分子軌道 σ_{2p} と反結合性分子軌道 σ_{2p}^*

4.3 分子の形と軌道の混成

これまでは 2 原子からなる分子の話しだけをしてきた．しかし，メタン CH_4，アンモニア NH_3，水 H_2O など 3 原子以上の原子からなる分子も多い．つぎにこれらの分子の成り立ちについて考えよう．

炭素の最外殻電子配置は■図 3.14 に示した通り $2s^2\,2p_x{}^1\,2p_y{}^1$ であり，不対電子を 2 個もつ．よって 2 個の水素原子と共有結合をつくることができる．しかし，CH_2（メチレン）という分子の存在は知られているが不安定で，水素分子があれば反応してより安定なメタンに変化する [■図 4.6(a)]．

この反応が起こるということは，炭素原子が 2s 電子を 1 つ空の 2p 軌道へ昇位して [■図 4.7(a)→(b)] 不対電子を 4 個に増やし，4 つの共

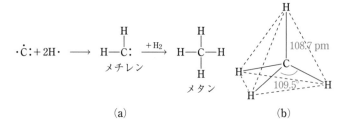

図 **4.6** メチレンとメタンの生成 (a) およびメタンの立体構造 (b)

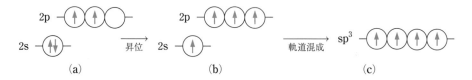

図 **4.7** 炭素原子の電子状態. (a) 基底状態, (b) 電子を 1 つ 2p 軌道へ昇位した状態, (c) sp³ 混成軌道をつくった状態.

有結合をつくることによって安定化することを意味する．電子の昇位には $401 \, \text{kJ mol}^{-1}$ の，水素-水素結合の切断には $432 \, \text{kJ mol}^{-1}$ のエネルギーを必要とするが，4 つの炭素-水素結合をつくることによるエネルギーの低下がそれらを合わせたより大きいのである．

　しかし，メタンの炭素原子が $2\text{s}^1 \, 2\text{p}^3$ の状態 [■図 4.7(b)] で 4 つの炭素-水素結合をつくっているのなら，それらの結合の長さがすべて 108.7 pm で互いに 109.5° の角度をなすというメタンの立体構造 [■図 4.6(b)] を説明することは難しい．

　ポーリングはこの問題を，軌道混成という概念を用いて説明した．彼は計算によって，2s 軌道と 3 つの 2p 軌道から 4 つの，同じ形と大きさそしてエネルギーをもつ，sp³ 混成軌道ができるだけではなく [■図 4.7(c)]，それらの軌道は互いに 109.5° の方向に広がった大きな電子雲をもっていることを示した（■図 4.8）．

　1 つの混成軌道は 2p 軌道のように位相が異なる 2 つの電子雲からなるが，小さい電子雲は結合つくりには関与しない．sp³ 混成軌道の大きい電子雲は水素の 1s 軌道の電子雲としっかり重なることができるので，新たな結合性分子軌道ができ，そこに 2 個の電子が入ることによって σ 結合ができる（■図 4.9）．よってこの分子は■図 4.6(b) に示したように，正四面体の中心に炭素が，4 つの頂点に水素が位置した構造をとるのである．

　これで炭素原子がオクテットを完成することの意味が明らかになった．炭素原子は sp³ 混成軌道をつくり，4 個の水素原子と共有結合をつくるのである．わざわざ電子を 1 つ昇位してまで軌道を混成するの

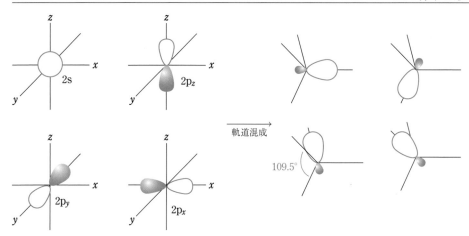

図 4.8 sp³ 混成軌道の成り立ちと方向性

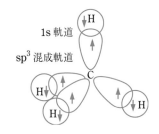

図 4.9 メタンの炭素–水素結合の成り立ち

は，混成軌道の電子雲は 2s 軌道や 2p 軌道にくらべて一定方向に大きな電子雲をもっているため，より強い共有結合をつくることができるからである．

　同様の考えでアンモニアの窒素–水素結合の生成と立体構造も理解できる．窒素原子は価電子を 5 個もつので，sp³ 混成軌道の 1 つには結合に関与しない電子対（孤立電子対）が入る．よってこの分子は窒素原子を頂点にもつ三角錐形をしている（■図 4.10）．結合角 ∠HNH は 106.7° で 109.5° より少し小さい．これは孤立電子対が結合電子対よりやや大きく広がっているためと考えられる．

　酸素原子は価電子が 6 個あるので sp³ 混成軌道をつくってもその内

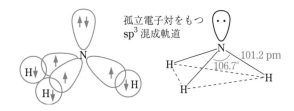

図 4.10 アンモニアの窒素–水素結合の成り立ちと立体構造

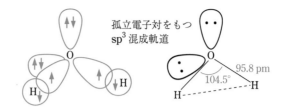

図 4.11　水の酸素–水素結合の成り立ちと立体構造

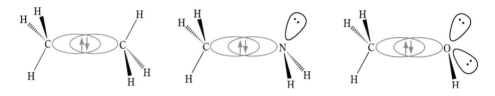

図 4.12　エタン，メチルアミン，メタノールにおける炭素–炭素，炭素–窒素，炭素–酸素結合

2 つは孤立電子対によって占められ，不対電子の数は 2 個で変化しない．水分子は 3 原子が折れ線状に並び，酸素–水素結合のなす角度 ∠HOH は 104.5° でアンモニアの ∠HNH よりさらに小さくなっている．これは結合電子対より大きな孤立電子対が 2 対あるためである（■図 4.11）．

　これまでは炭素，窒素，酸素などの原子が水素原子とつくる結合についてだけ述べてきた．しかし結合の相手は必ずしも水素原子である必要はない．不対電子をもつ原子同士であるなら共有結合をつくることができる．とりわけ炭素原子はエタン CH_3–CH_3，メチルアミン CH_3–NH_2，メタノール CH_3–OH などに見られるように炭素，窒素，酸素などと安定な結合をつくる．これらの結合は炭素原子の sp^3 混成軌道にある不対電子と相手原子の不対電子とからつくられた σ 結合と考えられる（■図 4.12）．

　ここで σ 結合の著しい特徴を指摘しなければならない．σ 結合は，結合軸に関して方向性のない 2 つの軌道の重なりによってつくられているので，σ 結合の電子雲は軸対称である．と言うことは■図 4.13 に示したように σ 結合で結ばれている 2 つの原子団が回転しても結合は切れず，1,2-ジクロロエタン CH_2Cl-CH_2Cl という化合物は 1 種類しか存在しない．

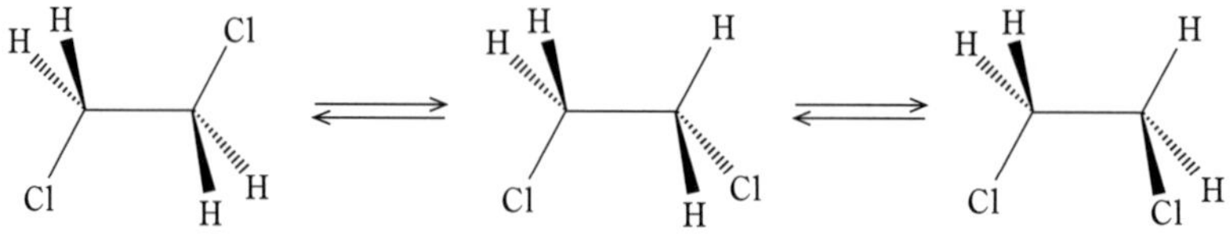

図 4.13　1, 2-ジクロロエタンにおける原子団の σ 結合まわりの回転

4.4　共有結合 2：π（パイ）結合

　これまでに述べた分子はすべて単結合（一重結合）だけでつくられている．しかし窒素 N≡N，二酸化炭素 O=C=O，エテン（エチレンともいう）$H_2C=CH_2$，エチン（アセチレンともいう）HC≡CH などのように二重結合や三重結合をつくってオクテットを完成させている分子も知られている．このような多重結合はどのように説明できるのだろうか．

　■図 4.14 に示すように，s 軌道と 2 つの p 軌道から sp^2 混成軌道をつくることができる．3 つの sp^2 混成軌道は互いに 120° をなし，混成に使われなかった $2p_z$ 軌道と直交している（■図 4.15）.

　同様に，s 軌道と p 軌道から互いに 180° をなす 2 つの sp 混成軌道ができる．これらの軌道は残る 2 つの 2p 軌道と直交している（■図 4.16, 4.17）.

　sp^2 混成あるいは sp 混成している原子が接近すると混成軌道を使って σ 結合をつくるだけではなく，π（パイ）結合と呼ばれるもう 1 つのタイプの結合をつくることができる．π 結合は 2 つの 2p 軌道が平行に配列されたときにつくられる．σ 結合と同じように，2 つの軌道

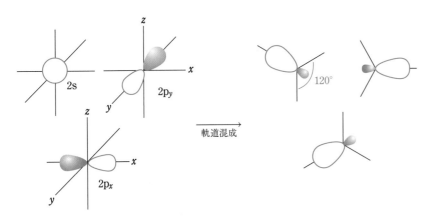

図 4.14　sp^2 混成軌道の成り立ちと方向性．混成軌道は x–y 平面上にある．

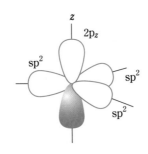

図 4.15　sp^2 混成軌道と 2p 軌道との関係

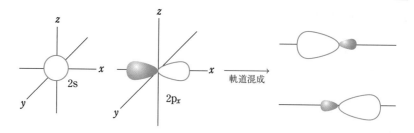

図 4.16　sp 混成軌道の成り立ちと方向性．混成軌道は x 軸方向に電子雲をもつ．

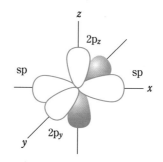

図 4.17　sp 混成軌道と 2p 軌道の関係

の位相が一致すると波は強めあい，2 つの原子核の中間の電子密度が高まって結合性の π 軌道がつくられ，位相が逆の場合には波は反発しあって反結合性の π^*軌道がつくられる（■図 4.18）．2p 軌道はその位相が核を挟んで逆転するので，それからできた π 軌道と π^*軌道も原子核を含む平面を境に位相が逆転する．

　π 結合をもつ分子の代表として，エテンにおける共有結合をまず取り上げよう．エテンの構造は■図 4.19 に示す通りで，結合角 ∠HCH および ∠HCC がほぼ 120° である．これは炭素原子が sp^2 混成軌道をつくっているためである．炭素–水素結合は sp^2 混成軌道と 1s 軌道からつくられた σ 結合，炭素–炭素二重結合のうち 1 つは 2 つの sp^2 混成軌

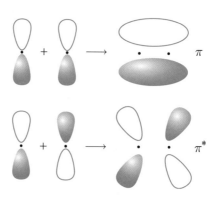

図 4.18　π 軌道と π^*軌道

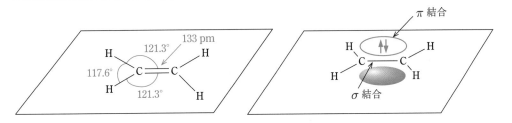

図 4.19 エテンの分子構造と結合

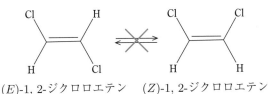

(*E*)-1, 2-ジクロロエテン　　(*Z*)-1, 2-ジクロロエテン

図 4.20　1,2-ジクロロエテンの異性体図

道からつくられた σ 結合である．軌道混成に使われなかった 2p 軌道が平行に配列されれば■図 4.19 に示した π 結合ができる．分子が平面構造をとるのは 2p 軌道が互いに平行にならなければ π 結合ができないためである．炭素–炭素結合距離はエタンの 154 pm にくらべて短く 133 pm である．

　π 結合はその成り立ちから，多くの点で σ 結合と異なるが，最も重要な相違は，二重結合で結ばれている原子団は互いに回転できないことである．"回転できない"という意味をつぎの例で説明しよう．

　1, 2-ジクロロエテン，CHCl＝CHCl，には■図 4.20 に示す *E*-体（*trans*-体）と *Z*-体（*cis*-体）という 2 種類の分子がある[1]．構造が異なる複数の分子が同じ分子式をもつ場合，それらは異性体と呼ばれる．異性体にはいくつかの種類があるが，二重結合に関して配置が異なる異性体を幾何異性体と呼ぶ．1, 2-ジクロロエテンの場合，*E*-体の沸点は 48.5℃，*Z*-体のそれは 60.2℃ なので，この違いを利用してこれらを分けることができる．言い換えれば，σ 結合（単結合）とは異なり π 結合（二重結合）に関して原子団の配置が室温付近で自由に入れ替わることはない．その理由は π 結合の成り立ちにある．π 結合ができるためには 2 つの p 軌道が平行に配置されなければならない．二重結合に関して回転すると p 軌道の重なりが次第に弱くなってエネルギーが上がり，90° 回転したところで結合は完全に切れてしまう．室温付近ではこのようなことは起こらないので *Z*-体と *E*-体は異なる化合物ということになる．

　三重結合も二重結合と同様に，σ 結合と π 結合の組み合わせとして理解できる．エチン HC≡CH では sp 混成した炭素原子が 1 つの σ 結

1) 同じ原子が二重結合の同じ側にある幾何異性体を区別するために使われる "*cis*" と "*trans*" はラテン語の接頭辞で "*cis*" は "同じ側" "*trans*" は "反対側" を意味する．*Z*-, *E*-は Cahn-Ingold-Prelog 則と呼ばれる，より一般性の高い区別法によるもので，この規則では二重結合している炭素原子に結合する 2 つの原子（団）を比較して順位の高いものが同じ側にあるときは *Z*-（zusammen ドイツ語で "いっしょに"），反対側にあるときは *E*-（entgegen ドイツ語で "に反して"）とする．順位則はやや複雑であるが，基本的に原子番号が大きい方が上位である．たとえば 1, 2-ジクロロエテンでは水素より順位が上の塩素原子が同じ側にあるものが *Z*-，反対側にあるものが *E*-である．

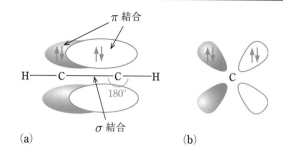

図 4.21　エチンの分子構造と結合．分子を横から見た図 (a) と，C–C 結合の中央から右方向を見た図 (b)．

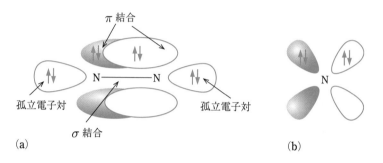

図 4.22　窒素分子の結合と孤立電子対．分子を横から見た図 (a) と，N–N 結合の中央から右方向を見た図 (b)．

合と 2 つの π 結合で結合し，∠HCC は 180° である（■図 4.21）．同じように窒素 N_2 では sp 混成軌道をもつ窒素原子が 1 つの σ 結合と 2 つの π 結合で結ばれ，σ 結合に使われなかった sp 混成軌道には孤立電子対が入っている（■図 4.22）．結合距離は C–C が 121 pm，N–N が 110 pm で，二重結合よりさらに短くなっている．

4.5　ベンゼンの構造と共鳴

sp² 混成軌道をもつ炭素原子 6 個が■図 4.23 のように環をつくると，C_6H_6 という分子式をもつ化合物になるはずである．この化合物はベンゼンと呼ばれているが，その構造は正六角形で炭素–炭素結合距離は 140 pm である．この長さは単結合の 154 pm と二重結合の 133 pm の中間で，すべての炭素–炭素結合が単結合と二重結合の中間的な性質をもっていることを示唆している．なぜこのようなことが起こるのであろうか．■図 4.23 (a) にあるのと同じ位置に二重結合があるとすれば π 結合は■図 4.23 (b) のようになる．しかし，この図を見ると π 結合がない炭素–炭素間でも 2p 軌道が平行になって相互作用できることがわかる[2]．よってベンゼンでは π 電子が特定の位置に局在しているのではなく，すべての炭素原子の間に均一に分布している [■図 4.23 (c)]．

2) 共鳴はベンゼンに限られたものではない．たとえばオゾン O_3 の 2 つの酸素–酸素結合の長さは等しいが，この特徴も 2 つの極限構造式の共鳴によって表すことができる．
$:\ddot{O}-\overset{+}{\ddot{O}}=\ddot{O} \longleftrightarrow \ddot{O}=\overset{+}{\ddot{O}}-\ddot{O}:$

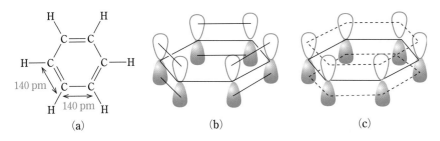

図 4.23 ベンゼンの構造 (a) および平行に配列された 2p 軌道の局在した相互作用 (b) と非局在化した相互作用 (c)

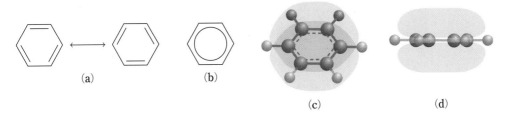

図 4.24 ベンゼンの 2 つの極限構造式の共鳴 (a) とそのもう 1 つの表現 (b) およびベンゼンの π 電子雲 (c), (d)

これを π 電子が非局在化しているという.

ポーリングは π 電子の非局在化を■図 4.24 (a) に示すように 2 つの構造式を ⟷ で結んで表し, ベンゼンでは「2 つの極限構造式の間に共鳴している」と表現した[2]. これをより簡潔に表すために■図 4.24 (b) を用いることも多い. 計算によって得られた π 電子雲のかたちは■図 4.24 (c)(d) に示す通りである.

4.6 配位結合

共有結合の本質はエネルギーが低い軌道に電子対が入ることによってエネルギーが低下することである. ということは, 2 つの原子が電子を 1 つずつ出し合うのではなく, 一方の原子が電子対を提供しても共有結合はできると考えられる. 事実その通りで配位結合と呼ばれるそのような例が数多く知られている. 2 つの例を■図 4.25 に示す.

水分子とアンモニア分子は孤立電子対を使って H^+ と結合をつくることができる. その結果, ヒドロニウムイオン H_3O^+ あるいはアンモニウムイオン NH_4^+ が生成する. これらのイオンではすべての結合角（∠H–O–H あるいは ∠H–N–H）および結合距離（O–H 結合あるいは N–H 結合の長さ）が等しくて, 配位結合と通常の共有結合を区別することができない.

アンモニアはまたオクテットをつくることができない BF_3 のような

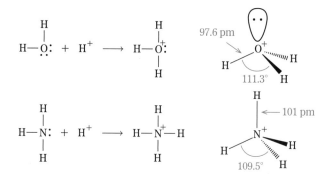

図 4.25 配位結合の例

分子と結合することが知られている.

$$BF_3(g) + NH_3(g) \longrightarrow F_3B^- - NH_3^+(s) \tag{4.1}$$

ホウ素原子はこれでオクテットを完成したわけであるが，生成物 $F_3B^- - NH_3^+$ のホウ素–窒素結合は長さ 160 pm で通常の共有結合より長く，配位結合がやや弱い結合であることを示している.

　これらの他に，配位結合は金属イオンと孤立電子対をもつ分子あるいはイオンとの間によく見られる. 例を示そう.

　アルミニウムは酸だけではなく強アルカリにも溶解する<u>両性元素</u>として知られている.

$$2Al + 6HCl \longrightarrow 2AlCl_3 + 3H_2 \tag{4.2}$$

$$2Al + 2NaOH + 6H_2O \longrightarrow 2Na[Al(OH)_4] + 3H_2 \tag{4.3}$$

　式 (4.3) の右辺にある化合物 $Na[Al(OH)_4]$ テトラヒドロキソアルミン酸ナトリウムは Na^+ と $Al(OH)_4^-$ （テトラヒドロキソアルミン酸イオン）からなるイオン性化合物であるため水に溶ける. この陰イオン $Al(OH)_4^-$ は，水酸化アルミニウム $Al(OH)_3$ のアルミニウム原子が，自身がもつ空軌道と水酸化物イオンの孤立電子対を用いて配位結合をつくったものと考えることができる.

$$Al(OH)_3(s) + OH^-(aq) \longrightarrow Al(OH)_4^-(aq) \tag{4.4}$$

　このイオンのように<u>配位子</u>と呼ばれる孤立電子対をもつイオンあるいは分子が金属イオンと結合してできたイオンを<u>錯イオン</u>という [3].

　遷移元素と呼ばれる 3 族から 11 族の元素は，様々な配位子と結合して錯イオンをつくることが知られている. たとえば銀イオンの水溶液にアンモニア水を加えると，はじめは酸化銀の沈殿が生成するが，さらにアンモニア水を加え続けると沈殿は消滅して透明な溶液になる. これはジアンミン銀 (I) イオン $[Ag(NH_3)_2]^+$ が生成したためである.

3) 配位結合を含む分子およびイオンを "配位化合物" あるいは "錯体" と呼ぶ. 言い換えれば，配位化合物とは電子対の供与体（ドナー）と受容体（アクセプター）からなる化合物である. 多くの場合アクセプターが金属元素であり，それらを特に "金属錯体" と呼ぶ. また，12 章で触れるオレフィンメタセシス触媒のように金属–炭素結合を含む金属錯体は有機金属錯体と呼ばれる.

$$2Ag^+(aq) + 2OH^-(aq) \longrightarrow Ag_2O(s) + H_2O \tag{4.5}$$

$$Ag_2O(s) + 4NH_3(aq) + H_2O \longrightarrow 2[Ag(NH_3)_2]^+(aq) + 2OH^-(aq) \tag{4.6}$$

　ジアンミン銀 (I) イオンの生成も，銀イオンの電子配置から理解できる．銀原子の電子配置は Ag: [Kr]4d^{10} 5s^1 であり，イオン化では最外殻の 5s 電子が失われるので，銀イオンは Ag$^+$: [Kr]4d^{10} の電子配置をもつ．このイオンの 5s 軌道と 5p 軌道は空であるが，それらを使って sp 混成軌道をつくり，その軌道とアンモニアの窒素原子の sp^3 混成軌道とからつくられる結合性軌道にアンモニアの孤立電子対が入ることによって 2 つの配位結合がつくられる（■図 4.26）.

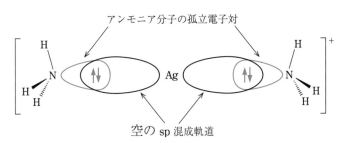

図 4.26　ジアンミン銀 (I) イオンにおける配位結合

4.7　電子対反発則

　メタンは正四面体，アンモニアは三角錐，水は折れ線といった分子の形は「中心原子の電子対が互いに反発して最も高い対称性をとろうとする」という電子対反発則によっても推定できる．電子対は互いの反発によるエネルギー増加をできるだけ小さくするために■図 4.27 に示すように配置される．

　価電子はベリリウム 2 個，ホウ素 3 個，ケイ素 4 個，リン 5 個，硫

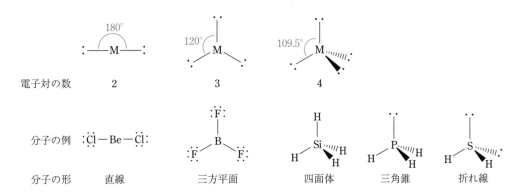

図 4.27　電子対反発則が予想する電子対の配置と分子の形

黄6個であることを知れば，それぞれの分子のルイス構造を書くことができて，分子の形を推定できる．■図4.27にある分子では，ベリリウムはsp混成，ホウ素はsp^2混成，ケイ素，リン，硫黄はsp^3混成をしている．

4.8　極性分子と原子の電気陰性度

これまではなぜ原子と原子が結合して分子をつくるか学んできた．ではそのようにしてできた分子と分子の間にはどのような力が働くのであろうか．その問題をこれから考えよう．

窒素分子のように同じ原子が電子を共有している場合，結合電子対は2つの原子に等しく共有されている．そのような結合は無極性結合といわれる．しかし，塩化水素のように異なる原子が共有結合で結ばれると，原子核が電子を引きつける力が異なるので，引力の大きい方に電子対が引き寄せられる結果，電子雲に偏りが生じる．このような電子雲の偏りを分極という．このような分極した結合（極性結合）をもつ分子の例を■図4.28に示す．この図において$\delta+$，$\delta-$とあるのは，分極の結果生じた電荷が電気素量eより小さい部分電荷であることを示している．

分子の分極の程度を定量的に表すため，双極子モーメントμがひろく用いられている．2原子間の双極子モーメントは■図4.29に示すように，部分電荷$\delta-$から$\delta+$へ向かう方向をもち，その大きさが部分電荷の大きさδと部分電荷間の距離rの積（$\mu = \delta \times r$）であるベクトルとして定義される．共鳴構造などがない3原子以上からなる多原子分子では一般的に分子内の各結合に固有な双極子モーメント（結合モーメント）のベクトル和が分子の双極子モーメントである．分子内のすべての結合モーメントのベクトルが完全には相殺しないならば，分子全体が常に分極しているのでそのような分子は極性分子と呼ばれる．■図4.28の分子のうち塩化水素，アンモニア，水は極性分子である．しかし，たとえ極性結合をもっていても，二酸化炭素のようにそれぞれの結合モーメントのベクトルが完全に相殺される場合，その分子は無極性分子として分類される．

部分電荷の見積もりとして，塩化水素の例を取り上げる．実験によ

図4.28　極性結合と分子の分極

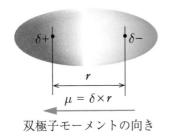

$$\mu = \delta \times r$$

双極子モーメントの向き

図 4.29 双極子モーメントの定義

表 4.1 ポーリングの電気陰性度*

H	2.20													
Li	0.98	Be	1.57	B	2.04	C	2.55	N	3.04	O	3.44	F	3.98
Na	0.93	Mg	1.31	Al	1.61	Si	1.90	P	2.19	S	2.58	Cl	3.16
K	0.82	Ca	1.00	Ga	1.81	Ge	2.01	As	2.18	Se	2.55	Br	2.96
Rb	0.82	Sr	0.95	In	1.78	Sn	1.96	Sb	2.05	Te	2.10	I	2.66

* 『化学便覧 基礎編』改訂 5 版による. ポーリングによる最初の値は C = 2.5, F = 4.0 となるように定められた.

れば塩化水素の結合距離は 127.5 pm, 双極子モーメントは 3.70×10^{-30} C m である. よって部分電荷は

$$\delta = \frac{3.70 \times 10^{-30}\,\mathrm{C\,m}}{127.5 \times 10^{-12}\,\mathrm{m}} = 2.90 \times 10^{-20}\,\mathrm{C}$$

である. この電荷は電気素量 1.60×10^{-19} C の約 18 % であり, 水素–塩素結合は完全な共有結合ではなく 18 % のイオン性を有している極性結合であると結論できる.

このような極性の原因となる共有電子対を引きつける傾向を定量的に表す数値は電気陰性度と呼ばれ, ポーリングによって決められた値が広く使われている. ●表 4.1 に共有結合をつくる傾向をもつ代表的原子の電気陰性度の値を示す. これらの値を見ると, 周期表で右上の原子ほど電気陰性度が大きいことがわかる. 電気陰性度が最も大きい原子はフッ素である. ヘリウムなど 18 族の原子は共有結合をつくる傾向が弱いので電気陰性度の値が求められていない.

■図 4.30 に模式的に示すように, 極性分子の間にはクーロン力と呼ばれる静電気力が常に働いている. この双極子–双極子相互作用が極

図 4.30 極性分子における分子間引力の模式図

性分子を液体あるいは固体として存在させている大きな要因である.

4.9　分散力

窒素分子のような無極性分子に永続的な分極は存在しない. よって上で述べた双極子による分子間引力は働かない. しかし, たとえば低温で空気を圧縮すると液化するように, 無極性分子も条件次第で液体にも固体にもなることから, 無極性分子にも分子間引力が作用してい

Linus C. Pauling（1901-1994）

これまでにマリー・キュリー（物理学賞と化学賞）, ジョン・バーディーン（物理学賞を2度）, フレデリックサンガー（化学賞を2度）そしてライナス・ポーリング（化学賞と平和賞）がノーベル賞を2度受賞しているが, 2度とも単独受賞したのはポーリングただ1人である. 20世紀を代表する科学者としてしばしばアインシュタインと並び称されるポーリングとはどのような人物だったのだろうか.

ポーリングはアメリカ・オレゴン州ポートランドで1901年に薬剤師ハーマン・ポーリングの長子として生まれた. しかし, 父親が1910年に病死したことでライナスを含む3人の子供の養育は母イザベルに委ねられ, 生活は厳しかったようである. 子供時代には旺盛な読書欲の持ち主であったこと, そして友人がもっていた実験室で化学の実験をしたことが知られている. 実験好きは高校に入っても変わらず, 閉鎖された製鉄工場から借り出した器具と薬品を使って実験をしていた. しかし彼は必須科目である「アメリカ史」を履修しなかったために, 2度目のノーベル賞である平和賞を得るまで高等学校卒業証書を与えられなかった.

1917年にポーリングはコルバリスにあるオレゴン農業カレッジ（OAC, 現在のオレゴン州立大学 OSU）に入学した. 2年後, 経済的理由で学業をあきらめてポートランドへ戻って働こうとしたとき, OACから履修し終えたばかりの「定量分析」を教えるように頼まれたために学業を続けることができた. 1922年にOACを卒業したポーリングはカリフォルニア工科大学（Caltech）大学院に進み, 1925年には最優秀の成績でPhDを取得した. 研究テーマはX線による結晶構造の解析であった. すでにOAC時代から, 物質の性質と原子の電子構造との関係を将来の研究テーマとして見据えていたポーリングは, 1925年から奨学金によってヨーロッパに渡り, ボーアやシュレーディンガーなどの指導を受けた. 1927年Caltechの助教授となるや活発な研究を開始し, 29年准教授, 30年には教授となった. 1932年に彼の最も重要な科学的貢献と見なされている原子の軌道混成, そして電気陰性度の概念を相次いで提案した. また彼は■図4.23に示したベンゼンの電子構造をも明らかにした. これらの研究は後のノーベル化学賞受賞（1954年）の理由となった. 1939年, ポーリングはこれらの研究成果を "The Nature of the Chemical Bond" としてまとめた. この著書は多くの国の言葉に翻訳されたが, わが国でも第二次大戦中の1942年に大阪帝国大学（当時）教授小泉正夫によって訳され『化学結合論』として出版された.

　戦時中ポーリングは，アメリカ連邦政府に研究室を挙げて協力し，潜水艦や航空機の中で使うための酸素濃度測定器や新しいロケット燃料などを開発しただけでなく，科学および医学の研究方針を審議する政府の委員会でも重要な役割を果たした．しかし，原子爆弾開発のためのマンハッタンプロジェクトのリーダー，ロバート・オッペンハイマーによる化学部門の責任者になるようにとの要請には「私は平和主義者です」といって応じなかった．戦後もポーリングは活発な研究活動を続けたが，同時に平和運動に積極的に関わった．1955 年にバートランド・ラッセルとアルバート・アインシュタインが，各国政府に紛争の平和的解決を呼びかけた『ラッセル・アインシュタイン宣言』を発表したが，ポーリングが湯川秀樹を含む 8 名の人たちとともにこの宣言に署名したことは日本でも広く報道された．その後，大気圏核実験による放射性物質拡散が人類に与える危険性を訴え続け，それが 1963 年のアメリカ合衆国，ソビエト連邦およびイギリスによる部分的核実験禁止条約の調印へと繋がった．同年の（1962 年度）ノーベル平和賞の受賞はこの活動に対して与えられたものであった．しかし，彼の政治的発言に対する一部国民の批判は強く Caltech の化学教室はこの受賞の公式祝賀会を開催しなかっただけでなく，翌 1964 年には保守派理事などの圧力によって彼は Caltech を去らざるを得なくなった．その後，スタンフォード大学教授などをつとめたが，1973 年からは The Linus Pauling Institute of Science and Medicine に拠って活動を続けた．

　70 歳を越えてもポーリングは，ビタミン C の大量摂取が風邪，インフルエンザ，がんなどに有効であると主張するなど活発な活動を続けたが，科学的根拠がないとの批判にもさらされた．

　1994 年 8 月 19 日ポーリングは 93 年と 6 ヶ月におよぶ波乱に富んだ生涯を終えた．The Linus Pauling Institute of Science and Medicine は 1996 年に OSU に移管され，The Linus Pauling Institute として現在に至っている．

ることは明らかである．

　■図 4.31 は 2 つの分子が遠く離れているときを基準（$E = 0$）とした分子間距離 r とポテンシャルエネルギー（分子間エネルギー）E の

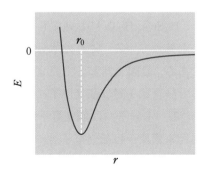

図 4.31　2 つの分子の分子間距離 r とポテンシャルエネルギー E の関係

関係を示す模式図である．分子間距離が減少するとエネルギーは次第に減少し r_0 で最小値となるが，$r < r_0$ になると 2 つの分子の電子雲が重なるためにエネルギーは r の減少にともなって急激に増加する．r_0 の値はヘリウムでおよそ 300 pm である．では無極性分子でなぜ分子間に引力が働くのであろうか．その理由は電子が常に運動していることにある．たとえばヘリウムの電子配置は $1s^2$ であり，その電子雲は球対称で電子分布に永続的な偏りはない．しかしながら，ある瞬間をとらえれば電子は偏って分布している．その電子分布の偏りは隣接する分子の電子雲に作用して新たな偏りを引き起こす．その結果，分子間には常に弱い引力が働く．1930 年ロンドンによって普遍的存在が証明されたこの引力は分散力と呼ばれている．分散力は双極子による引力にくらべて弱いが，分子の表面積に比例して増加するので，分子が大きくなるにつれて室温でも液体や固体として存在する無極性化合物は多い．メタンやエタンのような炭素と水素からなる化合物（炭化水素）は典型的無極性分子であるが，ペンタン $CH_3CH_2CH_2CH_2CH_3$ は 36 °C 以下で液体である．なお分散力は無極性分子に限られるものではなく，極性分子をふくむすべての分子で働いている．

後に述べるように，酸素や窒素など気体の性質を説明するには分子間力の存在を考慮しなければならないが，それを最初に指摘したのはファン・デル・ワールスであった．そこで分散力はファン・デル・ワールス力とも呼ばれる．

4.10   水素結合

液体の沸点は分子間力が強くなるにつれて高くなる．そして分散力は大きな分子ほど強い．■図 4.32 を見よう．この図は 14 族元素と 16 族元素の水素化物について沸点を測定した結果である．14 族の沸点は $CH_4 < SiH_4 < GeH_4 < SnH_4$ の順に上昇する．これらの分子はすべて無極性分子で，沸点の上昇は分散力の増加の結果である．同じような傾向が 16 族の $H_2S < H_2Se < H_2Te$ においても見られるが，H_2O の沸点だけはこの傾向から外れている．これは水分子では別の強い引力が作用しているためである．■図 4.28 に示したように，酸素原子に水素原子が共有結合すると結合電子対は酸素原子に強く引きつけられ，酸素–水素結合は分極する．水分子には孤立電子対をもつ酸素原子があるので，正に帯電した水素原子は孤立電子対に引きつけられる（■図 4.33）．このような結合は N–H，O–H，F–H などの原子団と孤立電子対をもつ分子との間で一般的にみられるもので水素結合と呼ばれる．

水素結合は水の沸点に影響しているだけではない．7.11 節で詳しく

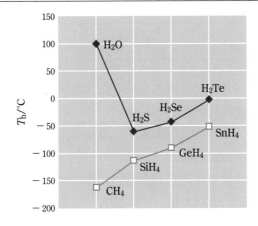

図 4.32 14 族元素 (–□–) と 16 族元素 (–◆–) の水素化物の沸点 T_b/ ℃

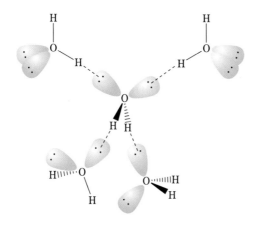

図 4.33 水分子における水素結合. 水分子は 2 つの水素結合を与えると同時に 2 つの水素結合を受ける.

述べるように, 氷の密度が水より小さいのは, 氷では水分子が水素結合によって隙間の大きい構造をつくるためである. また, 生物の遺伝情報をつかさどるデオキシリボ核酸 (DNA) の二重螺旋 (らせん) 構造やタンパク質の複雑な 3 次元構造の保持にも水素結合は重要な役割を果たしている.

問　題

---

1. 以下の分子のルイス構造を■図 4.1 にならって書き，π 結合を
   もつものを明らかにせよ．
   1) N_2H_4　　2) CH_3CHCH_2　　3) CH_3CCH
   4) CCl_4　　5) N_2H_2

2. 以下の分子を極性分子と無極性分子に分類せよ．
   1) CH_3Cl　　　2) CCl_4　　　3) NH_3　　　4) CH_3NH_2

3. ホルムアルデヒドは炭素原子に 2 個の水素原子と 1 個の酸素原
   子が結合した化合物である．この分子のルイス構造を書き，そ
   の分子構造を推定せよ．

4. 炭酸イオン $CO_3{}^{2-}$ では 3 つの酸素原子が炭素原子と結合してい
   る．このイオンのルイス構造を描き，なぜすべての炭素-酸素
   結合の長さが等しいか説明せよ．

5. 臭化水素とヨウ化水素に関する下記の測定値からそれぞれの結
   合のイオン性 % を求め，イオン性が塩化水素 > 臭化水素 > ヨ
   ウ化水素となる理由を述べよ．

	臭化水素	ヨウ化水素
結合距離	141.5 pm	160.9 pm
双極子モーメント	2.76×10^{-30} C m	1.50×10^{-30} C m

   （イオン性は，臭化水素 12%，ヨウ化水素 5.8%）

6. つぎの化合物のうち双極子モーメントをもつものを選び，理由
   を述べよ．
   1) 1,1-ジクロロエタン　　$CHCl_2\text{-}CH_3$
   2) 1,2-ジクロロエタン　　$CH_2Cl\text{-}CH_2Cl$
   3) (Z)-1,2-ジクロロエテン　　$(Z)\text{-}CHCl = CHCl$
   4) (E)-1,2-ジクロロエテン　　$(E)\text{-}CHCl = CHCl$

7. 室温で，塩素 Cl_2 は気体，臭素 Br_2 は液体，ヨウ素 I_2 は固体
   である．この違いを説明せよ．

8. エタノール C_2H_5OH の沸点は 78 ℃，エタンチオール C_2H_5SH
   のそれは 35 ℃ である．この違いを生む最も大きな理由は何か？

5 いろいろな結晶

　非金属原子は共有結合で結びついて分子をつくるが，原子は共有結合とは異なる方式で集合して金属結晶やイオン結晶と呼ばれる固体をつくることができる．また非金属原子は共有結合をどこまでも延ばして大きなひとつの結晶をつくることもある．ここではこれらのいろいろな結晶について述べる．

5.1　固体の分類

　結晶について述べる前に，固体がどのように分類されるかについて簡単に述べておこう．固体は■図 5.1 に示すように分類できる．

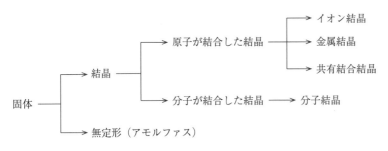

図 5.1　固体の分類

　固体はまず結晶と無定形に分けられる．結晶とは数多くの原子や分子が規則正しく並んでいるもので，加熱すると融点と呼ばれる物質固有の温度で液体に変化する．アモルファスとも呼ばれる無定形では原子や分子の並び方に広い範囲にわたる規則性が認められず，加熱すると次第にやわらかくなり，ある一定の温度で融けるということがない．ゴムやガラスがその例である．

　結晶は原子が強い力で結びついたイオン結晶，金属結晶，共有結合結晶と，原子が共有結合で分子をつくり，その分子がファン・デル・ワールス力や水素結合などでゆるく結びついた分子結晶に分けられる．この章ではイオン結晶，金属結晶，共有結合結晶の成り立ちと特徴に

ついて考える.

5.2 イオン結晶

　最も身近な**イオン結晶**は塩化ナトリウムである.この結晶ではナトリウムイオン Na^+ と塩化物イオン Cl^- とが■図 5.2 に示すように規則正しく配列されている.ナトリウム原子と塩素原子から塩化ナトリウムができるときにエネルギーが下がることを確認しよう.

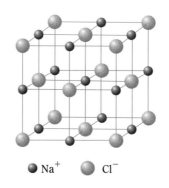

図 5.2　塩化ナトリウムの結晶構造

　気体状態でナトリウム原子と塩素原子が塩化ナトリウムに変わるときの変化 (5.1) は (5.2), (5.3), (5.4) の 3 段階に分けて考えることができる.

$$Na(g) + Cl(g) \longrightarrow Na^+Cl^-(g) \tag{5.1}$$

まずナトリウム原子が電子を 1 個失ってナトリウムイオン Na^+ になる.

$$Na(g) \longrightarrow Na^+(g) + e^-(g) \tag{5.2}$$

つぎに塩素原子が電子を受け取って塩化物イオンになる.

$$Cl(g) + e^-(g) \longrightarrow Cl^-(g) \tag{5.3}$$

最後にナトリウムイオンと塩化物イオンがイオン対をつくる.

$$Na^+(g) + Cl^-(g) \longrightarrow Na^+Cl^-(g) \tag{5.4}$$

　原子のイオン化に必要なエネルギーは**イオン化エネルギー** I と呼ばれる.ナトリウムの I は $495.8\,\mathrm{kJ\,mol^{-1}}$ である [1].一方,原子が電子を受け取るときのエネルギー低下 (言い換えれば 1 価の陰イオンから電子を奪うために必要なエネルギー) は**電子親和力** E_{ea} と呼ばれるが,塩素の E_{ea} は $349.0\,\mathrm{kJ\,mol^{-1}}$ である.よって反応式 (5.2), (5.3) で示されているように電子がナトリウムから塩素へ移動すると,1 mol 当たり 146.8 kJ エネルギーは増加する.

1) イオン化エネルギーは原子あるいはイオンから電子を奪うために必要なエネルギーであり,最初の電子を奪うために必要なエネルギーを第一イオン化エネルギー I_1,1 価のカチオンから電子を奪うために必要なエネルギーを第二イオン化エネルギー I_2,2 価のカチオンから電子を奪うために必要なエネルギーを第三イオン化エネルギー I_3 などと呼ぶ.原子の正電荷が大きくなるにつれてイオン化エネルギーは急速に大きくなる.たとえばアルミニウムでは $I_1 = 577.6$,$I_2 = 1817$,$I_3 = 2745\,\mathrm{kJ\,mol^{-1}}$ である.なお本文では第一イオン化エネルギーだけを扱うのでそれをイオン化エネルギーと呼び I で表している.

つぎに2つのイオンがイオン対をつくるときのエネルギーの変化量を計算で求めよう。電荷 e^+ と e^- をもつ粒子が無限に遠く離れているときのエネルギーを0と定義すると，それらの粒子が距離 r まで接近したときのポテンシャルエネルギー（静電的位置エネルギー）E は式 (5.5) で与えられる。ここで ε_0 は真空の誘電率と呼ばれる定数である [2]。

$$E = -\frac{e^2}{4\pi\varepsilon_0 r} \tag{5.5}$$

塩化ナトリウムの結晶中での Na^+ と Cl^- の間の距離である $282\,pm$ まで2つのイオンが接近するときの位置エネルギーの変化量はつぎのようになる。

$$-\frac{e^2}{4\pi\varepsilon_0 r} = -\frac{(1.602 \times 10^{-19}\,C)^2}{4\pi(8.854 \times 10^{-12}\,F\,m^{-1}) \times (282 \times 10^{-12}\,m)}$$

$$= -8.18 \times 10^{-19}\,J \tag{5.6}$$

よって $1\,mol$ の Na^+ と Cl^- イオンについては $(8.18 \times 10^{-19}\,J) \times N_A =$ $493\,kJ$ エネルギーが低下する。この値は上で求めた電子移動に必要なエネルギー $146.8\,kJ$ よりはるかに大きい。実際には Na^+ と Cl^- は $1:1$ で相互作用するのではなく，■図 5.2 に示したように Na^+ と Cl^- が相互に6個のイオンと接しているのでエネルギーの低下はより大きくなる。気相状態のカチオンとアニオンが集合して結晶をつくるときに放出されるエネルギーを格子エネルギーというが，塩化ナトリウムの格子エネルギーは $771\,kJ\,mol^{-1}$ である [3]。

いずれにしても，イオン結晶とは陽イオンと陰イオンが接近するときにエネルギーが低下することによってできるものといえる。ではなぜ Na^-Cl^+ にならないのだろうか。それはナトリウムの E_{ea} が $52.8\,kJ\,mol^{-1}$，塩素の I が $1251.2\,kJ\,mol^{-1}$ であって，塩素からナトリウムへ電子を移動するために必要なエネルギー $1198.4\,kJ\,mol^{-1}$ が，正と負のイオンが集合するときのエネルギー低下よりはるかに大きいためである。イオン結合はイオン化エネルギーが小さい原子の陽イオンと電子親和力が大きい原子の陰イオンとの間にできる。ではどの原子

[3] この値はイオンの間に働く力は静電気力（クーロン力）だけであると仮定して得られる値 $862\,kJ\,mol^{-1}$ より小さい。これは実際のイオンはすべて有限の大きさの電子雲をもつため，イオン間に反発力が作用しているからである。

[2] クーロンの法則によれば2つの電荷 q_1, q_2 の間に働く力 f は距離 r の関数であり，$f = \dfrac{q_1 q_2}{4\pi\varepsilon_0 r^2}$ である。いまの場合，$q_1 q_2 = -e^2$，$f = -\dfrac{e^2}{4\pi\varepsilon_0 r^2}$ であり，

$$\int \left(\frac{dr}{r^2}\right) = -\frac{1}{r} + C$$

（C は積分定数）なので，距離 r におけるイオン対の電気的位置エネルギーは下の積分で与えられる。

$$\int_{\infty}^{r} (-f)\,dr = \int_{\infty}^{r} \left(\frac{e^2}{4\pi\varepsilon_0 r^2}\right)\,dr = \left[-\frac{e^2}{4\pi\varepsilon_0 r}\right]_{\infty}^{r} = -\frac{e^2}{4\pi\varepsilon_0 r}$$

イオン液体

　イオン性化合物の融点 mp は一般に高い．たとえば塩化ナトリウムの融点は 801 ℃ である．それは陽イオン Na^+ と陰イオン Cl^- が接近するときのエネルギー低下が著しく大きいために熱運動によって結晶が壊れにくいためである．しかし，このエネルギー低下は式（5.5）から明らかなように，2 つのイオン間距離に反比例する．よって陽イオンと陰イオンを大きくて互いに近づきにくいイオンにすることによって融点を室温近くあるいは室温以下にすることが可能である．このような化合物はイオン液体と呼ばれるが，最初の例はドイツの化学者ワルデンが 1914 年に見出した硝酸エチルアンモニウム $C_2H_5NH_3^+NO_3^-$ で，その融点は 12 ℃ であった．

$Na^+\ BF_4^-$

mp:　384 ℃　　　87 ℃　　　　11 ℃　　　　−21 ℃

　最近よく用いられているイオン液体には，カチオン部分としてイミダゾリウムイオンをもつものがある．たとえば 1-エチル-3-メチルイミダゾリウム塩は，上に示したように，適切な陰イオンを選ぶことによって融点を室温あるいはそれ以下にすることができる．
　一般に，イオン液体は "不揮発性" "難燃性" "高温安定性" "導電性" などの特徴があるため，様々な用途での利用が活発に研究されている．

ナイロン-6　　　$\xrightarrow[\text{[PP13][TFSI]}]{\text{300 ℃, 1 atm}}$　　　ε-カプロラクタム　　　[PP13][TFSI]　　　DMAP

　たとえば上村明男（山口大学工学部）は室温で液体として存在する塩，*N*-メチル-*N*-プロピルピペリジニウム　ビス（トリフルオロメタンスルフォニル）イミド（略号 [PP13][TFSI]），に触媒である 4-（ジメチルアミノ）ピリジン（略号 DMAP）とともにナイロン-6 を溶かし，300 ℃ で 6 時間加熱した後減圧することによってナイロン-6 の原料である ε-カプロラクタムを 80 % 以上の収量で得た．この方法は使用後のナイロン-6 を分解して原料を回収し，再び新しいナイロン-6 を比較的効率よく再生できる可能性を示唆するものである．

が陽イオンになり，どの原子が陰イオンになる傾向が強いのであろうか．またその傾向と電子配置とに何か関係があるのだろうか．

5.3 電子配置の安定性

イオン化エネルギー I および電子親和力 E_{ea} と原子番号 Z の関係は■図 5.3 に示す通りである．イオン化エネルギーは中性の原子から，電子親和力は陰イオンから電子を奪うために必要なエネルギーであるから $I \gg E_{ea}$ であるが，どちらも周期的に変化していることが見てとれる．電子を最も奪いにくい原子は周期表の右端にある 18 族の貴ガス（希ガス）[4] と呼ばれるものである．貴ガスの電子配置は $1s^2$, $2s^2\,2p^6$, $3s^2\,3p^6$ のように s 軌道と p 軌道が電子で満たされた状態にある．この電子配置が安定であることをイオン化エネルギーが示している．とすれば 17 族のハロゲン原子は電子を 1 個受け取れば安定な電子配置になるので電子親和力が大きいと予想されるが，■図 5.3 はこの予想を支持している．F, Cl, Br, I はどれも電子親和力が大きい．一方，1 族の原子から電子を奪うのに必要なエネルギーはどれも比較的小さい．これはこれらの原子が [He] $2s^1$, [Ne] $3s^1$, [Ar] $4s^1$ などの電子配置をもち，電子を 1 つ失うと安定な貴ガスの電子配置になるためである．まとめると，原子は $ns^2\,np^6$ という電子配置をとる傾向があり，そのために周期表の左にある 1, 2 族の原子は Na^+, Mg^{2+} のように 1 価あるいは 2 価の陽イオンに，右にある 16, 17 族の原子は O^{2-}, Cl^- のように 2 価あるいは 1 価の陰イオンになり，それらのイオンがイオン結合するのである．$ns^2\,np^6$ という電子配置はその安定性から閉殻と呼ばれる．

4) 18 族元素は化学的反応性が低いことから一般に "貴ガス (noble gas)" と呼ばれるが，その存在量が少なく確認が困難であったことによる "希ガス (rare gas)" の名も広く用いられていた．現在でも岩波書店の『理化学辞典 第 5 版』では "希ガス" が見出し語として使われている．

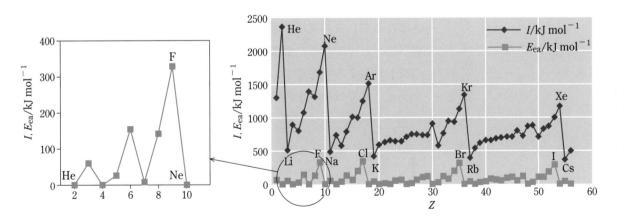

図 5.3 原子のイオン化エネルギー (I/kJ mol^{-1}) と電子親和力 (E_{ea}/kJ mol^{-1})

5.4　金属結合

4 章で見たように周期表の 14, 15, 16, 17 族などの原子は他の原子と電子を共有すればオクテットを獲得できるので共有結合で分子をつくる．しかし，価電子を 1, 2 個しかもたない 1 族から 12 族[5]に属する多くの元素は価電子が絶対的に不足しているので単純な共有結合でオクテットを獲得できるわけではない．これらの元素の単体は電気や熱をよく伝える固体で，力を加えると変形するという金属としての性質を示す．

リチウムやナトリウムは Li_2, Na_2 といった分子をつくることができるが，単体はこれらの分子からできているのではない．これらの原子は電子不足を補うために無限に多くの原子で電子を共有する．■図 5.4 はリチウムが集合するに伴って分子軌道のエネルギーがどのように変化するかを模式的に示している．

原子数が増えるにしたがって許されるエネルギーの幅は広がり，軌道と軌道の間のエネルギーギャップは狭まる．最終的に，金属として認識できるほどの集団になると，事実上軌道はぎっしり詰まり帯のようになる．そこでこの軌道はバンドと呼ばれ，リチウムの場合は 2s 軌道からできたバンドなので 2s バンドと呼ばれる．リチウムは価電子を 1 個もつので 2s バンドの 1/2 が価電子によって埋められているが，この電子で満たされたバンドは価電子バンドと呼ばれる．価電子バンドにある電子は自由に動けないが，それに接する空のバンドに入った電子は自由に動くことができる．共有結合などでは空の軌道に電子を励起するには大きなエネルギーが必要であるが，金属ではそのエネルギーが極めて小さいので数多くの電子が励起されている．自由電子と呼ばれるこれらの電子が電気や熱を伝えることから，空のバンドは伝導バンドと呼ばれる．数個の原子が集まって分子をつくるより，多数の原子が集まる方が電子のエネルギーがより低くなるので金属元素は分子としてではなく金属結晶として存在する．金属結晶が光を透過し

5) 3 族から 12 族の原子の価電子はなぜ 1, 2 個といえるのだろうか．その答えは図 3.15 (p.52) にある．たとえば第 4 周期の Sc から Zn では，電子配置が $[Ar]3d^{1\sim10}\,4s^1$ あるいは $[Ar]3d^{1\sim10}\,4s^2$ であり，価電子は 4s 電子 1, 2 個ということになる．第 5 周期以降でも状況は同様である．

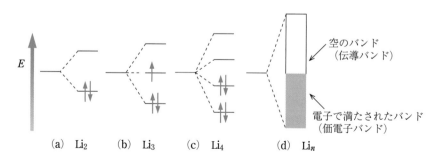

図 5.4　リチウム原子が集合するときの軌道エネルギーの変化

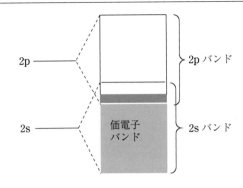

図 5.5 ベリリウムのバンド構造

ないのは自由電子が光を吸収して励起されるためであり，光沢を示す
のは励起された電子が価電子バンドへ戻るとき，そのエネルギーの一
部を光として放出するためである．金属はその電気抵抗が温度の上昇
とともに増加するという特徴をもつ．それは，自由電子の流れを妨げ
る原子の熱運動が温度の上昇とともに激しくなるためである．

　リチウムが自由電子をもつのは 2s バンドが半分空になっているため
であった．ではなぜ価電子を 2 個もつベリリウムも金属になるのであ
ろうか．それは 2p 軌道も 2s 軌道と同じようにバンドをつくり，空の
2p バンドが 2s バンドと部分的に重なるため，価電子の一部は 2p バン
ドにも入り，どちらのバンドも完全には満たされず金属的性質をもつ
ようになるのである（■図 5.5）.

　金属には，金の板を薄く延ばして金箔にして使うように，圧力を加
えて薄く延ばしたり（展性），鉄線や銅線をつくるように，引っ張って
細く延ばしたり（延性）できるという特徴がある [6]．金属がマクロな
形を変えても同じ性質を保ちつづけるのは，変形しても自由電子が原
子を取り巻くという基本的構造が変化しないためであり，比較的小さ
い力で変形するのは金属結晶の規則正しい原子配列がところどころで
原子が抜けて乱れているためである．■図 5.6 に示したように原子が
抜けた結晶に力が加えられると，その欠陥を利用して原子が移動する

6) ハンマーで打つなどの方法
で大きな力を加えて変形するこ
とができる性質を，工業的には
"可鍛性（かたんせい）" と呼ん
でいる．また，金属を加熱して
ハンマーまたは水圧機で打ち延
して形づくり，粘り強さを与え
る作業を "鍛造（たんぞう）" と
いう．

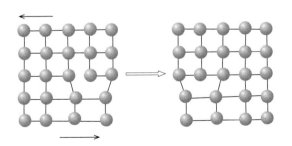

図 5.6 不完全な結晶の外力による変形

アモルファス金属

　日常目にする金属のほとんどは金属原子が規則正しく配列した結晶であるが，合金の組成を工夫することによって，原子が液体の状態を保ったまま固化した金属をつくることができる．そのような金属をアモルファス金属と呼ぶ．

　アモルファス金属が最初につくられたのは 1960 年のことで，それは金とケイ素の合金 $Au_{75}Si_{25}$ を $10^6 \, K \, s^{-1}$ という高速で冷却することによってであった．その後，多くのアモルファス金属がつくられたが，いずれも結晶化しやすいために大きな冷却速度を必要とした．そのためテープ（フォイル，リボン），細線あるいは粉末をつくることはできたが，鋳型に溶融金属を流し込んでアモルファスの鋳物をつくることは叶わなかった．

　しかし 1990 年代に入ると毎秒 1 K 程度のゆっくりとした冷却でも結晶化しない合金が見出され，商業的生産が始まるとともにいろいろな製品としての利用が始まった．代表的な合金はカリフォルニア工科大学 Caltech で開発された Vitreloy 1 でその原子数に基づく組成は Zr 41.2 %，Ti 13.8 %，Cu 12.5 %，Ni 10 %，Be 22.5 % であった．

　一般に，金属結晶の塊は全体が 1 つの結晶ではなく，無数の微小な結晶の集りであり，それぞれの結晶も完全な結晶であることは稀で，所々に原子の並び方が不完全な格子欠陥があって，それが金属に展性や延性を与えている．一方アモルファス金属では大きさの異なる原子が不規則にまざりあって存在するために原子が移動しにくい．そのためアモルファス金属は変形しにくく機械的に強い[1]．また，金属は空気中の水分によって錆びたり，酸によって浸食されたりするが，これらの化学反応は主として微小な結晶が互いに接触している粒界で進行する．アモルファス金属には粒界が存在しないので，化学的にも安定である．これらの理由から，ゴルフクラブ，テニスラケット，バットなどのスポーツ用品，携帯の外枠，外科用メス，人工関節の表面コーティングなどさまざまな分野でアモルファス金属の利用が進みつつある．

　さらに粒界が存在しないためにアモルファス鉄合金は良質の軟磁性材料で，電源用トランスの磁芯としても使われている．

1)　アモルファス金属が硬くて変形しにくいことを示す興味深い実験の動画が youtube https://www.youtube.com/watch?v=_51frrQzCYM　で公開されている．

のので変形が容易である．したがって完全な結晶構造をもつ金属の変形には大きな力が必要である．

　食塩の粒を押すと粉々になることが示すように，金属結晶とは対照的にイオン結晶は外から大きい力を加えると壊れてしまう．これは結晶が変形すると陰イオンと陰イオン，陽イオンと陽イオンが接近して同じ符号の電荷の間に反発力が作用するためである．

5.5 共有結合結晶

4章で数個の原子が共有結合をつくって小さい分子に変わることを見た．しかし，炭素など一部の原子は共有結合で互いに結合して極めて大きい分子をつくり上げることが知られている．

●表5.1を見よう．炭素は水素，酸素，窒素と安定な結合をつくるが，C–C結合もそれらの結合と同じように安定である．よって炭素–炭素単結合の3次元ネットワークを作ることができる．これがダイヤモンド（■図5.7）である．窒素と酸素はN–N，O–O結合が不安定なのでこれらの結合が3次元あるいは2次元に長く連なった分子は存在しない．

表5.1 非金属元素がつくる単結合の結合エネルギー*（$E/\mathrm{kJ\,mol^{-1}}$）

C–C	348	N–N	161	O–O	142
C–H	413	N–H	391	O–H	464
C–O	360	N–O	163		
C–N	305				

*これらの結合をもつ代表的な化合物についての値

ダイヤモンドのC–C共有結合はそれをつくる元になっている炭素原子の$\mathrm{sp^3}$混成軌道の方向が定まっているので，結合角109.5°を変形するには大きな力を必要とする．それがダイヤモンドの硬度が高い理由である．このように結晶全体が大きな分子と考えられるものを共有結合結晶と呼ぶ．結合電子対は2つの原子に共有されて移動できないのでダイヤモンドは絶縁体である．このことは，■図5.8に示すように，電子で満たされた価電子バンドと空の伝導バンドとの間に大きなエネルギー差（禁制帯）があるために，電子を価電子バンドから伝導バンドへ励起することができないと言い換えることができる．ダイヤモンドにおける禁制帯の幅（バンドギャップ）は$512\,\mathrm{kJ\,mol^{-1}}$で，このエネルギーは可視光線（波長がおよそ$360\sim830\,\mathrm{nm}$の電磁波）がもつ最大のエネルギー$330\,\mathrm{kJ\,mol^{-1}}$より大きいので，ダイヤモンドは可

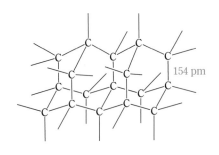

154 pm

図5.7 ダイヤモンドの構造

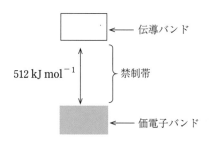

伝導バンド

$512\,\mathrm{kJ\,mol^{-1}}$ 　禁制帯

価電子バンド

図5.8 ダイヤモンドの電子状態

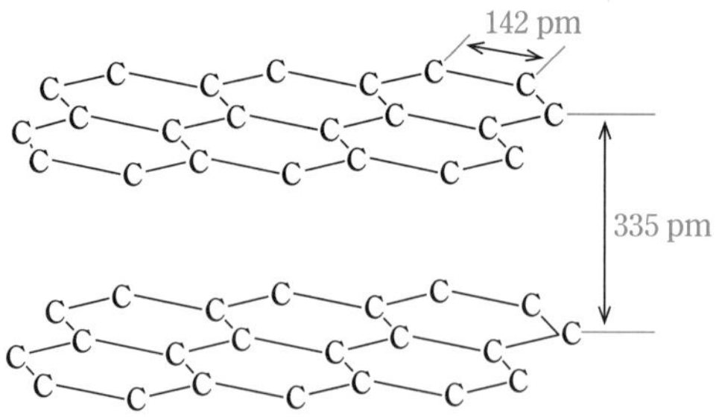

図 5.9　グラファイトの構造

視光線を吸収しない．よって不純物を含まないダイヤモンドは無色透明である．

　炭素にはダイヤモンドの他に多くの同素体が知られている．その 1 つが鉛筆の芯などに使われているグラファイト（■図 5.9）である．グラファイトでは sp^2 混成をした炭素原子がベンゼンと同じように正六角形をつくって 2 次元に広がっている．ベンゼンではドーナツのような形をした π 電子雲が 6 個の炭素全体を覆っていたが，グラファイトでは π 電子雲が平面全体を覆い，金属結晶の自由電子と同じように 1 つの面に添って自由に動き回っている．しかし金属結晶とは違ってこの電子は面と面の間を自由に移動できるわけではない．よってグラファイトは面に添った方向には電流が流れるが，面に垂直な方向には流れない．グラファイトは黒色であるが，それはこの自由電子がすべての波長の可視光線を吸収するためである．わずかに金属に似た光沢を示すのは，金属と同じように吸収された光の一部が放出されるためである．■図 5.9 では 2 つの面だけが示されているが，実際には無数の面が重なってグラファイトをつくっている．面と面の間には 4 章で述べた分散力だけが働いている．そのためグラファイトの面間距離は共有結合の距離より大きく面同士は滑りやすい．グラファイトが鉛筆やシャープペンシルの芯に使われるのは小さい力で面が剥がれて紙につくためである．

　ダイヤモンドとグラファイトのどちらが安定かというのは興味深い問題である．一般的に π 結合より σ 結合が安定であるから，ダイヤモンドがより安定な同素体のように考えがちであるが，実際にはグラファイトがわずかながら安定である．しかし，常温常圧でその差は $1.9\,\mathrm{kJ\,mol^{-1}}$ と小さく，ダイヤモンドの密度がグラファイトより高いため 6 章で述べるように高圧下（数 GPa）ではダイヤモンドの方が安定である．

　同じ 14 族のケイ素，ゲルマニウム，スズもダイヤモンドと同じ構

スズペスト

　中世ヨーロッパではスズでつくられたオルガンのパイプが冬季に壊れてしまうことが知られていた．この現象は一旦始まると急速に広まってパイプが粉々になるので "スズペスト (tin pest)" などといわれていた．

　本文にあるようにスズは（大気圧付近では）13.2℃ を境にしてそれより高温では白色スズ（β スズ）と呼ばれる金属であるが，低温では金属性がなくてもろい灰色スズ（α スズ）が安定になる．この変化は 13℃ 以下になったら直ちに起こるわけではないが[1]，一旦始まると急速に進行し，この相変化の過程で体積が膨張するため，スズ製の器物であれば全体が崩れてしまう[2]．

　1912 年にイギリスのスコット隊が，ノルウェーのアムンゼン隊との南極点到達一番乗りの競争に破れて，失意のうちに徒歩で基地へと帰る途中遭難し全員が死亡した．スコットが残した記録から資材集積地に残しておいた燃料の石油を入れておいた缶が空になっていたことがわかっており，これが悲劇の 1 つの原因と考えられている．真相は不明であるが，石油が残っていなかったのはハンダ付けに用いたスズが低温でスズペストになったためではないかという見方がある．また 1812 年に行われたナポレオンのモスクワ遠征では，ロシア軍に追われて寒さの中を退却するフランス軍兵士の軍服のボタンがスズペストのために壊れたともいわれている．

　いまではスズをアンチモンあるいはビスマスとの合金にすることによってスズペストを防げることが知られている．

1) この現象は過冷却といって，広く見られることである．たとえば静かに水を冷却して行くと 0℃ 以下になっても氷に変化しない．しかし，その水をかき混ぜるなどすると凍結が始まり，たちまち全体が凍ってしまう．
2) インターネットで "tin pest" などをキーワードとして画像を検索すると，この過程を示す動画を多数見ることができる．

造の結晶をつくるが，グラファイト類似の構造は知られていない．炭素だけでグラファイトのような層構造が存在するのは周期表第 2 周期の元素では π 結合が安定なためである．ケイ素以下の元素の結晶はどれも不透明である．それは一般に周期表の下へ行くほど結合が完全な共有結合ではなくなり，金属結晶の性質が増すためである．スズは 13.2℃ 以下ではダイヤモンド構造をもち，もろくて非金属性を示す灰色スズが安定であるが，13.2℃ 以上では白色スズと呼ばれる金属である．

　第 2 周期の原子がつくる π 結合が安定であることは，窒化ホウ素 BN がグラファイトに極めて似た構造（■図 5.10）をつくることからも明らかである．ホウ素は価電子が 3 個，窒素は 5 個であるからどちらも sp^2 混成軌道によって σ 結合をつくり，ホウ素原子の空の 2p 軌道と電

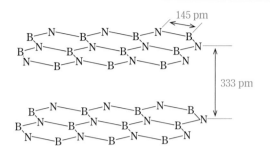

図 5.10　グラファイト型の窒化ホウ素

子が 2 つ入った窒素原子の 2p 軌道とからグラファイトと同じような分子全体に広がる π 結合ができる．層と層の間は分散力によってゆるく結ばれている．

　窒化ホウ素には B, N ともに sp^3 混成したより高密度のダイヤモンド型が存在し，高温高圧下でグラファイト型の BN からダイヤモンド型の BN をつくることもできる．

5.6　半金属と半導体

　ここでもう一度周期表 [■図 3.16（p.53）] を思い出そう．周期表の左側には金属元素，右側には非金属元素，そして両者に挟まれて半金属元素がある．これらの物質の電子状態を模式的に示したものが■図 5.11 である．金属原子がつくる金属結晶は価電子バンドと伝導バンドが接しているのに対し，非金属原子がつくる共有結合結晶では，価電子バンドと伝導バンドの間に大きな禁制帯がある．メタロイドとも呼ばれる半金属元素のうち，ビスマス Bi，アンチモン Sb などは自由電子の数が少ないため金属の数倍から数 10 倍の電気抵抗を示すが，金属と同じようにその電気抵抗が温度の上昇とともに大きくなる．これらは狭義の半金属である．半金属にはケイ素 Si やゲルマニウム Ge のように狭義の半金属よりさらに大きい電気抵抗を示すだけでなく，電気抵抗が温度の上昇に伴って減少する真性半導体と呼ばれる元素も含まれる．真性半導体の電気抵抗が温度の上昇に伴って減少する理由は■図 5.11 によって理解できる．

　真性半導体で原子は共有結合によって結ばれているが，禁制帯の幅が狭いため室温でも少数の電子が禁制帯を飛び越えて伝導バンドへ励起される．この電子の数は温度とともに多くなるので電気抵抗が高温では小さくなるのである．バンドギャップはケイ素で 113 kJ mol^{-1}，ゲルマニウムで 71.4 kJ mol^{-1} である．半導体にはこれら真性半導体に少量の不純物を加えた不純物半導体がある．14 族元素の単体である真

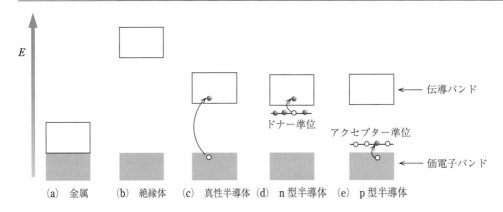

図 5.11 金属，絶縁体および半導体のバンド構造

性半導体に 15 族元素を加えると，14 族原子の一部は 15 族原子に置き換えられる．その際，共有結合には使われない電子が**ドナー準位**という伝導バンドのすぐ下に位置する準位に入り，それらの電子が伝導バンドに励起される（**n 型半導体**）．また，13 族の元素を加えると共有結合をつくるための電子が不足する．その不足した電子は内殻電子から奪われて**アクセプター準位**に入り，価電子バンドには正電荷が残る．この正電荷（正孔）が移動して電流が流れる（**p 型半導体**）．

半導体にはこの他に 13 族と 15 族の元素からなる化合物半導体と呼ばれるものもある．

問　題

---

1. 同じ構造のイオン結晶について比較すると，格子エネルギー U はイオン間距離 r_0 の逆数におおむね比例する．表の化合物はすべて塩化ナトリウムと同じ構造をもつイオン結晶である．格子エネルギー U を縦軸に，イオン間距離の逆数 $1/r_0$ を横軸にしたグラフを描き，両者がほぼ直線関係にあることを確認せよ．

	LiF	LiCl	LiBr	LiI	NaF	NaCl	KF	KCl
r_0/pm	201	257	275	302	231	282	266	315
U/kJ mol^{-1}	1019	839	793	750	909	771	807	701

2. インターネットのサイト，たとえば https://www.webelements.com/，にアクセスして He から K までの原子の第二イオン化エネルギー I_2 の値を調べ，それらの値の原子番号依存性を第一イオン化エネルギー I_1 と比較考察せよ．

3. 2010 年度のノーベル物理学賞は炭素の新素材である “グラフェン” の製法を開発したイギリス・マンチェスター大学のアンドレ・ガイム教授とコンスタンチン・ノボセロフ教授に与えられた. “グラフェン” の構造とその製法を調べよ.

4. “ニクロム線” はニッケルとクロムを主成分とした合金 “ニクロム” でつくられた発熱線である. 金属の電気抵抗と温度の関係が, 発熱線としてのニクロム線の働きにどのような影響を及ぼしているか考察せよ.

5. 1853 年にウィーデマンとフランツは金属の熱伝導率 κ と電気伝導率 σ は比例することを発見した（ウィーデマン-フランツの法則）. 下表のデータによってこの法則が成り立つことを確認し, 法則が成り立つ理由を述べよ.

	Mg	Al	Fe	Cu	Ag	W	Au	Pt	Pb
$\kappa/\mathrm{W\,m^{-1}\,K^{-1}}$	156	237	80.3	398	427	178	315	71.4	35.2
$\sigma/10^9\,\Omega^{-1}\,\mathrm{m^{-1}}$	2.22	3.66	1.00	5.80	6.14	1.84	4.40	0.926	0.469

6. 金属は電気と熱の良導体である. しかし, ダイヤモンドは電気の絶縁体であるにもかかわらず, 金属類よりよく熱を伝える. その理由を考察せよ.

6 分子の世界1：相図と気体

共有結合で結ばれた原子からなる分子は分散力，水素結合，双極子—双極子相互作用といった引力によって互いに引きつけ合う．その引力が小さいと，分子がもつ運動エネルギーの影響で分子は互いに離れて存在する．これが気体である．引力が十分大きいと，分子は集合して液体か固体となる．この章ではこのような状態変化について見た後，分子がばらばらに存在している気体に共通する特徴について学ぼう．

6.1 相図

物質はその集合状態の違いによって様々な姿を示すが，それらの特徴について考える前に言葉の定義をしておこう．考察の対象としてある物質を考えるときその物質を系（system）と呼び，系を取り巻く世界全体を外界（surroundings）と呼ぶ．水が水蒸気，水，氷と姿を変えるように，同じ物質が温度と圧力によって気体であったり液体や固体になったりすることは誰でも知っている．水蒸気，水，氷のように，ある物質についてそのどこをとっても同じ性質を示す場合，それを1つの相と呼ぶ．水蒸気は気相，水は液相，氷は固相である．全体がただ1つの相からなる系を均一系，複数の相からなる系を不均一系という．1章で述べた均一混合物，不均一混合物と混同しないように注意しよう．たとえば水だけからなる系は純物質であり，多くの場合均一系であるが，水と氷が共存する状態では不均一系である．一方，塩化ナトリウムの水溶液は混合物であるが均一系である．不均一混合物は2つ以上の相からなるので必ず不均一系である．なお相変化を表す用語は■図 6.1 のように液相 ⇄ 気相については蒸発，凝縮，固相 ⇄ 液相については融解，凝固，固相 ⇄ 気相については昇華，凝華と定義されている [1]．

物質が一定の温度と圧力においてどの相で存在するかを1枚の図として表現したものを相図あるいは状態図と呼ぶ．■図 6.2 は水の相図

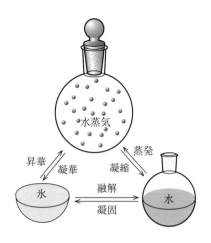

図 6.1　物質の相変化

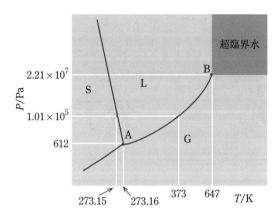

図 6.2　水の相図（縦横の目盛は正確に比例しているわけではない）

2) $1.01325 \times 10^5\,\mathrm{Pa} = 1\,\mathrm{atm}$ と定め，この圧力を標準大気圧と呼ぶ．本書では標準大気圧を近似的に $1.01 \times 10^5\,\mathrm{Pa}$ または $101\,\mathrm{kPa}$ として表す．

3) 沸騰は，液体がつぎつぎに泡を発生して激しく蒸発する現象のことである．液体の中に発生した泡はその液体の蒸気のみからなり，もし蒸気圧が外圧より低ければすぐに泡はつぶれるが，外圧に等しいか外圧より高いなら一度発生した泡は成長を続けて大きくなり，液体の表面に達して割れる．これが連続して起こるのが沸騰である．よって液相と気相の境界線は液体の沸点の圧力依存性を示している．

である．この図を見れば，ある圧力と温度で水がどの相として存在するのが最も安定かがわかる．"S" と書かれた領域では氷（solid）として存在するときが最も安定である．"L"，"G" の領域ではそれぞれ水（liquid）あるいは水蒸気（gas）が最も安定な状態である．「最も安定な状態」といったが，必ずその状態にあるというわけではない．たとえば標準大気圧 [2]（$1\,\mathrm{atm} \approx 1.01 \times 10^5\,\mathrm{Pa} = 101\,\mathrm{kPa}$）で水を慎重に冷却あるいは加熱すると，0 ℃ 以下あるいは 100 ℃ 以上の水をつくることができる．しかし，これらの状態は不安定なもので，その水をかき回すなど外部から刺激を与えるとたちまち氷または水蒸気に変わる．相図に従わない状態はあくまでも一時的存在（準安定状態）に過ぎない．

それぞれの相の境界線は2相が安定に共存する条件を，3本の境界線が交わる点 A（三重点）は3相が安定に共存する条件を表している．すなわち 273.16 K，611.73 Pa において，そしてこの条件においてのみ，氷，水，水蒸気が同時に安定に共存できる．「安定に」とは系と外界との間でエネルギーのやりとりがなければいつまでも2相あるいは3相が存在し続けるということである．2相あるいは3相が安定に共存することを2相あるいは3相が平衡にあるともいう．

標準大気圧で氷と水が平衡にある温度とは標準大気圧での氷の融点，標準大気圧で水と水蒸気が平衡にある温度とは標準大気圧での水の沸点（標準沸点）である [3]．氷と水の境界線は氷の融点の圧力依存性を示し，水と水蒸気の境界線は水の蒸気圧の，そして氷と水蒸気の境界線は氷の蒸気圧の温度依存性を示す．氷が水蒸気圧をもつというのは意外かもしれないが，気温が 0 ℃ 以下でも風が吹けば氷が次第に小さくなるのは，昇華した水分子が風で運び去られるためである．

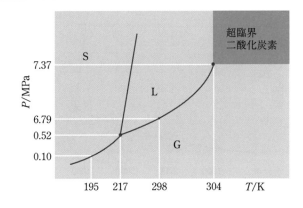

図 6.3　二酸化炭素の相図（縦横の目盛は正確に比例しているわけではない）

　　■図 6.2 であと 1 つ重要なことを指摘しなければならない．気相と液相の境界線は点 B で終わっている．この点は臨界点，その温度は臨界温度，圧力は臨界圧力と呼ばれ，それぞれ T_c，P_c と表記される．なお "$_c$" は critical（臨界）の頭文字である．臨界温度 647 K より高い温度では気相と液相の区別がなくなる．$T > T_c$，$P > P_c$ の流体は超臨界流体と呼ばれ，一般の気体とは区別されることが多い．臨界点の存在は，ある温度を超えると分子の運動が激しいために，分子と分子を無理に近づけても凝縮しないことを示すものであり，水に限らず一般的に見られる現象である．

　　■図 6.2 の固相–液相境界線が左肩上がりになっている点にも注目しよう．圧力が高くなると氷の融点は下がるが，これは氷の密度が水のそれより小さいために見られることで，水がもつ重要な性質の 1 つである．水以外に固体の密度が液体より低い物質としてはテルルとその合金など 10 種類余りが知られているに過ぎない．たとえば■図 6.3 は二酸化炭素の相図であるが，固相—液相境界線は液相—気相境界線と同様に右肩上がりになっている．固体二酸化炭素はドライアイスと呼ばれるが，それは二酸化炭素が大気圧下では融解せず，$-78\,°C$ で固体から直接気体へと昇華することによる．

　　ここで例として取り上げた水と二酸化炭素はどちらも分子性の化合物であるが，金属などの単体についても同様の相図を描くことができる．多くの研究者の努力の結果，数 10 GPa という高圧，数千 °C という高温を実験室でつくることが可能になり，水のような分子性化合物だけではなく，各種の塩類や単体について広い温度・圧力範囲をカバーした相図がつくられている．■図 6.4 はその例の 1 つで炭素の相図である．この図の圧力と温度の範囲で，炭素はグラファイトとダイヤモンドという 2 種類の固相および液相のいずれかの状態が安定であ

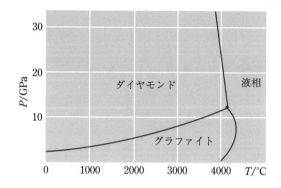

図 6.4　炭素の相図．ダイヤモンド，グラファイト，液相が共存する三重点は 4100 ℃，12.5 GPa 近傍にあると見られている．

る．複数の固相が見られるのは珍しいことではなく，水においては少なくとも 10 種類程度の固相（氷）が存在すると考えられている．

6.2　気体の特徴

　気体の物理的性質は古くから注目され多くの人によって研究された．その結果すべての気体に共通して成り立ついくつかの法則が明らかになった．それらは発見者あるいは提案者の名前で呼ばれている．

1) **ボイルの法則**：一定の温度では気体の体積と圧力は反比例する．

$$PV = 一定 \quad (T \ 一定)$$

2) **シャルルの法則**：一定の圧力において，気体の体積は熱力学的温度に比例する．

$$V \propto T \quad (P \ 一定)$$

3) **アボガドロの法則**：すべての気体は，同じ温度，同じ圧力において比較すると，同体積中に同数の分子を含む．

4) **ドルトンの分圧の法則**：気体混合物の全圧力 P_{tot} はそれぞれの気体が単独で存在するときに示す圧力（分圧）P_i の和に等しい．

$$P_{tot} = P_1 + P_2 + P_3 + \cdots = \sum_i P_i \tag{6.1}$$

5) **気体拡散の法則**：同じ温度，同じ圧力において比較すると，気体が小さい孔を通って流出する速さはその分子の分子量の平方根に反比例する．

　異なる気体分子は分子の大きさ，すなわち，分子がもつ電子雲の大きさが異なる．そのため当然，分散力をはじめとする分子間力が異なる．それにもかかわらずこれらの法則が多くの気体で成立することは，

現代の錬金術：ダイヤモンドの合成

　グラファイトからダイヤモンドを合成しようという試みに魅了された化学者は数多い．その一人は，フッ化水素の電気分解によるフッ素の単離に成功し1906年にノーベル化学賞を授与された，フランス人化学者アンリ・モアッサンであった．彼は自ら開発した電気炉で融解した鉄にグラファイトを溶かした後，溶けた鉛に流し込んで急冷し，鉄の収縮によって発生すると思われる高圧をダイヤモンド合成に利用しようとした．彼は酸で鉄を溶かすとダイヤモンドと思われる硬い物質が残ったと報告したが，他の化学者は彼の実験を再現できなかった．モアッサンの死後，彼の妻が「助手が "老化学者を喜ばせようと" ダイヤモンドの粉末を混入したと思う」と述べている．

　1940年代はじめ，発電機などの製造にダイヤモンドを用いた工具を多く使用していたスウェーデンの Allmänna Svenska Elektriska Aktiebolaget (ASEA) とアメリカの General Electric Company (GE) という2つの企業がダイヤモンド合成への本格的挑戦を開始した．先行したのは ASEA であった．多額の投資と失敗の結果一度はあきらめた ASEA であったが，1949年新たにエリック・ルンドブラードを中心とするチームを結成して QUINTUS という暗号名のダイヤモンド合成プロジェクトを再開し，1953年2月16日ついに合成に成功した．それは QUINTUS のメンバーにとっては限りない喜びであったが，プロジェクトのメンバー以外はなぜ彼らが大喜びをしているのかわからなかった．現在に至るまで理由は不明であるが，ASEA はこの重大な成果を2年後に GE が自らの成功を発表するまで公表しなかった．

　今日では，ダイヤモンドの合成に最初に成功したのは GE の Project Superpressure チームの一人トレイシー・ホールであるとされている．彼は1954年12月16日に自らが開発した高温高圧発生装置を使って10GPa，1,600℃という条件でダイヤモンドの合成に成功し，その実験の再現性が確認された．最初の成功を彼が知ったときの様子についてつぎのように述べている [1]．「試料を装置から取り出して開いた‥‥．たちまち私の手は震え始めた．心臓の鼓動は高まった．膝が震え立っていることができなかった．言いようのない感情が私を圧倒し，私は腰を下ろす所を見つけなければならなかった．」「私の目は… 数多くの正八面体結晶の三角形の面が放つ光を捉え，私はダイヤモンドがついに人の手によってつくられたことを知った．」

　現在では高温高圧法のほかに，気相成長法というまったく異なる手段でもダイヤモンド合成は可能になり，人造ダイヤモンドの生産量は天然ダイヤモンドを上回っているといわれる．

[1]　"The New Alchemist : breaking through the barriers of high pressure" Robert M. Hazen, Times Books, 1993, p.123.

　気体は分子の大きさに比べてはるかに大きな体積を占めるため，分子と分子の距離が大きく，分子が占める体積ならびに分子間力を無視してもよいということを強く示唆している．事実，以下の特徴をもつ仮想的気体は上記の法則に従うことが明らかになった．

1)　気体分子は質量をもつが体積をもたない質点であって，気体が示す圧力とは，気体分子が器壁と衝突して運動の方向が変化するときに器壁が単位面積当たりに受ける力である.

2)　気体分子は平均 $E = \dfrac{3}{2}kT$　（k：ボルツマン定数）の運動エネルギーをもって無秩序に運動している.

3)　衝突する瞬間を除いて分子間には引力も反発力も働かない.

4)　気体分子同士あるいは気体分子と器壁との衝突でエネルギーは保存される.

　これらの条件を満足する気体は，気体の本質的特徴だけをもつ理想的な気体と考えることができるので理想気体と呼ばれるが，その温度 T，圧力 P，体積 V の間の関係は理想気体の状態方程式 (6.2) で与えられる. この式で n は気体の物質量（mol），R はアボガドロ定数 N_A とボルツマン定数 k の積，$N_A k$，で気体定数と呼ばれる [4].

4) $R = N_A k =$
8.314 462 618$\cdots$J K^{-1}mol^{-1}

$$PV = nRT \tag{6.2}$$

もし気体が式 (6.2) に従えば，ボイルの法則・シャルルの法則が成り立つことは明らかである. すべての気体で $n = \dfrac{PV}{RT}$ であるから，アボガドロの法則も成り立っている. また気体分子の間に引力も反発力も働かないということは互いに無関係に存在するということなので，分圧の法則が成り立つことも理解できる.

　ここで理想気体について計算例を示そう.

例　組成式が CH_2F である気体 0.865 g の体積は 20 ℃，53.2 kPa で 0.600 dm^3 であった. この分子の分子式を明らかにせよ.

　解：気体分子の質量を w(g)，モル質量を M(g mol^{-1}) とすると，式 (6.2) は式 (6.2′) となる.

$$PV = \left(\frac{w}{M}\right)RT \tag{6.2′}$$

それぞれの物理量の値は以下の通りである.

$P = 53.2\,\text{kPa} = 5.32 \times 10^4\,\text{Pa}$ 　　$V = 0.600\,\text{dm}^3 = 6.00 \times 10^{-4}\,\text{m}^3$

$w = 0.865\,\text{g} = 8.65 \times 10^{-4}\,\text{kg}$ 　　$T = 20\,℃ = 293\,\text{K}$

よって

$$M = \frac{wRT}{PV} = \frac{(8.65 \times 10^{-4}\,\text{kg}) \times (8.31\,\text{J K}^{-1}\text{mol}^{-1}) \times (293\,\text{K})}{(5.32 \times 10^4\,\text{Pa}) \times (6.00 \times 10^{-4}\,\text{m}^3)}$$

$$= \frac{(8.65 \times 10^{-4}\,\text{kg}) \times (8.31\,\text{N m K}^{-1}\text{mol}^{-1}) \times (293\,\text{K})}{(5.32 \times 10^4\,\text{N m}^{-2}) \times (6.00 \times 10^{-4}\,\text{m}^3)}$$

$$= 0.0660\,\text{kg mol}^{-1} = 66.0\,\text{g mol}^{-1}$$

$CH_2F = 33.0$ であるから，分子式は $C_2H_4F_2$ である.

気体のモデルと理想気体の状態方程式

96 ページに記した 1) ～4) の条件を満たす仮想的気体は理想気体の状態方程式 (6.2) に従うことを確かめよう.

1 辺が a (m) の立方体の箱の中に，質量 m (kg) の気体分子が N 個入っているとする．この気体分子の速度を v (m s^{-1}), x, y, z 軸方向の速度成分を v_x, v_y, v_z とすると

$$v^2 = v_x{}^2 + v_y{}^2 + v_z{}^2 \tag{1}$$

である.

この分子が x 軸方向の壁に衝突して跳ね返ることによる運動量の変化は

$$mv_x - (-mv_x) = 2mv_x \tag{2}$$

であり，この分子は 1 秒間に一方の壁に $\dfrac{v_x}{2a}$ 回衝突する．運動量の変化は力積（作用する力 f とその力が作用している時間 dt の積の総和：$\varPhi = \displaystyle\int_0^{\Delta t} f\,\mathrm{d}t$）に等しい．ここで，時間平均の力を f_{av}，その力が作用している時間を $\Delta t = 1\,\mathrm{s}$ とすると，$\varPhi = f_{\mathrm{av}}\Delta t = f_{\mathrm{av}} = 2mv_x\dfrac{v_x}{2a}$ となる．したがって，この 1 個の分子によるこれらの衝突が壁に与える単位面積当たりの時間平均の力（N m^{-2} molecule^{-1}）は

$$2mv_x\frac{v_x}{2a}\frac{1}{a^2} = \frac{mv_x{}^2}{V} \tag{3}$$

と表すことができる．ここで V は立方体の体積（$= a^3$）である．圧力（Pa = N m^{-2}）は N 個の分子が壁の単位面積当たりに与える力の総計であるから，x 軸方向の速度の 2 乗の平均値（平均 2 乗速度）を $\langle v_x{}^2 \rangle$ とすると

$$P = N\frac{m\langle v_x{}^2 \rangle}{V} \tag{4}$$

である．同様の式が y 軸および z 軸方向についても得られることは自明である.

また，気体分子の運動は完全に無秩序なので 3 方向の平均 2 乗速度は等しく，

$$\langle v^2 \rangle = 3\langle v_x{}^2 \rangle \tag{5}$$

が成り立つ．よって式 (4) は $\langle v^2 \rangle$ を用いてつぎのように書き直すことができる.

$$PV = \frac{1}{3}Nm\langle v^2 \rangle \tag{6}$$

この気体分子 N 個がもつ平均運動エネルギー E は

$$E = \frac{1}{2}Nm\langle v^2 \rangle \tag{7}$$

である.

一方，仮定 2) から理想気体分子 1 個の平均運動エネルギー E (J molecule^{-1}) は $\dfrac{3}{2}kT$ であるから，N 個の分子の平均運動エネルギーは

$$E = \frac{3}{2}NkT \tag{8}$$

である．よって式 (6) (7) (8) から式 (9) が得られる.

$$PV = NkT = nN_\mathrm{A}kT \tag{9}$$

ここで n は気体分子の物質量（mol），N_A はアボガドロ定数 (mol^{-1}) で，$N_\mathrm{A}k = R$ であるから，式 (9) は理想気体の状態方程式 (6.2) そのものである.

　分圧の法則と理想気体の法則を組み合わせると式 (6.3), (6.4) が得られる.

$$P_\mathrm{i} = \frac{n_\mathrm{i}RT}{V} \tag{6.3}$$

$$P_\mathrm{tot} = \sum_\mathrm{i} P_\mathrm{i} = \left(\frac{RT}{V}\right)\sum_\mathrm{i} n_\mathrm{i} = \frac{n_\mathrm{tot}RT}{V} \tag{6.4}$$

よって分圧の法則は「気体成分 i の分圧は，全圧 P_tot と全物質量 n_tot に占める成分 i の割合 $\dfrac{n_\mathrm{i}}{n_\mathrm{tot}} = x_\mathrm{i}$（モル分率）の積に等しい [式 (6.5)]」と言い換えることができる. これはまたモル分率は分圧 P_i と全圧 P_tot の比に等しい [式 (6.6)] ということである.

$$P_\mathrm{i} = \left(\frac{n_\mathrm{i}}{n_\mathrm{tot}}\right)P_\mathrm{tot} = x_\mathrm{i}P_\mathrm{tot} \tag{6.5}$$

$$x_\mathrm{i} = \frac{P_\mathrm{i}}{P_\mathrm{tot}} \tag{6.6}$$

一例を挙げよう. 水深 60 m 以上のスキューバダイビングではヘリウムの分圧 0.56 MPa，酸素の分圧 0.15 MPa の混合気体を使用する. この気体の全圧は 0.71 MPa であるから，この気体中のモル分率は He が $\dfrac{0.56}{0.71} = 0.79$，$O_2$ が $\dfrac{0.15}{0.71} = 0.21$ である. さらにそれぞれの成分気体の圧力を等しくして体積を変えれば各成分の体積は式 (6.7) で与えられるから，モル分率は体積比に等しくなる [式 (6.8)].

$$V_\mathrm{i} = \frac{n_\mathrm{i}RT}{P} \tag{6.7}$$

$$x_\mathrm{i} = \frac{V_\mathrm{i}}{V_\mathrm{tot}} \tag{6.8}$$

たとえば空気の標準的組成は体積百分率で窒素 78.09 %，酸素 20.94 %，アルゴンや二酸化炭素などその他の気体 0.97 % であるから，空気中の窒素と酸素のモル分率はそれぞれ 0.7809, 0.2094 である.

　つぎに気体拡散の法則について考えよう. イギリスの化学者グレアムによって 1831 年に発見されたのでグレアムの法則ともいわれるこの法則は，気体が熱運動によって混合する拡散，小さい孔を通って噴き出す噴散（エフュージョン）などの速度に関するものである. 小さい孔から気体が噴き出すためには器壁の孔の部分と "衝突" しなければならない（■図 6.5）. ある分子が 1 秒間に器壁と衝突する回数はその

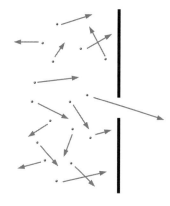

図 6.5 気体の噴散（エフュージョン）. 孔と "衝突" した分子だけが容器から流出する.

気体拡散法によるウランの濃縮

　天然ウランには核分裂を起こさない ^{238}U が 99.3 %，核分裂を起こす ^{235}U（ウラン 235）が 0.7 % 含まれている．これをそのまま原子炉で燃料として使うことも可能であるが，中性子の減速に水を使う軽水炉では ^{235}U の濃度を 3〜5 % に高める必要がある．この 2 つの同位体の違いは中性子 3 個分のわずかな質量差のみで，化学的性質は同じと考えてよい．そこで物理的方法で濃縮する必要がある．そのために最初に実用化された方法が気体拡散法である．ウランをそのまま気体にするには 3800 ℃ という高温を必要とするので現実的ではない．そこで気体・液体・固体の三重点が 64 ℃，0.15MPa の分子，フッ化ウラン(VI) UF$_6$ として気化させ，図にあるような装置に加圧して送り込み，減圧して取り出す．

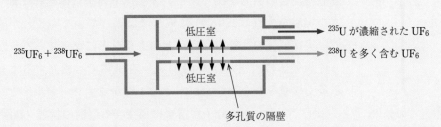

　フッ素には，^{19}F 以外の同位体が存在しないため ^{235}UF$_6$ の分子量は 349，^{238}UF$_6$ のそれは 352 で多孔質の隔壁を通過する速度がフッ素の同位体の存在によって乱されることはない．1 回の拡散によって得られる分離係数は $(352/349)^{1/2} \fallingdotseq 1.004$ である．発電に必要な濃縮ウランを得るためには，この操作を数百回以上繰りかえすことが必要であり，そのために拡散筒を多数配列した "カスケード" が用いられている．その際，加圧と減圧を繰り返すための電力に加えて，気体の圧縮に伴って発生する熱を除去するための冷却にも電力が必要である．現在では商業目的でのウラン濃縮は，主に遠心分離法[1] で行われているが，その最大の理由は 1/50 で済むともいわれている少ない電力消費である．

> 1)　^{238}UF$_6$ と ^{235}UF$_6$ の混合物を遠心分離機へ入れて高速で回転すると軽い ^{235}UF$_6$ は回転軸に近い内側で，重い ^{238}UF$_6$ は外側でその濃度が高くなる．その際の分離係数は，質量比の 2 乗と回転数の 4 乗（さらに遠心分離機の回転胴の長さ）に比例するので，質量比の平方根に比例するガス拡散法より大きく，必要なカスケードの段数はガス拡散法より遥かに少なくてよい．

分子の速度に比例する．一方，気体分子の平均運動エネルギー $\frac{1}{2}mv^2$ は気体の種類には関係せず $\frac{3}{2}kT$ に等しい．よって平均速度は分子の質量 m の平方根に反比例する．

$$\frac{1}{2}mv^2 = \frac{3}{2}kT \tag{6.9}$$

$$v = \sqrt{\frac{3kT}{m}} \tag{6.10}$$

したがって孔から流出する速度は分子量（モル質量）の平方根 $M^{1/2} = (N_A \times m)^{1/2}$ に反比例する．子供のときに水素あるいはヘリウム入りの

ゴム風船を親にせがんで買ってもらい翌日遊ぼうとしたらしぼんでしまっていた，という経験をしたことはないだろうか．これはゴム風船にある無数の小さい孔から気体が噴散した結果である．空気で膨らませたものとくらべると，水素あるいはヘリウム入りゴム風船がはるかに早くしぼむのは分子量の違いによる．

6.3　実在気体の状態方程式

　実在する気体（実在気体）は（1）実在気体分子には電子雲があるため，互いにある距離以上には近づけず，（2）ある程度以上離れると分散力などの引力が働く，という2点で理想気体と異なる．よって精密な実験をすれば式(6.2)に厳密には従っていないことが確認できる．では実在気体の状態方程式はどのような形になるであろうか．

　理想気体の状態方程式(6.2)を実在気体でも成立するように修正する多くの試みがなされたが，その1つがファン・デル・ワールスによる修正である．ある分子が器壁に衝突する直前の状態（■図6.6）を考えると，その分子は内側にある分子によって引きつけられる．

　この内側から働く引力は衝突しようとしている分子の運動を遅くすることによって，壁への衝突による衝撃（壁が受ける力）を弱くす

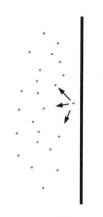

図 6.6　器壁近くの気体分子に働く分子間力．近くにある分子が多いほど強く内側に引きつけられる．

温度の測定と理想気体の状態方程式

　"熱い" "冷たい" という感覚を可視化しようという最初の試みとして確かな記録が残っているのは，16世紀末のガリレオ・ガリレイ（Galileo Galilei, 1564-1642）による "thermoscope" である．彼は，図1に示す装置を使って，温度の上昇とともにガラス球の中の空気が膨張することを利用して温度変化を観測できるようにした．しかし，この温度計には目盛がなかった．

　17世紀になると，液体をガラス管に封入した温度計が作られるようになった．トスカーナ大公，フェルディナンド2世[1]（Ferdinand II, Grand Duke of Tuscany, 1610-1670）とフック（Robert Hooke, 1635-1703）は，アルコールの体積変化によって温度を測定した．

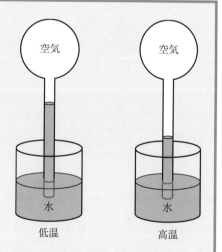

図 1　ガリレオの thermoscope

　またこの時代は，基準となる温度を定める試みが行われた時期でもあった．デンマークの天文学者レーマー（Ole C. Roemer, 1644-1710）はコペンハーゲンで，赤ワインを封入した温度計を用いて継続的に気温を測定したが，その温度計は雪（砕いた氷）の温度を7.5，水の沸点を60としていた．

プロイセン王国ダンツィヒ（現ポーランド領グダンスク）で生まれ，主にオランダで活躍したファーレンハイト（D. Gabriel Fahrenheit, 1686-1736）は，水銀を封入して，視認性・再現性に優れた温度計を発明しただけでなく，いまもアメリカ合衆国などで日常的に使われているファーレンハイト温度目盛を定めた．1724 年の論文[2,3] で彼は，氷・水・塩類の混合物の温度，水と氷の混合物の温度，健康な人の口中の温度を基準とした．現在用いられているファーレンハイト度，℉ は水の凝固点（氷の融点）を 32，沸点を 212 としている．

現在，日常的に最も多くの地域で用いられている，水の凝固点と沸点の間を 100 分割する温度目盛，100 分度 degree centigrade，はスエーデンの天文学者セルジウス（Andres Celsius, 1701-1744）が 1742 年に使い始めたものである[4]．なお 1948 年の国際度量衡総会において，"degree centigrade" の呼称は "degree Celsius" に改められた[5]．

このようにして客観的で精確な温度の測定が可能になったことが，つぎの発展の基礎となった．

19 世紀初頭，気体の体積 V とセルシウス温度 t との関係を数種類の気体について測定したゲイ・リュサック（J. L. Gay-Lussac, 1778-1850）は，式 (1) が成り立つことを報告した[6]．

$$V = V_0 \left(1 + \frac{t}{267}\right) \quad V_0 : 0\,℃ における体積. \tag{1}$$

1834 年，クラペイロン（B. P. Émile Clapeyron, 1799-1888）は，式 (1) をボイルの法則と結合して式 (2) を導いた．比例定数 R' を気体の物質量 n（mol）で割った値 $\frac{R'}{n}$ はのちに気体定数と呼ばれることになる．

$$PV = R'(267 + t) \tag{2}$$

さらに 1850 年クラウジウス（Rudolf J. E. Clausius, 1822-1888）は，ルニョー（Henri V. Regnault, 1810-1878）によって行われたより精密な実験結果から式 (2) の定数は 267 ではなく 273 であることを示した．また式 (2′) は近似式で，温度 t が高いほど，そして圧力 P が低いほどよく当てはまることも明らかになった．

$$PV = R'(273 + t) \tag{2′}$$

圧力と体積の積 PV が負になることはあり得ないので，この式は温度に下限があることを強く示唆している．そこで 1864 年にクラウジウスは，$(273 + t)$ を T に置き換えた．

$$PV = R'T \tag{3}$$

式 (3) は現在，理想気体の状態方程式，$PV = nRT$　(6.2) として知られている．また，T は気体の PV が消滅する温度，すなわち温度の下限，を 0 にする温度という意味で絶対温度（あるいは理想気体温度）と呼ばれている．絶対温度が国際単位系 SI の熱力学温度と等しいことは，8 章の囲み記事 "知られずに逝った天才サディ・カルノー" に示す "カルノーエンジン" を用いて証明することができる．したがって，絶対温度の単位はケルビン，記号は K である．

1) フェルディナンド 2 世は，フィレンツェのピッティ宮殿に，湿度計，気圧計，温度計，望遠鏡を備えるなど，科学に強い興味を持っていた．また彼はガリレオを尊敬し，宗教裁判で自宅軟禁になったガリレオを訪問して慰めたことが知られている．

2) D. G. Fahlenheit, *Phil. Trans. (London)*, **1724**, vol. 33, pp.78-84.

3) https://www.kean.edu/~gkolodiy/3123/temperature/

4) セルジウスは水の凝固点を 100，沸点を 0 としていたが，植物分類学の創始者リンネ（Carl von Linné, 1707-1778）が凝固点を 0，沸点を 100 に改めた．

5) これは Celsius に敬意を表しての変更であるとともに，"centigrade" が "grade" という単位の 1/100 であるという誤解を避けるためでもあった．

6) 式 (1) はゲイ・リュサックの法則として知られているが，彼自身は 1787 年に同様の現象を発見した J. シャルルを最初の発見者であると述べている．

本稿の執筆に当たって，下記の論文を参考にした．
"The Universal Gas Constant *R*" W. B. Jensen, *J. Chem. Educ.*, **2003**, vol. 80, pp.731-732.
DOI:10.1021/ed080p731.
https://www3.nd.edu/~powers/ame.20231/jensen2003.pdf

る．1 個の分子に対する引力はその周囲に存在する分子の濃度 $\left(\dfrac{n}{V}\right)$ に比例する．また単位時間に単位面積に衝突する分子数も濃度 $\left(\dfrac{n}{V}\right)$ に比例する．したがって，分子間引力が圧力に及ぼす効果は濃度の 2 乗 $\left(\dfrac{n}{V}\right)^2$ に比例する．引力がないときの圧力に比べ，引力があるため $a\left(\dfrac{n}{V}\right)^2$ だけ低い圧力が観測されるので，ファン・デル・ワールスは式 (6.2) の P を $P+a\left(\dfrac{n}{V}\right)^2$ に置き換えた．ここで a は分子間力に比例すると考えられる定数である．また分子は極めて接近するとお互いに強く反発するので，複数の分子が存在することによって互いに利用できる空間を狭めることになる．この効果を評価するために式 (6.2) の V は $(V-bn)$ に置き換えられた．b は分子の大きさに関係する定数であり，bn は排除体積といわれる．修正された式 (6.11) はファン・デル・ワールスの状態方程式と呼ばれ，実在気体の P, V, T の関係を精度よく再現できることが知られている．●表 6.1 に代表的な気体のファン・デル・ワールス定数 a, b の値を示す．

$$\left[P+a\left(\frac{n}{V}\right)^2\right](V-bn) = nRT \tag{6.11}$$

Johannes D. van der Waals（1837-1923）と対応状態の原理

　オランダのライデンに生まれたファン・デル・ワールスは，家庭が貧しかったために，中等学校へ進学して大学入学に必要なラテン語やギリシャ語といった古典言語などの基礎教育を受けることができなかった．高等小学校に進んだ彼は，そこを 15 歳で卒業すると小学校の見習教員として働きながら，正教員となるために必要な科目を修得していった．

　1861 年まで正教員として小学校で教えていたファン・デル・ワールスは，1862 年から 65 年まで，ライデン大学聴講生として数学，物理学，天文学を学び，中産階級の子弟のために新設された中等学校の物理学と数学の教員資格を取得して，1865 年からは中等学校での勤務についた．

　幸いにも，大学入学資格としての古典言語の履修規定を科学分野には適用しないことになったため，彼は 29 歳で物理学と数学で学位を取得するための入学資格を得ることができた．

　1873 年 6 月，36 歳のファン・デル・ワールスは学位論文『気体状態と液体状態の連続性について』を提出し，合格と判定された．この論文のなかで，ファン・デル・ワールスは，気相と液相との間に本質的な違いがないことを明らかにし，現在彼の名前で呼ばれる状態方程式を提案した．論文はオランダ語で書かれていたが，著名な物理学者 C. マクスウェルが「遠からずファン・デル・ワールスが分子科学における第一人者の 1 人となることに疑問の余地がない」「この論文は間違いなく研究者の注意をオランダ語の学習に向かわせた」という賞賛のコメントを *Nature* 誌に寄せたことからもわかるように，その重要性は多くの科学者によって直ちに認識された．

　ファン・デル・ワールスは 1876 年に高等教育に関する新法によって新設されたアムステルダム大学の物理学教授に招聘され，その後も 70 歳で引退するまで同大教授として活発な研究活動を続けた．彼の分子科学への貢献が今に至るまで高く評価されていることは，分子間に作用する弱い引力が "ファン・デル・ワールス力" と呼ばれていることからも明らかである．1910 年のノーベル物理学賞は彼の "液体と気体の状態に関する研究" に対して与えられた．

　ファン・デル・ワールスは 1880 年に発表した論文で，彼の状態方程式に現れる定数 a と b は，T. アンドルーズなどの研究によってその存在が明らかになっていた臨界点の温度 T_c，圧力 P_c，および臨界点における 1 mol 当たりの体積（モル体積）V_c を用いると，すべての気体について同じ関数で表現できることを明らかにした．

　一定の温度における二酸化炭素のモル体積と圧力の関係，等温線，を下に示す．

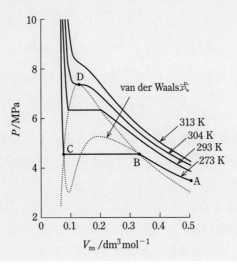

臨界温度 304 K より低い温度，たとえば 273 K で，A から出発して圧力を加えていくと，体積は次第に減少するが，点 B に達すると液化が始まる．その様子を窓から観察していると，圧縮にともなって液体の量は増えていくが圧力は変化しない．点 C に達すると気体は消滅し，それ以降は圧力の増加による体積減少は極めて小さくなる．点 B と C を結ぶ極大と極小をもつ破線は $n = 1$ mol におけるファン・デル・ワールスの状態方程式 (6.11) の P と V の関係を示している．より高い温度では，点 B と C および式 (6.11) の極大と極小は次第に接近し，ついに臨界温度 304 K に達すると，極大と極小は合体して PV 曲線の変曲点 D となる．極大の条件は $\left(\frac{\partial P}{\partial V}\right)_T = 0$ および $\left(\frac{\partial^2 P}{\partial V^2}\right)_T < 0$，極小の条件は $\left(\frac{\partial P}{\partial V}\right)_T = 0$ および $\left(\frac{\partial^2 P}{\partial V^2}\right)_T > 0$ であり，変曲点ではどちらの微係数もゼロ，すなわち $\left(\frac{\partial P}{\partial V}\right)_T = 0$ および $\left(\frac{\partial^2 P}{\partial V^2}\right)_T = 0$ である．したがって臨界点 $(T = T_c, P = P_c, V = V_c)$ ではつぎの 3 つの条件が満たされなければならない．

$$P_c = \frac{RT_c}{V_c - b} - \frac{a}{V_c{}^2} \tag{1}$$

$$\left(\frac{\partial P}{\partial V}\right)_T = 0 = -\frac{RT_c}{(V_c - b)^2} + \frac{2a}{V_c{}^3} \tag{2}$$

$$\left(\frac{\partial^2 P}{\partial V^2}\right)_T = 0 = \frac{2RT_c}{(V_c - b)^3} - \frac{6a}{V_c{}^4} \tag{3}$$

これらの方程式からファン・デル・ワールス定数 a, b および気体定数 R と臨界定数 T_c, P_c, V_c の間の関係を導くことができる．

$$T_c = \frac{8a}{27bR}, \quad P_c = \frac{a}{27b^2}, \quad V_c = 3b$$

すなわち，臨界定数を用いることによって，すべての実在気体のファン・デル・ワールス定数を，物質の種類によらない，同じ形の関数で表現できるのである．

さらに，これらの関係式を用いて，ファン・デル・ワールス状態方程式から定数 a, b を消去すると，物質に固有の定数を含まない "還元型状態方程式[1]" (4)

$$\left(P_R + \frac{3}{V_R{}^2}\right)\left(V_R - \frac{1}{3}\right) = \frac{8}{3}T_R \tag{4}$$

が得られる．この式に現れた T_R, P_R, V_R は "還元型変数[2]" と呼ばれる変数で，それぞれ

$$T_R = \frac{T}{T_c}, \quad P_R = \frac{P}{P_c}, \quad V_R = \frac{V}{V_c}$$

である．これは "各種の流体の性質を適当な基準点を選んで比較すると，それらの性質に一定の規則性が認められる"（『化学大辞典』より）という "対応状態の原理" の一例で，この場合の基準点は臨界点である．

どれだけ圧縮しても液化しないために "永久気体" と呼ばれていた水素を，1898 年に J. ジュワーが，ヘリウムを 1910 年に H. カメルリン・オネスが液化したが，彼らを成功に導いたのはファン・デル・ワールスの研究であった．1910 年にカメルリン・オネスはつぎのよう

に書いている．"ファン・デル・ワールスの研究は常に，実験の進むべき方向を示す魔法の杖と考えられていた．ライデンの低温研究室は彼の理論の影響の下に発展した"

1) reduced equation of state：“換算状態方程式”と訳されることも多い．
2) reduce variable：“換算変数”と訳されることも多い．

表6.1　代表的気体のファン・デル・ワールス定数 *

	$a/\mathrm{Pa\,m^6\,mol^{-2}}$	$b/\mathrm{m^3\,mol^{-1}}$
ヘリウム	0.00346	2.38×10^{-5}
アルゴン	0.1355	3.20×10^{-5}
水素	0.02452	2.65×10^{-5}
窒素	0.1370	3.87×10^{-5}
酸素	0.1382	3.19×10^{-5}
メタン	0.2303	4.31×10^{-5}
二酸化炭素	0.3658	4.29×10^{-5}
水	0.5537	3.05×10^{-5}

* "CRC Handbook of Chemistry and Physics" 95th ed. の値より計算．

この式を用いた計算例を示そう．

例　3 mol の水を体積 1500 cm^3 の容器に入れて 250 ℃ に保った．水蒸気の圧力を求めよ．

解：式 (6.11) から式 (6.11′) が得られる．

$$P = \frac{nRT}{V - bn} - a\left(\frac{n}{V}\right)^2 \qquad (6.11')$$

この式に数値を代入して計算する．

$$P = \frac{(3\,\mathrm{mol}) \times (8.31\,\mathrm{J\,K^{-1}\,mol^{-1}}) \times (523\,\mathrm{K})}{(1.50 \times 10^{-3}\,\mathrm{m^3}) - (3.05 \times 10^{-5}\,\mathrm{m^3\,mol^{-1}}) \times (3\,\mathrm{mol})}$$

$$- (0.5537\,\mathrm{Pa\,m^6\,mol^{-2}}) \times \left(\frac{3\,\mathrm{mol}}{1.50 \times 10^{-3}\,\mathrm{m^3}}\right)^2$$

$$= 9.26 \times 10^6\,\mathrm{Pa} - 2.21 \times 10^6\,\mathrm{Pa} = 7.05 \times 10^6\,\mathrm{Pa}$$

この値は理想気体の式による値

$$P = \frac{nRT}{V} = \frac{(3\,\mathrm{mol}) \times (8.31\,\mathrm{J\,K^{-1}\,mol^{-1}}) \times (523\,\mathrm{K})}{1.50 \times 10^{-3}\,\mathrm{m^3}} = 8.69 \times 10^6\,\mathrm{Pa}$$

より低いが，それは水分子間に作用する水素結合の効果が排除体積の効果を上回ったためである．

　式 (6.11) は n が小さく V が大きいとき理想気体の状態方程式に限りなく近づくことに注意しよう．理想気体とは実在気体の濃度が無限に低い極限状態ということができる．

　実在気体の振る舞いが理想気体からどのように異なるかを考察する

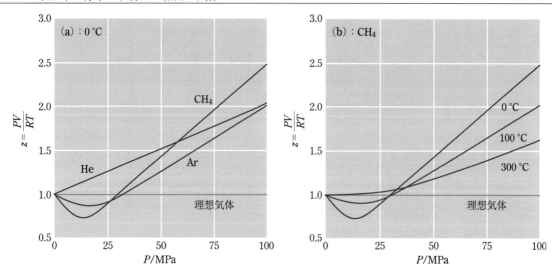

図 6.7　実在気体の圧縮因子と圧力の関係. (a) 3 種類の気体の 0℃ における圧縮因子. (b) 様々な温度におけるメタンの圧縮因子.

には，$n = 1\,\mathrm{mol}$ における式 (6.11) から導かれる式 (6.12) が好都合である.

$$z = \frac{PV}{RT} = \frac{V}{V - b} - \frac{a}{RT}\frac{1}{V} \tag{6.12}$$

式 (6.12) の関数 z は圧縮因子と呼ばれるが，この関数は無次元の数値 $\dfrac{PV}{(1\,\mathrm{mol})RT}$ であることに注意しよう. 理想気体の圧縮因子は常に 1 に等しいのに対し，実在気体では 1 に等しいとは限らない. 高温高圧では右辺第 1 項が大きくなり，第 2 項は 0 に近づくので $z > 1$ となる.

$$z = \frac{PV}{RT} \approx \frac{V}{V - b} > 1 \tag{6.13}$$

一方，室温・標準大気圧近くといった低温・低圧条件では $V \gg (1\,\mathrm{mol})\,b$ であるから右辺第 1 項が 1 に近づき，$z < 1$ となる.

$$z = \frac{PV}{RT} \approx 1 - \frac{a}{RT}\frac{1}{V} < 1 \tag{6.14}$$

■図 6.7 (a) にヘリウム，アルゴン，メタンの 0℃ における圧縮因子を，■図 6.7 (b) に 3 つの異なる温度におけるメタンの圧縮因子を示す. $z < 1$ となるのは定数 a の値が比較的大きい気体が低温・低圧の条件にある場合に限られることがわかるであろう. 同じ圧力であれば温度の上昇とともに体積が増加するので z が次第に 1 に近づく傾向も明らかである.

問　題

1. アンモニアについての以下のデータを参考にしてアンモニアの相図を描き，0 ℃，1.01×10^5 Pa でアンモニアが安定に存在する相を推定せよ.

　　1.01×10^5 Pa における融点 195.42 K，沸点 239.8 K，
　　三重点 195.40 K, 6.08 kPa，臨界点 405.6 K, 11.3 MPa, 160 K
　　における蒸気圧 101 Pa，300 K における蒸気圧 1.06 MPa

2. 空気は窒素 78 %，酸素 21 %，アルゴン 1 % の理想気体混合物であると仮定して，空気の見かけの分子量 M_{av} を周期表に与えられた 4 桁の原子量を用いて求めよ. 　　　　　　　　　　(28.98)

3. ホットプレートの上に置いた 2 L のビーカーに四塩化炭素 CCl_4 を少量入れて緩やかに加熱した. まだ四塩化炭素の液体が残った状態で，シャボン玉をビーカーの中に落とすと，シャボン玉はビーカーの底に落ちる前に跳ね返された. その理由を述べよ.

4. 体積が 3000 m^3 の気球を 100 ℃ の空気で満たした. 気温 25 ℃，気圧 1.013×10^5 Pa として，この気球が何 kg の物体まで持ち上げることができるか. 空気は理想気体 ($M_{av} = 28.98$) であり，気球本体（球皮）および気球に吊るされる物体の体積は無視できるとして考察せよ. 　　　　　　　　　　(714 kg)

5. ある条件で酸素の拡散速度を測定したところ，その値は 1.41 dm^3 h^{-1} であった. 同一条件で分子量が未知の刺激臭のある無色の気体の拡散速度を測定したところ 1.00 dm^3 h^{-1} であった. この気体の分子量を求め，この気体の分子式を推定せよ.

　　　　　　　　　　(分子量 64，分子式 SO_2)

6. 1 mol の理想気体, ヘリウム, 二酸化炭素をそれぞれ内容積 1 dm^3 の容器に入れ 25 ℃ に保った. それぞれの気体の圧力を適切な状態方程式を用いて計算し，違いを説明せよ.

　　(理想気体 2.48 MPa, He 2.54 MPa, 二酸化炭素 2.22 MPa)

7. $x \ll 1$ のとき，$\dfrac{1}{1-x} \approx 1+x$ であるから, 式 (6.12) は $\dfrac{b}{V} \ll 1$ ではつぎのように近似できる.

$$\frac{PV}{RT} \approx 1 + \left(b - \frac{a}{RT} \right) \frac{1}{V}$$

よっていわゆるボイル温度 $T_B = \dfrac{a}{bR}$ においては実在気体がボイルの法則に従う. 水素とメタンのボイル温度を求めよ.

　　　　　　　　　　(水素 111 K，メタン 643 K)

8. 二酸化炭素 CO_2 のボンベには液体の二酸化炭素が入っている．バルブからのびたチューブがボンベの底に届いている形式のボンベを開くと，二酸化炭素が激しく吹き出すが，すぐに白い粉末 $CO_2(s)$ に変わる．なぜ $CO_2(s)$ が生成するのか．

9. 超臨界二酸化炭素によるコーヒ豆からのカフェイン抽出法は実用化されてから久しい．その後も超臨界流体の利用は多くの企業，大学などで研究されている．それらについて調べ，どれか1つについて，超臨界流体の利用から得られるメリット，問題点などについて述べよ．

7 分子の世界2：固体と液体

　気体では分子が接触するのは互いに衝突する瞬間だけであって，分子がもつ個性が気体の性質に及ぼす影響は限られたものであった．一方，固体と液体では複数の分子が常に互いに接触しているので，分子の個性が集合体としての固体や液体の性質に強く反映する．

7.1　分子がつくる固体の特徴

　理想気体では分子同士が無限に遠く離れていて分子は他の分子が存在しないかのように振る舞い，全体が完全に無秩序である．理想気体の対極にある状態は分子が規則正しく並んだ結晶である．原子ではなく分子がファン・デル・ワールス力などの弱い分子間力で結合してできた結晶は分子結晶と呼ばれる．分子間力がイオン結晶，金属結晶など他の結晶での原子を結合する力に比べて弱いので，分子結晶は融点が低くて柔らかく割れやすいという特徴をもつ．●表 7.1 にいくつか

表7.1　様々な結晶性物質の融点と沸点の比較

名称	結晶の種類	融点/℃	沸点/℃
水素	分子結晶	−259.3	−252.9
酸素	分子結晶	−218.4	−183.0
塩化水素	分子結晶	−114.2	−84.9
アンモニア	分子結晶	−77.7	−33.4
ショウノウ *	分子結晶	179.8	207.4
バニリン **	分子結晶	83-84	284
塩化ナトリウム	イオン結晶	801	1413
水酸化ナトリウム	イオン結晶	318.4	1390
金	金属結晶	1064.43	2807
銅	金属結晶	1083.4	2567

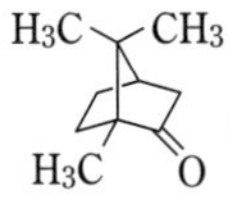

* クスノキから採られる防虫剤

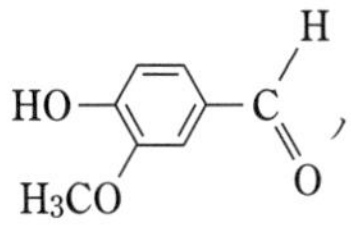

** バニラ豆から採られる香料

表7.2　種々の分子性化合物の融点と沸点.（ ）内は別称.

名称	分子式	融点/℃	沸点/℃
フッ素	F_2	−219.6	−188.1
塩素	Cl_2	−101.0	−34.0
臭素	Br_2	−7.2	58.8
ヨウ素	I_2	113.6	184.3
メタン	CH_4	−182.5	−164.5
エタン	C_2H_6	−183.6	−89
プロパン	C_3H_8	−187.7	−42.1
ブタン[*1]	C_4H_{10}	−138.3	−0.5
ペンタン[*2]	C_5H_{12}	−129.7	36.1
2,2-ジメチルプロパン（ネオペンタン）[*3]	C_5H_{12}	−16.55	9.5
ベンゼン[*4]	C_6H_6	5.5	80.1
ナフタレン[*5]	$C_{10}H_8$	80.5	218.0
アントラセン[*6]	$C_{14}H_{10}$	216.2	342
クロロエタン[*7]	C_2H_5Cl	−136.4	12.3
エタノール[*8]	C_2H_6O	−114.5	78.3
1,2-エタンジオール（エチレングリコール）[*9]	$C_2H_6O_2$	−12.6	197.9
エタン酸（酢酸）[*10]	$C_2H_4O_2$	16.7	117.8
ブタン二酸（コハク酸）[*11]	$C_4H_6O_4$	188	235[*12]

[*1] $CH_3CH_2CH_2CH_3$　[*2] $CH_3CH_2CH_2CH_2CH_3$　[*3] $(CH_3)_4C$　[*4]　[*5]　[*6]

[*7] CH_3CH_2Cl　[*8] CH_3CH_2OH　[*9] CH_2OHCH_2OH　[*10] $H_3C-\underset{O}{\overset{}{C}}-OH$

[*11]　[*12] 脱水反応を起こし，　となる.

の結晶性物質の融点と沸点を示す．イオン結晶，金属結晶と比べ分子結晶の融点の低さは明らかであるが，水素のように極めて低い温度のみで固体として存在するものもあれば，ショウノウのように融点がかなり高いものまで様々である．

どのような分子の融点が高いかを一言で言うことは難しいが，およそつぎのようにまとめることができる．1）大きい分子，2）対称性の高い構造をもつ分子，3）極性をもつ分子，4）水素結合をするOHやCOOHなどの原子団をもつ分子，は比較的融点が高い．●表7.2でこれらの特徴について検討しよう．

フッ素，塩素，臭素，ヨウ素はすべて17族の元素で無極性の2原子分子として存在する．周期表の下の元素ほど電子雲は大きくなり，融点・沸点が高くなる．メタンからペンタンまでは枝分かれのない炭化

有機分子の構造式

●表 7.1 のショウノウのように，有機分子には構造が複雑で立体的なものが多い．そのため炭素原子と水素原子を省略して幾何学的図形で表現する方法が広く用いられている．この表現法の約束はつぎの通りである．

1. 直線の両端および折れ線の角には炭素原子が存在する．
2. 炭素原子が 4 価になるように水素原子が付加している．
3. 二重結合は二重線で，三重結合は三重線で表す．

●表 7.1 と 7.2 の脚注でショウノウやベンゼン環がこの約束に従って表されている．

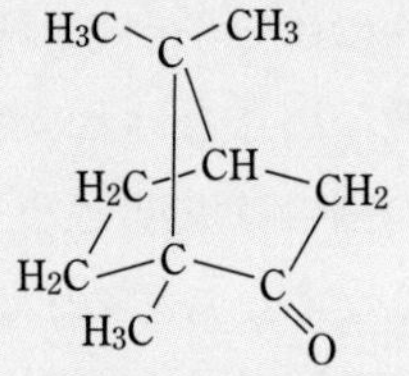

$$\begin{array}{c}
H_3C-C-CH_3 \\
H_2C-CH-CH_2 \\
H_2C-C-C \\
H_3C \quad O
\end{array}$$

水素，ベンゼンからアントラセンまではいわゆる芳香族炭化水素ですべて無極性分子である．分子が大きくなるに従って融点・沸点が高くなる傾向が明らかに見られる．しかし，メタンの融点がエタンよりわずかに高い．これは球対称になると融点が高くなることを示している．同じことがペンタンと 2,2-ジメチルペンタンについても言える．沸点にはこのような不規則性は見られない．

プロパンとクロロエタンの大きさはほぼ同じであるが，クロロエタンの融点・沸点がプロパンより高い．これは塩素原子の大きな電気陰性度によって炭素−塩素結合が $C^{\delta+}-Cl^{\delta-}$ と分極しているためである．

エタノールの融点がクロロエタンより高いのは $C^{\delta+}-O^{\delta-}$ という分極の効果に加えて水素結合が分子間に作用するためである．沸点は水素結合の影響を融点より強く受ける．エタノールと 1,2-エタンジオールの違いは水酸基 OH の数の違いを反映している．

水素結合は水酸基よりカルボキシル基 COOH の方が強い．エタン酸（酢酸），ブタン二酸（コハク酸）の融点をエタノール，1,2-エタンジオールとくらべてみよう．

●表 7.2 に示したわずかな例を見ても分子の世界が変化に富んでいることがわかるであろう．

7.2 液体

分子の平均運動エネルギーは温度が高くなると大きくなる．室温近くでの運動エネルギーはかなり大きく，多くの分子結晶を崩すには十

図 7.1　密閉した容器に
液体を入れたときの様子

分であるが，液体が沸騰するには不足である場合が多い．そのため多くの分子性化合物は室温近くで液体として存在する．●表 7.2 の臭素，ペンタン，エタノールなどがその例である．

　■図 7.1 は容器に液体を入れて密閉したときの状態を示している．液体上の空間は液体をつくる分子の蒸気で満たされ，気相と液相が平衡にある．これは相図の気相-液相境界線上の条件であり，もし他の気体が存在しなければフラスコ内の圧力はこの温度における液体の蒸気圧に等しい．

　平衡とは動的なもので，常に蒸発と凝縮を同じ速度で繰り返している．蒸発するには分子がもつ運動エネルギーが分子間引力に打ち克って表面から飛び出さなければならない．そのために必要なエネルギーをもつ分子の割合は温度とともに増加するので，液体の蒸気圧は温度とともに高くなる．■図 7.2 に示すように蒸気圧の対数 $\ln P$ は温度の逆数 $\dfrac{1}{T}$ に比例して減少する．このことが何を意味するかは 9 章で明らかになるであろう．

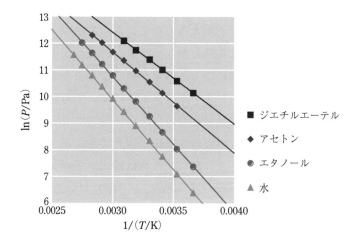

図 7.2　液体の蒸気圧の対数 $\ln P$ と温度の逆数 $1/T$ の関係

7.3　溶液と濃度単位

　液体の特徴の 1 つは様々な物質を溶かして均一混合物（溶液）をつくることである．溶液について 2 つの言葉を定義しておこう．溶液には一般的な意味で何かを溶かしているものと何かに溶けているものがあると考えられるが，溶かしているものを溶媒，溶けているものを溶質という．通常，溶媒は液体であるが，溶質になるものは気体のこともあれば液体や固体のこともある．アルコール水溶液のような液体混合物の場合には多量に存在する方が溶媒と見なされる．

溶液ではその組成を溶質の濃度という形で表現することが多い．酒類のアルコール濃度の単位として使われる体積%（液体の混合前の体積%．v%などと表される），比較的水によく溶ける塩類の濃度として使われる質量（あるいは重量）%（溶液 100 g に含まれている溶質の質量を g 単位で表したもの．wt%あるいは w/w%などと表される），水中の微量成分の単位として使われる ppm など様々な単位が日常生活で使われているが，化学では以下の3種類の濃度を用いることが多い．

容量モル濃度 c_i：溶液 1 dm^3 に溶けている溶質 i の物質量（単位はモル）である．単位の表現には $mol\ dm^{-3}$, mol/dm^3, あるいは M などがあるが，本書では $mol\ dm^{-3}$ を用いる．

質量モル濃度 m_i：溶媒 1 kg に溶けている溶質 i の物質量（単位はモル）である．単位の表現には $mol\ kg^{-1}$, mol/kg, あるいは m などがあるが，本書では $mol\ kg^{-1}$ を用いる．

モル分率 x_i：溶液成分 i の物質量をモルで表したとき，成分 i の物質量 n_i と溶液中の物質量の総和 $\sum_i n_i = N$ との比 $\frac{n_i}{N}$ を成分 i のモル分率という．本書ではモル分率に x を用いる．$x_i = \frac{n_i}{N}$

昔から最も広く使われている濃度単位は容量モル濃度（単にモル濃度ということも多い）であるが，それは一定の容積をもつフラスコ［メスフラスコ（■図 7.3）］を使って簡単に濃度がわかった溶液をつくることができるためである．たとえば正確に測り取ったシュウ酸二水和物 $(COOH)_2 \cdot 2H_2O$（式量 126.07）約 0.63 g を水に溶かして 0.1 dm^3（= 100 cm^3）のメスフラスコへ入れ，水を加えて標線までの体積をもつ溶液にすることによって，その温度において濃度が正確にわかった約 0.05 $mol\ dm^{-3}$ のシュウ酸溶液が得られる[1]．

容量モル濃度は便利であるが，液体は熱膨張するので温度が上がると濃度が下がり，温度が下がると濃度が上がるという欠点をもつ．また普通は問題にならないが，圧力が高くなると圧縮されるので濃度が上がる．日常生活では使われることはないが，質量モル濃度とモル分率は質量だけによって決められている単位なのでこのような欠点がなく，化学では頻繁に登場する．

近年，分析技術の進歩によって極めて低濃度の物質も分析できるようになってきた．それらの濃度を表すために用いられるのが ppm, ppb, ppt である．

ppm： parts per million（百万分率）のことで，$1\ ppm = \frac{1}{10^6}$ を意味する．これは溶液 1 ton（= 10^6 g）に溶けている溶質の質量を g 単位

標線

図 7.3 メスフラスコ．標線までの容積が数 cm^3 から 1 dm^3 を超えるものまで様々な大きさのメスフラスコが販売されている．

1) 実験で必要なことは正確に 0.05000 $mol\ dm^{-3}$ の溶液を調製することではなく，正確な濃度をもつ溶液を調製することである．よって 0.63 g 近くの $(COOH)_2 \cdot 2H_2O$ を正確に測り取ればよいのであって，$(126.07\ g\ mol^{-1}) \times (0.005\ mol) = 0.63035\ g$ を測り取ろうとして時間を無駄にすることはない．

国によって違う "billion"

　サイエンスの世界では ppm$= 10^{-6}$，ppb$= 10^{-9}$，ppt$= 10^{-12}$ で統一されているので混乱の心配はないが，日常世界ではラテン語を起源とする同じ大きな数値の名称が国によって異なる意味で用いられている．その代表が "billion" である．"Billion" はアメリカ英語では 10^9（10億）を意味するが，ドイツ語（Billion），フランス語（billion），スペイン語（billon）などヨーロッパのほとんどの国では "million million"$= 10^{12}$（1兆）を意味する．この混乱は，大きな数値の名称には6桁ごとに名前が変わる "long scale" と3桁ごとに変わる "short scale" があり，国によって採用するシステムが異なることによる．フランスは19世紀には short scale を用いていたが，現在は long scale が公式であると認められている．また，イギリスとアイルランドを除くヨーロッパ各国でも long scale が広く使われている．それに対しアメリカ合衆国では，19世紀にフランスから導入された short scale を一貫して使用し，今日に至っている．イギリスは長らく long scale であったが，恐らくアメリカ合衆国がその経済力を背景に10億ドルを "one billion dollars" と呼ぶことを強く主張した影響であろう，1974年から政府統計では short scale を用いると当時の首相が確認し，現在は short scale が主流である．

　参考までに，long scale と short scale における英語名とそれが意味する数値を下の表に示す．

英語の名称	long scale	short scale
million	10^6	10^6
milliard	10^9	
billion	10^{12}	10^9
billiard	10^{15}	
trillion	10^{18}	10^{12}
trilliard	10^{21}	

で表したものに相当する．温泉の成分表示で用いられる溶液 1 kg に溶けている溶質の量を mg 単位で表したものも ppm に等しい．

　ppb：parts per billion（十億分率）のことで $1\,\mathrm{ppb} = \dfrac{1}{10^9}$ である．

　ppt：parts per trillion（兆分率）のことで $1\,\mathrm{ppt} = \dfrac{1}{10^{12}}$ である．

　ppb あるいは ppt 単位で表される程度の溶質だけが溶けている場合，溶液の質量と溶媒の質量は等しいと考えて差し支えない．仮にターゲット物質の濃度が 100 ppt，試料が 1 g とすると試料に溶けている溶質の質量は $1 \times 10^{-10}\,\mathrm{g} = 0.1\,\mathrm{ng}$ であり，分析技術がどれほど高度なものかわかるであろう．

　なお同じ単位が大気中の微量成分にも使われるが，その場合は質量ではなく体積に基づいている．$1\,\mathrm{m}^3$ 中に $1\,\mathrm{cm}^3$ 混じっている気体の濃

度が 1 ppm である.

7.4 溶液の蒸気圧とラウールの法則

19 世紀フランスの化学者ラウールは,溶媒 A に不揮発性の溶質 B を少量溶かした溶液の蒸気圧 P は純粋な溶媒の蒸気圧 P_A° と溶媒のモル分率 x_A の積に等しいことを発見した.

$$P = P_A^\circ x_A \qquad (x_A \simeq 1) \qquad (7.1)$$

このラウールの法則は溶液では表面から蒸発する溶媒の数が減少するためとして理解できる(図 7.4).

また構造がよく似た揮発性分子 A と B の混合物では A–A,B–B の

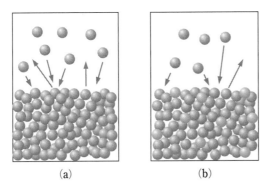

(a)　　　　　　　　(b)

図 7.4　純溶媒 (a) と溶液 (b) の違い.(a) では溶媒分子は表面のどこからでも蒸発し,またどこへでも凝縮できる.(b) では凝縮はどこでも起こるが,蒸発は不揮発性分子の存在によって妨害される.

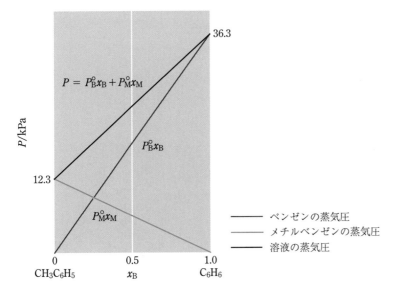

図 7.5　50 ℃におけるベンゼン–メチルベンゼン混合物が示す各成分の蒸気圧と溶液の蒸気圧.x_B: ベンゼンのモル分率,x_M: メチルベンゼンのモル分率.

相互作用と A–B の相互作用がほぼ同じであるため，ラウールの法則がすべての濃度でほぼ成り立つことも明らかになった (7.2).

$$P = P_A^\circ x_A + P_B^\circ x_B = P_A^\circ x_A + P_B^\circ (1 - x_A) \tag{7.2}$$

式 (7.1) あるいは (7.2) がすべての組成で厳密に成り立つ溶液は理想溶液と呼ばれている．たとえばベンゼン C_6H_6 とメチルベンゼン $CH_3C_6H_5$（トルエンとも呼ばれる）の混合物はほぼ理想溶液と考えてよく，その蒸気圧は■図 7.5 のようになる．

7.5 理想溶液の沸点と分別蒸留

理想溶液の蒸気圧はモル分率と直線的に関係している．しかし沸点は直線的には増加しない．その理由は■図 7.6 を見ると明らかである．■図 7.6 (a) は様々な温度におけるペンタン C_5H_{12}（沸点 36 ℃）とヘプタン C_7H_{16}（沸点 98 ℃）の混合物の蒸気圧を示したものである．この蒸気圧が 1.01×10^5 Pa になる温度が（標準）沸点であるから，ヘプタンのモル分率 x_H と沸点 T_b の関係は■図 7.6 (b) に示す通りである．

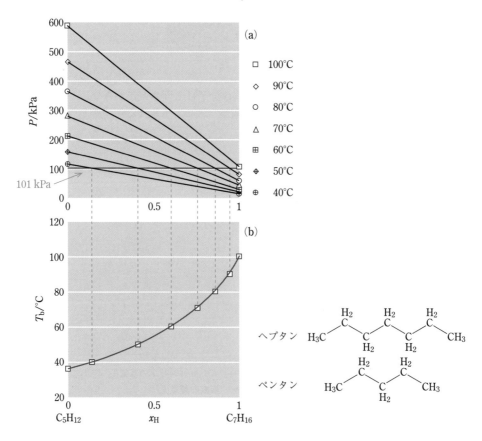

図 7.6 ペンタン–ヘプタン混合物の蒸気圧 (a) と沸点 (b). x_H: ヘプタンのモル分率.

このような混合物が沸騰する場合，溶液と平衡にある気相中での各成分のモル分率は溶液中のモル分率とは異なる．たとえば標準大気圧下において 90℃ で沸騰するペンタン–ヘプタン混合物中およびその混合物と平衡にある気相におけるヘプタンのモル分率を求めて見よう．

90℃ でのペンタンの蒸気圧 P_P°，ヘプタンの蒸気圧 P_H° はそれぞれ 468.6 kPa，78.5 kPa であるから，

$$(468.6\,\text{kPa}) \times (1 - x_H) + (78.5\,\text{kPa})x_H = 101.3\,\text{kPa}$$

であり，ヘプタンの液相でのモル分率 x_H は 0.9416 である．したがって，

$$P_P = (468.6\,\text{kPa}) \times (1 - 0.9416) = 27.4\,\text{kPa}$$

$$P_H = (78.5\,\text{kPa}) \times 0.9416 = 73.9\,\text{kPa}$$

である．これらの気体が理想気体であるとすれば，気相でのペンタンとヘプタンのモル分率はそれぞれ

$$x_P = \frac{27.4}{101.3} = 0.270$$

$$x_H = \frac{73.9}{101.3} = 0.730$$

である．

この例で明らかなように，理想溶液あるいは理想溶液に近い溶液では，蒸気圧が大きい成分の割合が気相でより高くなる．この性質を利用して液体混合物を分けることができる．混合物の沸点とモル分率の関係および，沸点で液相と平衡にある気相のモル分率の関係を表した図を沸点図という．■図 7.7 はペンタン–ヘプタン混合物の沸点図である．沸点と液相中のヘプタンのモル分率の関係を液相線，液相と平衡にある気相中のヘプタンのモル分率を表す曲線を気相線という．図には液相線と気相線に加えて，沸点 90℃ のペンタンとヘプタンの混合物 M_1 について蒸発と凝縮を繰り返したときに，ヘプタンのモル分率がどのように変化するかも示してある．1 回目の蒸発–凝縮で組成は M_2 に，2 回目で M_3 に，3 回目で M_4 になる．この繰り返しによって事実上純粋なペンタンを得ることができる．この蒸発–凝縮の繰り返しによる成分の分離を分別蒸留（分留）という．

分留は理想溶液に限らず蒸気圧が高く沸点が低い液体と蒸気圧が低く沸点が高い液体を分離するために有効な手段であり，実験室だけでなく工業的にも石油精製などで広く使われている．

7.6 非理想溶液と共沸混合物

理想溶液とは 2 つの成分の間の相互作用にまったく差がない溶液であるが，現実に存在する溶液では，同じ分子間の相互作用 A–A，B–B

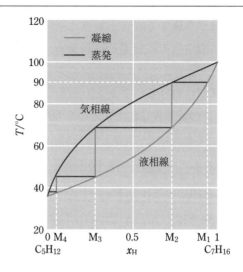

図 7.7 ペンタンとヘプタンの混合物の沸点図

が異なる分子間の相互作用 A–B と一致しない．後者が前者より強い
場合には，A と B が混合することによって蒸気圧は下がり，ラウール
の法則に従う場合に比べて混合物の沸点が高くなる．逆に相互作用 A
–B が A–A，B–B より弱い場合には，A と B が混合することによっ
て蒸気圧は上がり，混合物の沸点がラウールの法則に従う場合に比べ
て低くなる．このような傾向が強い場合には■図 7.8 (a)，(b) に見ら
れるように，それぞれ沸点に極大あるいは極小が現れる．

■図 7.8 (a) は 2-プロパノン（アセトン）$(CH_3)_2CO$−トリクロロメタン
（クロロホルム）$CHCl_3$ 混合物の沸点図である．電気陰性度（O = 3.44,
Cl = 3.16，C = 2.55，H = 2.20）の違いのために，2-プロパノンは
$^{\delta+}C=O^{\delta-}$ トリクロロメタンでは $^{\delta+}H–C–Cl^{\delta-}$ と分極している．その

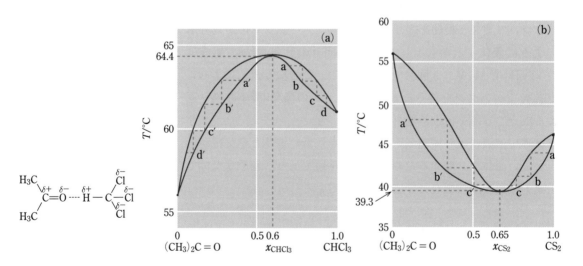

図 7.8 沸点に極大が見られる場合 (a) と極小が見られる場合 (b) の沸点図

結果，両者は水素結合によって会合し，図に示したように沸点に極大が現れる．一方，■図 7.8 (b) は 2-プロパノン–二硫化炭素 CS_2 混合物の沸点図で，この場合は沸点に極小がある．それは直線形の無極性分子である二硫化炭素 S=C=S が混入することによって，極性分子である 2-プロパノン–2-プロパノン相互作用を断ち切るためである．

　　2-プロパノン–トリクロロメタン系では $x_{CHCl_3} > 0.6$ の混合物 a を蒸留すると，a → b → c → d と次第に沸点が高いトリクロロメタンの割合が増加していく．$x_{CHCl_3} < 0.6$ の混合物ではそのような異常性は見られず，蒸留の結果 a′ → b′ → c′ → d′ と沸点が低い 2-プロパノンの割合が増えていく．$x_{CHCl_3} = 0.6$ の混合物は同じ組成の蒸気と平衡になるため，蒸留しても組成に変化がない．このような混合物は共沸混合物と呼ばれる．

　　2-プロパノン–二硫化炭素系ではどの割合の混合物を蒸留しても，蒸留されるものの組成は a → b → c あるいは a′ → b′ → c′ と次第に $x_{CS_2} = 0.65$ の共沸混合物に近づいていく．したがって，このような場合には蒸留によって沸点の低い成分を得ることはできない．エタノール–水混合物も沸点に極小が現れる系である．この場合には発酵によって得られたエタノール–水混合物を蒸留すると，エタノールのモル分率が 0.904（96 v %）になるまではエタノールの割合が増加するが，この混合物が純粋なエタノールの沸点 78.29 ℃ よりわずかに低い 78.2 ℃で沸騰する共沸混合物であるためこれ以上の濃縮は不可能である．最後に残った 4 v % の水を除くには，たとえば酸化カルシウム CaO と加熱して水を水酸化カルシウム $Ca(OH)_2$ として除去するなどの化学的方法が採られる．

$$CaO(s) + H_2O(l) \longrightarrow Ca(OH)_2(s) \tag{7.3}$$

7.7　揮発性の溶質：ヘンリーの法則

　　溶液の平衡蒸気圧に関しては，いままでに学んだラウールの法則とここで説明するヘンリーの法則がある．1803 年，いろいろな気体の水への溶解度を測定していたイギリスの化学者ヘンリーは「一定の温度では，一定量の溶媒に溶ける気体の質量は，その気体の分圧に比例する」ことを発見した．ヘンリーの法則として知られるこの法則は，溶媒と溶質が反応せず，溶質の溶解度が低く，また圧力があまり高くない場合に一般的に成立することが確認されている．溶媒 A の量が 1 kg であればそこに溶けている溶質 B の質量は溶質 B の質量モル濃度に比例するから，ヘンリーの法則は式 (7.4) で表すことができる．

$$m_B = KP_B \tag{7.4}$$

ここで m_B は溶質の質量モル濃度，P_B は溶液と平衡にある蒸気中の溶質 B の分圧，K は系の温度と溶媒とが決まれば，溶質に固有の比例定数である．

　希薄な溶液では，質量モル濃度 m_B はモル分率 x_B に比例するので[2]，今日ではヘンリーの法則はつぎの式 (7.5) で表現されることが多い．この式中の K_H はヘンリー定数と呼ばれる[3]．

$$P_B = K_H x_B \tag{7.5}$$

■図 7.9 はラウールの法則から負のずれを示す 2-プロパノン–トリクロロメタン混合物と，正のずれを示す 2-プロパノン–二硫化炭素混合物の平衡蒸気圧（全圧と各成分の分圧）の組成変化を示している．負のずれを示す 2 成分系混合物 [■図 7.9 (a)] では，理想溶液と比べて蒸気圧が低くなるため，■図 7.8 (a) に示したように混合物の沸点は高くなり極大が現れる．逆に正のずれを示す混合物 [■図 7.9 (b)] では沸点は低くなり極小が現れる．すでに述べたように，非理想溶液では同じ分子間（A–A, B–B）の相互作用が異なる分子間（A–B）の相互作用と一致しないために，蒸気圧もラウールの法則に従わなくなる．しかし，A を溶媒，B を溶質と見なせる領域では，溶質 B はラウールの法則に従わないものの，その蒸気圧 P_B は■図 7.9 に示すように，溶質のモル分率 x_B に比例している．すなわち，式 (7.5) が成立している．モル分率は無次元であるから，ヘンリー定数 K_H は圧力の次元をもつが，純粋な液体 B（すなわち $x_B = 1$）の蒸気圧 P_B° とは異なる．B が非常に低濃度の無限希釈の状態では，B 分子は A 分子に囲まれていて，B–B の相互作用は働いていない．このような希薄な状態では B–A の相互作用が B 分子の蒸発能力に関係する．B 分子の濃度が増せばそれに比例して蒸気圧も大きくなるが，実際には B–B の相互作用も働くようになって，■図 7.9 に示すように B の蒸気圧はその濃度に正比例しなくなる．しかし，もし仮に無限希釈の性質をもつ B 分子が増え続けて $x_B = 1$ になったとすると，その仮想的な状態での B の蒸気圧が K_H である[4]．数種の気体の K_H の値を●表 7.3 に示す．

　溶媒がラウールの法則に，溶質がヘンリーの法則に従う溶液を理想希薄溶液という．これは溶媒分子と無限希釈の性質をもつ溶質分子が理想混合している溶液である．7.8 および 7.9 節で述べる沸点上昇の式 (7.7) 凝固点降下の式 (7.8) および浸透圧の式 (7.10) は，溶質は蒸発せず，凝固した溶媒には溶け込まず，溶媒はラウールの法則に従う理想希薄溶液を前提として導かれている．

---

[2] 溶媒を A，溶質を B，溶媒の質量 (kg) とモル質量 (g mol^{-1}) をそれぞれ W_A, M_A とする．
　B の質量モル濃度は式 (a) で，モル分率は式 (b) で表されるが，

$$m_B = \frac{n_B}{W_A} \tag{a}$$

$$x_B = \frac{n_B}{n_A + n_B} \tag{b}$$

溶質の濃度が低い溶液では

$$n_A \gg n_B$$

であるから，B のモル分率は質量モル濃度に比例する．

$$x_B \approx \frac{n_B}{n_A} = \frac{n_B}{[1000 W_A / M_A]}$$
$$= \frac{n_B}{W_A} \times \frac{M_A}{1000}$$
$$= m_B \times \frac{M_A}{1000} \tag{c}$$

[3] 式 (7.4) での K と式 (7.5) での K_H の関係は，傍注 2) を参考にすると次式で表される．

$$K = (1000/M_A)/K_H$$

[4] このような無限希釈の性質をもつ B 分子だけの集合体は実際には存在せず，仮想的な状態であるが，溶質（電解質も含む）の化学ポテンシャルにおける標準状態であり，化学平衡などを考察する上で非常に重要である（182 ページの傍注 5) も参照のこと）．

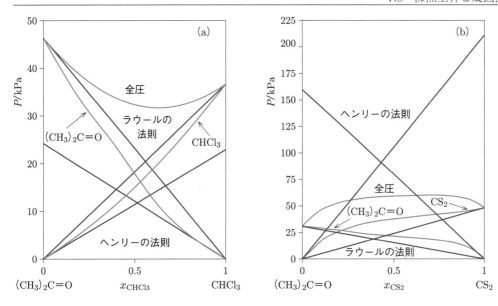

図 **7.9** 液体混合物の全圧とそれぞれの成分の蒸気圧曲線, およびラウールの法則とヘンリーの法則を示す直線. (a) 2-プロパノンとトリクロロメタン混合物 (35 ℃)*, (b) 2-プロパノンと二硫化炭素混合物 (0 ℃)**.

* P. W. Atkins and J. de Paula, Atkins' Physical Chemistry 9th Ed., Oxford University Press (2010).

** A. N. Campbell, E. M. Kartzmark, and S. C. Anand, *Can. J. Chem.*, **1971**, vol. 49, pp. 2183-2192, DOI: 10.1139/v71-357.

表 **7.3** 水中, 25 ℃ における気体のヘンリー定数* ($K_H/10^9$ Pa)

気体	Ar	H_2	N_2	O_2	CO_2	CH_4
K_H	4.0	7.1	8.6	4.6	0.16	4.0

* R. Sander, "Compilation of Henry's Law Constants for Inorganic and Organic Species of Potential Importance in Environmental Chemistry", (1999) http://www.henrys-law.org に記載されている $k_H^{\ominus}$ / mol dm^{-3} atm^{-1} 値を基に算出.

7.8 沸点上昇と凝固点降下

　ラウールの法則 [式 (7.1)] は, 溶媒に不揮発性の物質を少量溶かした溶液の蒸気圧は純粋な溶媒の蒸気圧より低く, 蒸気圧降下 ΔP は溶質のモル分率 x_B に比例することを示している.

$$\Delta P = P_A^{\circ} - P_A = P_A^{\circ}(1 - x_A) = P_A^{\circ} x_B \qquad (7.6)$$

このように, 溶質の種類に関係なく濃度だけによって変化する性質は束一的 (そくいつてき) 性質と呼ばれる[5].

　この蒸気圧降下は 2 つの重要な溶液の性質である沸点と凝固点に大きな影響を与える. ■図 7.10 を見よう. 沸点 T_b とは蒸気圧が 1.01×10^5 Pa に等しくなる温度であるから, 蒸気圧降下は沸点の上昇をもたらす. 純粋な溶媒と希薄溶液の蒸気圧曲線の違いは小さくて,

[5] "束一的" という言葉は, ラテン語の動詞 "colligō" を語源とする英語 "colligate" (束ねる) からつくられた形容詞 "colligative" を訳したものである. 気体の圧力もまた, 気体の量に比例するが気体の種類には依存しないので束一的性質である.

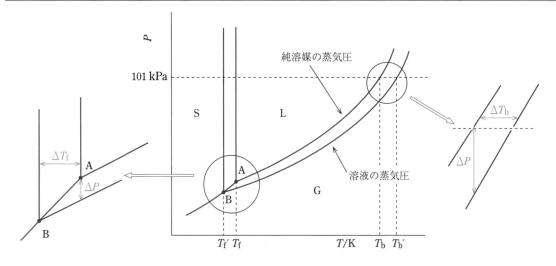

図 7.10　蒸気圧降下と沸点上昇および凝固点降下の関係

沸点の近くだけを見るなら 2 つの曲線は平行な 2 直線と見なすことができる．よって沸点上昇 $\Delta T_b (= T_b{}' - T_b)$ は蒸気圧降下 ΔP に比例する．一方，蒸気圧が低くなると三重点も下がり，その結果凝固点 T_f が降下する．標準大気圧以下という狭い圧力範囲を見れば，固相と液相の境界線はほぼ縦軸に平行であるため，凝固点降下と三重点の移動の大きさはほぼ等しく，どちらも蒸気圧降下 ΔP に比例する．よって沸点上昇，凝固点降下はともに溶質のモル分率に比例するが，溶質の種類には依存しない束一的性質である．溶質濃度が低い場合はモル分率と質量モル濃度が比例する [2] ので，歴史的に沸点上昇と凝固点降下の大きさはそれらと質量モル濃度 m_B との間の比例定数という形で示されている．式 (7.7), (7.8) における比例定数 K_b, K_f はそれぞれモル沸点上昇定数，モル凝固点降下定数と呼ばれる．K_b と K_f の値をそれぞれ●表 7.4, 7.5 に示す．

$$\Delta T_b = K_b \times m_B \tag{7.7}$$

$$\Delta T_f = K_f \times m_B \tag{7.8}$$

沸点上昇と凝固点降下は溶液中で溶質がどのような状態にあるかを

<table>
<tr><td colspan="3">**表 7.4**　沸点とモル沸点上昇定数</td></tr>
<tr><td>溶媒</td><td>$T_b/$°C</td><td>$K_b/$K kg mol^{-1}</td></tr>
<tr><td>水</td><td>100</td><td>0.513</td></tr>
<tr><td>エタノール</td><td>78.29</td><td>1.23</td></tr>
<tr><td>ベンゼン</td><td>80.09</td><td>2.64</td></tr>
<tr><td>ヘキサン</td><td>68.73</td><td>2.90</td></tr>
<tr><td>2-プロパノン</td><td>56.05</td><td>1.80</td></tr>
</table>

<table>
<tr><td colspan="3">**表 7.5**　凝固点とモル凝固点降下定数</td></tr>
<tr><td>溶媒</td><td>$T_f/$°C</td><td>$K_f/$K kg mol^{-1}</td></tr>
<tr><td>水</td><td>0</td><td>1.86</td></tr>
<tr><td>ベンゼン</td><td>5.49</td><td>5.07</td></tr>
<tr><td>エタン酸</td><td>16.64</td><td>3.63</td></tr>
<tr><td>ショウノウ</td><td>178.8</td><td>37.8</td></tr>
</table>

知る手がかりを与えてくれる. カルボン酸と呼ばれる –COOH 基をもつ分子は無極性の溶媒に溶けると一部が会合して二量体をつくる.

$$2Cl_3C-C \underset{}{\overset{O}{\underset{O-H}{\Big|}}} \rightleftarrows Cl_3C-C\overset{O \cdots H-O}{\underset{O-H \cdots O}{\Big|}}C-CCl_3 \qquad (7.9)$$

$(1-\alpha)$ $(1/2)\alpha$

たとえばトリクロロエタン酸 Cl_3CCOOH(分子量 163.4)1.632 g を 100 g のベンゼンに溶かした溶液の凝固点降下は 0.350 K となる[6]. よってこの溶液中の溶質の質量モル濃度は

$$m_B = \frac{0.350\,\text{K}}{5.07\,\text{K kg mol}^{-1}} = 0.0690\,\text{mol kg}^{-1}$$

である. よってこの溶質の見かけのモル質量 M_B は

$$M_B = \frac{16.32\,\text{g kg}^{-1}}{0.0690\,\text{mol kg}^{-1}} = 237\,\text{g mol}^{-1}$$

である. 二量体をつくっている分子の割合を α とすれば, 見かけのモル質量は

$$\frac{163.4}{1-\frac{1}{2}\alpha}$$

に等しく,

$$237 = \frac{163.4}{1-\frac{1}{2}\alpha} \qquad \alpha = 0.621$$

となり, 約 60 % が二量体となっていることがわかる.

7.9 浸透圧

　沸点上昇, 凝固点降下と同様に束一的な溶液の性質に浸透圧がある. セロファンは木材パルプを原料としてつくるセルロースの薄い透明な膜であるが, この膜には溶媒分子は通過するが溶質の分子やイオンは通過できない小さな孔が多数存在する. このような一定の大きさ以下の粒子のみを透過する機能を有する膜を半透膜という. ■図 7.11 にあるように, 溶媒と溶液との間に半透膜を置いて放置すると, 次第に溶媒分子が溶液に流れ込み 2 つの溶液の間に圧力差を生じる. この溶媒分子の流れを浸透, 発生する圧力差を浸透圧という.

　ファント・ホッフは 1885 年に浸透圧 Π が式 (7.10) に従う束一的性質であることを明らかにした. ここで V は溶液の体積, n は溶質の物質量 (mol), R は気体定数である.

$$\Pi = \frac{n}{V}RT \qquad (7.10)$$

6) 凝固点あるいは沸点の絶対値は 0.1 K または 0.01 K までの測定が一般的であるが, 凝固点降下や沸点上昇の大きさはベックマン温度計と呼ばれる温度計などを使って 0.001 K まで ±0.005 K の正確さで測定することができる.

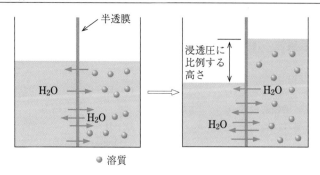

図 7.11　浸透圧の概念図．最初は右方向へ半透膜を透過する溶媒分子の数が左方向の分子より多いが，あるところで両方向に透過する溶媒分子の数が等しくなる．

　浸透圧は高分子の分子量を求めるために使われる．溶解した高分子の質量を $w(\mathrm{g})$，モル質量を $M(\mathrm{g\,mol^{-1}})$ とすれば，$n = \dfrac{w}{M}$ であるから，

$$M = \frac{wRT}{\Pi V} \tag{7.11}$$

である．

　たとえば $10\,\mathrm{g}$ のタンパク質を水に溶かして $1\,\mathrm{dm^3}$ の溶液とし，その浸透圧を測定したところ $2.06 \times 10^3\,\mathrm{Pa}$ であったとすれば，このタンパク質の分子量は $1.2 \times 10^4\,\mathrm{g\,mol^{-1}}$ である．

$$M = \frac{(10\,\mathrm{g}) \times (8.31\,\mathrm{J\,K^{-1}\,mol^{-1}}) \times (298\,\mathrm{K})}{(2.06 \times 10^3\,\mathrm{Pa}) \times (1 \times 10^{-3}\,\mathrm{m^3})} = 1.2 \times 10^4\,\mathrm{g\,mol^{-1}}$$

浸透圧の測定は $10\,\mathrm{Pa}$ 程度まで比較的容易に行うことができるので，分子量を有効数字 3 桁以上で求めることが可能である．それに対して，上述したタンパク質の分子量を凝固点降下で測定しようとしても，凝固点降下は $0.0016\,^\circ\mathrm{C}$ 程度に過ぎず，小さな温度変化を正確に（$\pm 0.005\,^\circ\mathrm{C}$）測定できるベックマン温度計（あるいは白金抵抗温度計）を使っても有効数字は 1 桁となる．

$$\Delta T_\mathrm{f} = (1.86\,\mathrm{K\,kg\,mol^{-1}}) \times (8.3 \times 10^{-4}\,\mathrm{mol\,kg^{-1}}) = 1.5 \times 10^{-3}\,\mathrm{K}$$

　半透膜はセロファンのような人工的なものばかりではない．生物の細胞膜も半透膜である．赤血球が血液中で一定の形を保っているのは血漿の浸透圧が赤血球の細胞内液の浸透圧と等しいからであり，もし何らかの理由で血漿の浸透圧が下がると，水分子が流れ込むことによって赤血球が膨張し，ついに破裂（溶血）してしまう．逆に血漿の浸透圧が高いと水分子が吸い出されて，赤血球がコンペイ糖のような形に変るクリネーションという現象が起こる．2 つの溶液の浸透圧が異なる場合，高い状態を高張（ハイパートニック），低い状態を低張

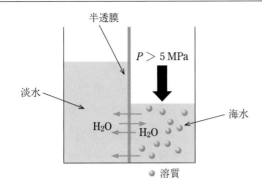

図 7.12 逆浸透膜による海水淡水化の概念図

（ハイポトニック）といい，2 液の浸透圧が等しい状態を等張（アイソトニック）という．1 dm^3 に 9 g の塩化ナトリウムを溶かした生理食塩水は血漿と等張でその浸透圧は 6.8×10^5 Pa であり，傷口の洗浄など医療で広く使われている．また注射液は血漿と等張になるように調製されたものが多い．

溶液に浸透圧以上の圧力を加えると，溶媒分子が溶液から溶媒へと流れる．逆浸透と呼ばれるこの現象は，蒸留して海水から塩分を除く方法にくらべてエネルギー消費が少なくて済むので，海水の淡水化を目的として大規模に行われている（■図 7.12）．また最近では家庭用浄水器の 70 % が逆浸透膜浄水器であるとの報告もある．海水淡水化の目的には 5 MPa 以上の圧力を加える必要があるのに対し，家庭用浄水器では不純物の濃度が低いので 1 MPa 程度で十分である．

浸透と密接な関係のある現象に透析がある．浸透では溶媒分子が移動するが，透析では溶媒と同時に一部の溶質が移動する．動物は腎臓で透析によって尿素など老廃物を除去している．腎機能が低下した患者に対して行われる人工透析では内径 200 μm 程度のチューブ状の繊維（中空糸）の中を血液が通過している間に，中空糸のまわりを流れる透析液との間で透析が行われる．血液から水，電解質，老廃物等が透析液の中に流出するが，赤血球やタンパク質は大きい粒子であるため出て行かない．

7.10 液体の微視的構造

これまでは液体の沸点や凝固点など，液体をつくる成分粒子（単原子分子あるいは多原子分子．以後成分粒子を分子と呼ぶ）が極めて多数集合した状態で示す性質（巨視的性質）を中心に見て来た．最後に微視的な観点から液体を眺めてみよう．第 6 章の相図（■図 6.2, 6.3）に示されているように，物質には固相・液相・気相など異なる状態が

あるが，それらのいずれをとるかは，分子の熱エネルギー（運動エネルギー）とポテンシャルエネルギー（分子間の引力による位置エネルギー）の相対的な大きさに依存している.

　固体では分子が有する熱エネルギーはポテンシャルエネルギーに比べて小さく，各分子は他の分子のポテンシャルエネルギーの影響の下にあり，全体として規則正しい分子配列を形成している. すなわち，どの分子から見ても分子間の位置の相関が長距離まで続いている. これを長距離秩序という. 一方，気体では分子間引力に基づくポテンシャルエネルギーは非常に小さく，熱エネルギーが支配的で，位置の相関のない無秩序な熱運動をしている. 液体は両者の中間であるから熱運動のエネルギーとポテンシャルエネルギーがともに重要である. 液体中の 1 つの分子に注目すると，周囲の分子との間には分子間引力が働き，短距離で位置の相関が見られる. これを短距離秩序あるいは局所的な構造という. しかし固体と異なり，全体として構造は方向に依存せず等方的であり，長距離秩序は見られない. 液体中の分子は一方ではランダムな熱運動を行っており，これは液体を特徴づける分子の流動性の要因になっている. またこれは，分子の熱エネルギーが周囲の分子との相互作用によって生じるポテンシャルエネルギーの束縛に打ち克つのに十分な大きさであることを意味している. このためにある瞬間に 1 つの分子のまわりに，"ある種の局所的な構造" が存在していても，時間が経過するとその構造に参加していた分子はバラバラになり，別の分子が置き換わってくる. こういう構造を持続している時間が液体構造の寿命（液体における緩和時間）であると考えられ，分子間引力が弱い液体アルゴンなどではおよそ 10^{-12} 秒程度である.

　それでは上で述べた "ある種の局所的な構造" について，球状分子から成る液体の微小な部分を拡大した模式図（■図 7.13）に基づいて

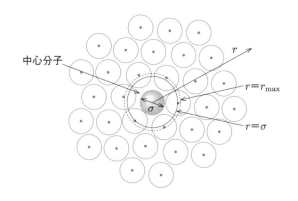

図 7.13　液体の微小部分の模式図（r は中心分子からの距離，σ は分子直径，r_{max} は隣接分子間の平均平衡距離を表す）

考察しよう．今，系中の任意の分子を中心としてその分子の周囲に他
の分子がどのように分布するか考える．中心分子から距離 r にある単
位体積中の分子数の平均値を $\rho(r)$ とする．理想気体で見られるように，
分子間相互作用がなく，微視的に見ても分布が均一ならば，系の分子
数を N，体積を V とすると $\rho(r)$ は r の値に無関係である．

$$\rho(r) = N/V = \rho_0 \quad (\rho_0: 巨視的数密度) \tag{7.12}$$

しかし液体や固体では分子間相互作用があるため $\rho(r)$ が r に依存し，
$\rho(r) \neq \rho_0$ である．そこで一般に

$$\rho(r) = \rho_0 \, g(r) \tag{7.13}$$

と書き，均一分布からのずれを表す分布関数 $g(r)$ を動径分布関数と呼
んでいる．■図 7.13 からわかるように，距離 r が分子直径 σ より短い
空間には他の分子の中心（重心）は存在できないので，そこでの $g(r)$
はゼロになるが，r が σ より長くなると，分子間相互作用のために他
の分子の中心が存在する確率が急速に増大してある距離で極大に達す
ると予測される．$g(r)$ が極大をとる距離 $r_{\max}$ は隣接分子間の平均平
衡距離と考えられ，また，この距離近辺あるいはもう少し長距離の範
囲で特徴的な "ある種の局所的な構造" が形成されると考えられる．以
下に実際に実験で求められた $g(r)$ を示そう．

■図 7.14 はアルミニウム（融点 660 ℃）の結晶（650 ℃）と液体
（670 ℃）について求められた動径分布関数を，配位数などを求めるの
に都合がよいように，$4\pi r^2 \rho_0 \, g(r)$ 対 r のプロットの形で示したもので
ある．固体と液体の動径分布関数は $r < 500\,\mathrm{pm}$ では大きな差異はな
くほぼ同じ位置で極大となり，液体中での短距離秩序の存在を示して
いる．いい換えれば，一見無秩序に思える液体でも分子レベルで見る
と短距離ではあるが，秩序ある構造を形成しているのである．しかし，
$r > 500\,\mathrm{pm}$ では固体の $g(r)$ は多数の鋭いピークを示している（長距
離秩序）のに対して，液体では $2r_{\max}$ 付近の第二ピークを除き，著し
いピークはなく，中心分子と遠方の分子との相関はないことを示して
いる．

■図 7.15 に示したように，$g(r)$ の第一極大と第一極小の位置（$r_{\max}$
と $r_{\min}$）の値を使って配位数（最近接分子数）z を求めることができる．

$$z = 2 \int_0^{r_{\max}} 4\pi r^2 \rho_0 \, g(r) \, \mathrm{d}r \tag{7.14}$$

$$z' = \int_0^{r_{\min}} 4\pi r^2 \rho_0 \, g(r) \, \mathrm{d}r \tag{7.15}$$

一般に $z < z'$ であるが，z の方がよく用いられる．この方法で多く

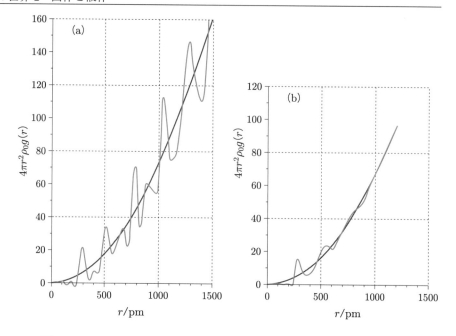

図 7.14　アルミニウムの動径分布関数．(a) 650 ℃, (b) 670 ℃ (H. Ruppersberg and H. J. Seeman, *Z. Naturforsch.*, **1965**, vol.20a, pp.104-109, DOI: 10.1515/zna-1965-0120).

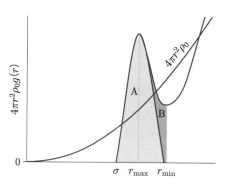

図 7.15　動径分布関数からの配位数の求め方：A の面積が z，A+B の面積が z' を表す．

の液体について z が求められたが，その結果通常の条件では $z \approx 8$ となり，これは固体における値 $z = 12$ に比べて常に小さい．

7.11　氷と水の構造

　この章の始めで分子結晶について簡単に述べたが，最も身近な分子といってよい水とその結晶である氷について詳しく述べることがなかった．この章の締めくくりとして水と氷の構造について解説しよう．

　94 ページで "水においては少なくとも 10 種類程度の固相（氷）が存在すると考えられている" と述べた．■図 7.16 は温度と圧力範囲を

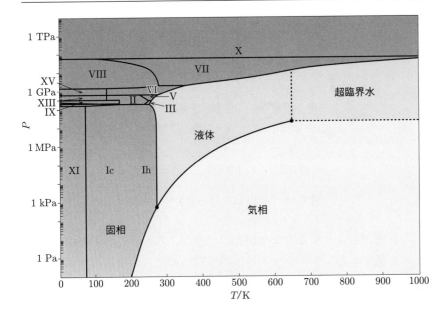

図 7.16 高温，高圧領域を含めた水の相図（London South Bank University の Martin Chaplin によるウェブサイト "Waster Structure and Science" https://water.lsbu.ac.uk/water の図を基に作製）

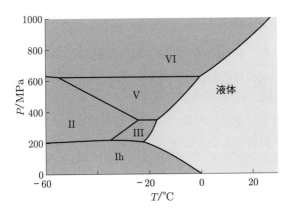

図 7.17 水 と 氷 の 相 図（London South Bank University の Martin Chaplin によるウェブサイト "Waster Structure and Science" https://water.lsbu.ac.uk/water の図を基に作製．このサイトの図では氷の相をクリックすると，その氷の構造などを見ることができる）

拡大した水の相図，■図 7.17 はその相図の氷と水の部分の拡大図である[7]．

　われわれが日常目にする氷は Ih（六方晶系の氷 I）と呼ばれる結晶で水分子が■図 7.18 のように並んでいる．この結晶では，■図 4.33（p. 75）に示した水素結合によって，中心分子と 4 つの隣接分子が正四面体的に結合している．すなわち，酸素原子間の角度（∠O–O–O）が 109.5° に近い．このため配位数が 4 の隙間の多い構造になっている．

[7] 図 7.16 の縦軸は対数表示になっていることに注意しよう．1 TPa は 10^{12} Pa，およそ 1000 万気圧，であるが，このような高圧を実現することに人類はまだ成功していない．これまでに到達することができた最高圧力は 300 GPa 程度であるからそれより高い圧力の相は推定である．

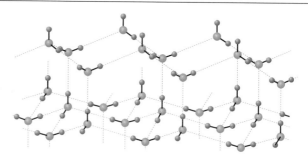

● 酸素原子　　● 水素原子　　----- 水素結合

図 7.18　氷 Ih における水分子の配列

氷の密度が水より小さくて氷が水に浮かび，氷の融点が圧力の増加によって低下する（ル・シャトリエの原理）のはこの構造のためである．しかし圧力を上げると，∠O–O–O が 109.5° からずれるなどして密度が高くなる．そのため氷 III, V, VI などでは，結晶全般で見られるように，圧力が高くなると融点が上昇する．その結果 1 GPa では手で触ることができない高温の氷が存在し得る．

　一方，液体の水の研究も古くからなされてきているが，実験による動径分布関数の決定ではナーテンらの研究[8] が最も重要である．彼らの研究によると，4〜200 ℃ の広い温度範囲で水の配位数は 4.4 と推定された．このことは，基本的に水においては，短距離では基本構造として氷 Ih と同じ四面体配位が存在するが，無秩序な分子も存在していることを示唆している．氷 Ih と水の配位数の差 0.4 を説明するために，いろいろな水の構造モデルが提案された．それらは

8) A. H. Narten, M. D. Danford, H. A. Levy, *Disc. Faraday Soc.*, **1967**, vol.43, pp.97-107, DOI:10.1039/DF9674300097.

Percy Bridgman（1882-1961）と超高圧科学

　図 6.4 や図 7.16 にあるように 10 GPa（〜10 万気圧）以上の高圧下の物質についての様々な研究が行われている．どのような装置を用いてそのような高圧を作り出し，その圧力を測定しているのであろうか．高圧科学が辿った歴史と現状を概観してみよう．

　温度と圧力は物質の状態を決めている 2 つの重要な変数である．高温は比較的容易に実現できたが，高圧を長時間にわたって維持することは困難であった．その高圧科学の扉は 1860 年代にアイルランドの科学者 T. アンドリュースが行なった二酸化炭素の臨界点（$T_c = 31.1$ ℃, $P_c = 7.38$ MPa）の研究によって開かれた．彼の研究はドイツの G. タンマンらに引き継がれ，圧力の上限は数千気圧に達した．しかし，初期高圧科学最大の功労者は P. ブリッジマンである．彼は 1900 年にハーバード大学に入学し，1904 年に *summa cum laude*[1] を得て卒業，大学院に進むと高圧実験を始めた．1905 年，彼は比較的低い圧力を用いる平凡な実験をしていたが，実験に必須のガラス器具が壊れてしまった．新しい器具はヨーロッパから取り寄せな

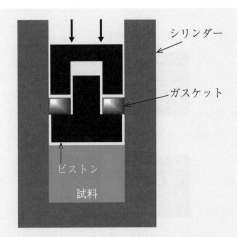

図1　自己締め付け型シール

ければならなかったので，その到着を待つ間にブリッジマンは高圧装置の改良を始めた．

　高圧力を発生させるには試料をシリンダーに入れて上からピストンを押し込む方法が一般的だったが，その場合，ピストンとシリンダーの隙間から試料が流れ出すことが研究者を悩ませていた．ブリッジマンは図1のように，柔らかい鉱物，カトリナイト[2]，で作ったガスケットに孔を開けてマッシュルームを逆さにした形のピストンを差し込み，そのピストンが試料によって押し上げられることで，常に試料より高い圧力がガスケットにかかる自己締め付け型シールを発明した．

　この単純なシールの発明がブリッジマンの将来を決定づけた．彼はそれまでの圧力の上限を遥かに上回る 0.7 GPa を達成することに成功し，それまでのテーマを放棄して本格的な高圧科学の研究を開始した．彼はまず，重量が正確に測定された錘を正確な面積がわかっているピストンに乗せて発生させた油圧と，水銀の電気抵抗の関係を明らかにして，簡便な圧力測定法を開発した．1909 年に学位を得たブリッジマンは，1910 年には 2 GPa の発生に成功し，数々の物質を圧縮していった．中でも 1911 年に行なった水についての測定では，相転移に伴う体積変化から，少なくとも高圧下では 5 つの異なる結晶構造の氷が存在することを報告し，"200°F（93°C）の氷の発見"として広く注目を集めた．それから 20 年，ブリッジマンは数百に及ぶ物質を 2 GPa まで圧縮し，その過程で多くの金属の相転移が起こる圧力を明らかにした．それらの圧力の多くは"圧力定点"として以後の研究における圧力測定の基礎となった．

　1930 年代後半にブリッジマンはもう一段の高みを目指した．彼は 2 個の硬い金属の間に試料を挟んで圧縮する"対向アンビル装置"（図2）を使い始め，遂に超硬合金，タングステン・カーバイド，をアンビル[3]として用いることによって 10 万気圧を達成したと報告した．

　ブリッジマンは孤高の研究者であった．彼は控え目で物静かな魅力的人物で，チェス，ハンドボール，庭仕事，写真，山登りを好んだが，彼を最も引きつけたのは高圧研究だった．彼は会議を嫌い学内政治に興味を示さず，週 6 日雨の日も晴れた日も自転車で実験室に通って

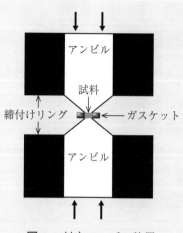

図2　対向アンビル装置

研究に励んだ．忍耐強く学生を教育することは苦手で，学部学生を対象とした彼の講義はお世辞にもわかりやすいとは言えなかった．大学院生に対する要求は厳しく，後にマンハッタン計画の責任者として原爆開発を主導したR. オッペンハイマーのように優秀な学生にも彼は満足しなかった．専属の機械工がいるにもかかわらず，彼は自ら機械油で手を汚して装置を作り，また修理した．彼は1946年にノーベル物理学賞を受賞したが，その理由は『超高圧発生装置の発明と，高圧物理学分野における発見』であった．

　1959年春，アメリカの国立標準局 National Bureau of Standards（NBS，現在のアメリカ国立標準技術研究所 National Institute of Standards and Technology）の科学者がブリッジマンの論文をまとめて論文集として出版することを計画した．ブリッジマンは198篇の論文を自ら選び，注釈をつけた．1961年夏，序文を書き，索引を完成してすべての原稿を出版社に送った後，79歳のブリッジマンは，銃身を切って短くした猟銃を口にくわえて引き金を引いた．彼は骨ページェット病に侵されていた．

　ブリッジマンの研究は数多くの研究者を触発した．高圧下のX線回折で，塩化ナトリウムNaClを始めとする多くの結晶における格子定数（原子間距離）の圧力依存性が研究された結果，連続的に圧力を測定できるようになった．

　しかし2つのアンビルで試料を挟む方法では，試料の容積は小さく，固体の圧縮で静水圧を実現するのは困難であった．そこで4つ，6つ，さらにはそれ以上の金属ブロックを同時に油圧で駆動して正四面体，正六面体など正多面体の試料を圧縮する方法が開発されたが，そのような装置は必然的に巨大化し，超高圧実験には何トンもの重量をもつ大掛かりな装置を必要とすることが常識となった．

　その常識をすっかり変えたのが，1950年代にNBSおよびシカゴ大学で開発された，タングステン・カーバイドの代わりに人類が知る最も硬い物質であるダイヤモンドを用いるダイヤモンド・アンビル・セル（DAC 図3）であった．

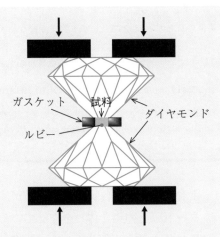

図 3　ダイヤモンド・アンビル・セル

　DAC の登場によって，圧力の上限は飛躍的に高まり，100 GPa（～100 万気圧）を超えた．DAC の利点は圧力の高さだけではなかった．不純物を含まないダイヤモンドは X 線から赤外線まで幅広い電磁波を透過するので，高圧下の物質の状態を光学的手段で直接観察できるだけでなく，レーザー加熱法などによって試料を加熱することができる．向かい合うアンビルの 2 つの底面に挟まれた金属ガスケットに開けられた孔に試料を入れなければならないので，試料の直径は高々数 100μm に過ぎない．しかし光学的測定技術の進歩によって，微小な試料についても様々な測定が可能であり，地球深部における岩石の研究や，常温超電導物質の探索，水素の金属化への挑戦などに広く用いられている．2017 年にはヘリウムとナトリウムから成る化合物 Na_2He が 113 GPa を超える圧力下で安定に存在することが示され，その結晶構造が明らかにされたが[4]，これは最も安定な電子配置 $1s^2$ をもつヘリウムも条件次第では電子をほかの原子と共有することを示した最初の例と考えられる．DAC を用いた実験の圧力は上昇を続け，今では地球の中心の推定圧力 364 GPa も実現されている．

　DAC の急速な普及を促したもう 1 つの要因は，ルビー蛍光法という圧力測定法の開発であった．

　ルビーに 532 nm のレーザーを照射すると，ルビーに赤色を与えている Cr^{3+} イオンが励起される．励起されたイオンが基底状態に戻るときに，R1 線と呼ばれる 694.3 nm の蛍光を発する．その極大波長は圧力の増加とともに長波長にシフトする．その圧力依存性が，先に述べた圧力定点および各種結晶による圧力測定を用いて明らかにされた．よって試料に加えられたルビーの小片が発する蛍光の極大波長を測定することによって，試料の圧力を推定できるのである．

　しかしルビー蛍光法も万能ではない．温度が高くなるにつれて蛍光は次第に幅が広がり，400 ℃ 以上では極大波長の測定が不可能である．そのため他の光学的測定法の探求が現在も続けられている．

1)　"英訳：with highest distinction". アメリカ合衆国の大学における，いわゆる "Latin Honors" の 1 つ．成績上位 1〜5% の学生に与えられる称号．

2)　北メリカ原住民がこの赤茶色の石 catlinite を加工して，儀式で使うパイプを作っていたので，パイプ石 pipestone とも呼ばれる．

3)　"アンビル anvil" の本来の意味は，叩いて加工しようと思う金属をのせる鋳鋼製の台，鉄床（かなとこ），のことである．

4)　X. Dong *et al*, *Nat. Chem.*, **2017**, vol. 9, pp.440-445, DOI:10.1038/nchem.2716.

本稿のブリッジマンに関する部分の執筆に当たっては，下記の書籍を参考にした．
"The New Alchemist : breaking through the barriers of high pressure" Robert M. Hazen, Times Books, New York, 1993.

1)　混合物モデル：各瞬間に水分子が隣接分子と水素結合してクラスター（分子の集合体）を作っている種と，水素結合をしていない単量体の種が平衡状態にあると仮定したもの．

2)　割り込み分子モデル：水素結合している分子種が枠組みを作り，その空洞に水素結合をしていない単量体水分子が入り込んでいると仮定したもの．

3)　ひずんだ水素結合モデル：水分子間の水素結合が切断されるのではなくひずむという考え方．

などである．しかし近年では，水分子がつくるポテンシャル場を考慮した計算機実験が盛んに行われた結果，水素結合している分子としていない分子との間にはっきりした区別があるという水の構造モデルは少し単純すぎるという問題提起がなされている．

9) 田中秀樹（岡山大学大学院自然科学研究科）提供，2014.

　　最後に，水の短距離秩序に関する計算機実験の結果[9]を示そう．■図 7.19 に，25 ℃, 0.1 MPa における密度の実測値に合わせて計算され，解析された酸素原子間動径分布関数 $g(r)$ を示している．比較のために氷

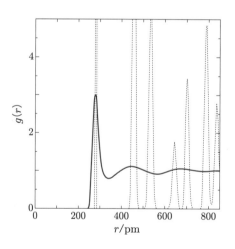

図 7.19　水（実線）と氷（点線）の動径分布関数

Ih の値も示してある．水では四面体の中心と頂点との距離に相当する 280 pm の第一ピークに続いて，水素結合で結ばれた第二近接分子との距離（四面体の 2 つの頂点間の距離）に相当する 450 pm にもピークが現れている．これは液体状態でも氷に似た構造がある程度保持されていることを示している．

問　題

1. 市販の濃塩酸は密度 $1.18\,\mathrm{g\,cm^{-3}}$ で，35 wt % の塩化水素 HCl を含む．塩化水素の容量モル濃度と質量モル濃度を求めよ．

   (容量モル濃度 $11\,\mathrm{mol\,dm^{-3}}$，質量モル濃度 $15\,\mathrm{mol\,kg^{-1}}$)

2. 市販の濃硝酸（密度 $1.42\,\mathrm{g\,cm^{-3}}$）は不純物として 0.00005 wt % の鉄を含む可能性がある．この濃度を ppm 単位で表せ．

   (0.5 ppm)

3. 90 ℃ におけるベンゼンとメチルベンゼンの蒸気圧はそれぞれ 136.0 kPa，53.9 kPa である．90 ℃，101 kPa で沸騰するベンゼンとメチルベンゼンの混合物中のベンゼンのモル分率を求めよ．

   (0.574)

4. ブドウ糖 $C_6H_{12}O_6$ は不揮発性の有機物で，その蒸気圧は無視できる．75 g のブドウ糖を 250 g の水に溶かした．25 ℃ における純水の蒸気圧は 3.17 kPa である．この溶液の 25 ℃ における蒸気圧を求めよ．

   (3.08 kPa)

5. ■図 7.9 (a) に 2-プロパノンとトリクロロメタンの 2 成分混合物の蒸気圧–組成曲線が描かれている．この図において，各成分の蒸気圧が低濃度領域を除いてヘンリーの法則による予測値よりも高いのはなぜか．その理由を記せ．

6. 25 ℃ において水と分圧 81.0 kPa の窒素ガスが平衡状態にある．●表 7.3 に与えられているヘンリー定数の値を用いて，水中における窒素の質量モル濃度 m_{N_2} を求めよ．

   ($m_{N_2} = 0.52\,\mathrm{mmol\,kg^{-1}}$)

7. ヘモグロビンは赤血球の中にある酸素を運搬するタンパク質である．35.0 g のヘモグロビンを水に溶かして $1\,\mathrm{dm^3}$ の溶液にした．この溶液の浸透圧は 25 ℃ で $1.3 \times 10^3\,\mathrm{Pa}$ であった．ヘモグロビンの分子量を求めよ．

   (6.7×10^4)

8. エタノール C_2H_5OH と酢酸エチル $CH_3COOC_2H_5$ からなる液

体混合物がその液体の蒸気と平衡状態にある．液相と気相にお
けるエタノールのモル分率 $x_{エタノール}$ と常圧（〜0.1 MPa）にお
ける沸点 $T_b/$ ℃ は以下の通りであった．

エタノールのモル分率と沸点 $T_b/$ ℃

液相における $x_{エタノール}$	気相における $x_{エタノール}$	沸点 $T_b/$ ℃
0	0	77.15
0.025	0.070	76.7
0.100	0.164	75.0
0.240	0.295	72.6
0.360	0.398	71.8
0.462	0.462	71.6
0.563	0.507	71.8
0.710	0.600	72.8
0.833	0.735	74.2
0.942	0.880	76.4
0.982	0.965	77.7
1.000	1.000	78.3

　この系の沸点図を描き，エタノールのモル分率 $x_{エタノール} = 0.80$
の混合物を蒸留することによって最初に得られる液体のおよそ
の組成を推定せよ．

8　エネルギーとエントロピー

　分子が集合して結晶をつくることは，分子と分子が接近してエネルギーが最小になるためであると考えることができる．しかし液体や気体が安定に存在するという事実は，エネルギーが最小ではない状態を自然が選択することもあるということを意味している．この章ではこの不思議の背景を探ってみよう．

8.1　エネルギーと熱力学第一法則

　これまで特に説明することなくエネルギーという言葉を使ってきたが，ここでもう少しその内容について考えよう．19 世紀後半から 20 世紀にかけて活躍したドイツ人化学者オストワルドは「エネルギーは仕事そのもの，あるいは仕事からつくりだされるもの，または仕事に変換できるもの」と定義している．ここでいう「仕事」とは「力×距離」で与えられる力学的仕事のことであり，「仕事からつくり出されるもの」とはたとえば電力，そして「仕事に変換できるもの」の例は熱である．エネルギーに関する科学は 19 世紀に発達したが，当時の人類が大規模に利用していたエネルギーは運動エネルギー，位置エネルギー，熱エネルギーだけであったので，エネルギーに関する科学は熱力学と呼ばれるようになった．

　ここで注意が必要なのは 力 × 距離 ＝ 圧力 × 体積 ということである．おもりを重力に逆らって持ち上げ位置エネルギーを高めるという操作を考えるとわかるように，仕事は "力（N）× 距離（m）" で与えられる．一方，圧力は "単位面積当たりにかかる力" すなわち "力（N）/面積（m^2）"，体積は "長さ×長さ×長さ（m^3）" であるから "圧力（$N\,m^{-2}$）× 体積（m^3）" は "力 × 距離（$N\,m$）" に等しく，気体を圧縮するにはエネルギーが必要であり，気体が膨張することによって仕事をすることができる．

　われわれは経験的に，「エネルギーはその形を変えることはあるが，

周囲に何も影響を残さずにエネルギーが消滅したり生まれ出ることはない」ことを知っている．これは熱力学第一法則あるいはエネルギー保存の法則と呼ばれている自然界の基本法則の1つである．これまで多くの人が何もないところからエネルギーをつくり出すエンジン（第一種永久機関）をつくろうと努力してきたが，それらの試みはことごとく失敗した．この失敗の歴史が熱力学第一法則の背景にある．言い方を変えれば，熱力学第一法則は理論的に証明された法則ではなく，経験的に正しいと認められている経験則である．

熱力学第一法則の確立

　8.1節で"熱力学第一法則は理論的に証明された法則ではなく，経験的に正しいと認められている経験則である"と述べた．しかし，この経験則が，多くの科学者によって科学の基本を構成する法則の1つとして認められたのは，19世紀を生きた3人の人物マイヤー[1]（Julius Robert Mayer, 1814-1878）とジュール（James P. Joule, 1818-1889），そしてヘルムホルツ（Hermann L. F. Helmholtz, 1821-1894）によるところが大きい．彼らの人生はまったく違う軌道を描いていたが，エネルギー概念の確立という一点で交わった．

　マイヤーは1814年にドイツ南西部の町ハイルブロンに生まれた．チュービンゲン大学で医学を学び1838年に医師となったが，科学史にその名を残す人物になるとは誰も思わなかった．短期間のパリ滞在の後，マイヤーはオランダの帆船に船医として乗り組むと，当時オランダの植民地であったジャワ島に向かった．ジャワ島東部の港スラバヤで，古くからヨーロッパの医師によって広く行われていた血液を抜き取る療法，瀉血（しゃけつ），のために水夫の静脈から採血したところ，その血がまるで動脈血のように赤いことにマイヤーは驚いた．現地在住の医者はマイヤーに「その現象は熱帯特有のものであって，それは体温を保持するために必要な酸素の消費量が寒地より少ないためである」と説明した．マイヤーは，これが単なる生理学的現象ではなく，"食物の酸化によって生み出された力，Kraft[2]，が仕事と熱の源泉であるなら，熱と仕事は相互に転換されうる"という，はるかに一般的な科学的法則の表れの1つではないかという考えに取り憑かれた．彼の思考は飛躍しすぎていて，その過程を追跡することは不可能であるが，とにかく彼は帰国するまで船室に籠ってこの考えについて思索を巡らせただけでなく，その後もこの法則の追求を続けた．

　1841年，ハイルブロンに戻って医師として開業したマイヤーは，自らの思想を論文としてまとめると学術誌"物理学・化学年報 Annalen der Phisik und Chemie"に投稿したが，編集者はその論文を掲載するに値しないと判断した．マイヤーは落胆したと思われるが，さらに論点を整理し拡張した論文『非生物的自然界の力に関する考察』を1842年に完成させると，最も著名な化学者の一人リービッヒ[3]が編集していた"化学・薬学年報 Annalen der Chemie und Pharmacie"に投稿して掲載された．後に有名になったこの論文の中でマイヤーは，気体を一定の圧力下で加熱する場合は，気体の膨張に伴って仕事をすることが必要であるために，

体積を一定に保って加熱する場合より大きな熱が必要であることに着目して，1 cal は 3.65 J に相当すると推定した．これこそが，初めての "熱の仕事当量" の計算であった．しかしながらこの重要な論文は科学界に認められず，マイヤーには長い苦難の道が待っていた．

一方，1818 年末に裕福な醸造業者の次男としてイングランド北西部の都市マンチェスターの近くに生まれたジュールは，家庭教師によって教育された[4]．

マイヤーは思索によって彼の思想を深めたが，ジュールは極めて優れた実験家であった．彼は家業の傍ら，趣味としての科学研究に真剣に取り組んだ．彼の出発点は，電動機（モーター）が将来，動力源として蒸気機関に代わるのではないかという推定に基づく実用的研究であった．しかし，ボルタ電池を電源として使用する限り，モーターの効率は蒸気機関のそれにはるかに及ばないことがすぐ明らかになった．ジュールはその研究を熱的，化学的，電気的効果の間の定量的な関係の追求に向け，さらに力学的効果をもその対象に加えた．

1845 年ジュールは，落下する錘（おもり）を使って水をかき混ぜることによる水温の上昇を測定した結果をケンブリッジで発表した．しかし，彼の発表の重要性はまったく理解されなかったし，ジュール自身も自分の実験の精度に満足していなかった．実験装置の改良を進めたジュールは，1847 年に（当時，灯火用燃料などとして広く使われていた）鯨油と蒸留水を羽根車でかき混ぜたときに摩擦によって発生する熱量をそれぞれ 9 回測定し，それらの平均値として 1 cal = 4.203 J という結果を得た[5]．この結果はオックスフォードの学会で発表されたが，聴衆の中にグラスゴー大学の教授に就任したばかりの W. トムソンがいなければ再び注目されずに終わっていたかも知れない．後にジュールは回想している．

> "私の発表と議論は招待されたものではなかったため，もし一人の若者が立ちあがって理にかなった意見を述べ，この新たな理論に対して積極的な関心を示さなかったら，この発表は論評もされずに見過ごされてしまっていただろう."[6]

しかしオックスフォードでの学会から 3 年もすると，ジュールはイギリスだけでなく，ヨーロッパ大陸でも広く知られる存在になっていた．

その頃マイヤーは絶望のどん底にいた．1842 年の論文でマイヤーは熱の仕事当量の値を示したが，その計算過程を明らかにしていなかった．彼は計算過程を明らかにした論文を 1845 年に完成させると，再び "物理学・化学年報" に投稿したが掲載を拒否された．そのため彼は論文を自費出版した．しかし，誰にも注目されなかった．このような挫折に加えて，愛児 3 人の相次ぐ死にも見舞われ，結婚生活にも行き詰まっていたマイヤーは 1850 年に自殺を試みた．命をとりとめたマイヤーは，自らの意思で療養施設に入ったが，3 年後には治療の効果が見られないとして退所させられた．その後，自力で健康を徐々に取り戻した彼は，科学とは無縁の穏やかな生活を送っていた．

マイヤーに，その業績に相応しい名誉をもたらすきっかけを作ったのは，当時イギリス科学界を代表していた人物の一人ティンダル[7]であった．1860 年代前半にマイヤーの論文を知ったティンダルは，マイヤーこそが熱と仕事の等価性について考察しただけでなく，熱の

仕事当量を最初に計算した人物であるという主張を展開した．当然のことながら，彼の主張
はジュールだけでなく多くの著名な科学者の反発・反論を引き起こした．ジュールは述べて
いる．

　　　"信頼できる結論には実験が不可欠なのだから，私は，この理論の正しさを初めて決定
　　　的に証明したと同僚の物理学者から広く認められている自分の立場の正当性を，堂々
　　　と主張する."[8]

　数年にわたる論争にマイヤー自身が積極的に加わることはなかったが，英国王立協会は
1870 年ジュールに，71 年にはマイヤーに，コプリー・メダル[9]を授与して 2 人の業績に報
いた．
　しかしマイヤーが熱力学第一法則を最初に主張した人物であるとしても，彼は学問的に孤
立した存在であって，この法則の確立に大きな役割を果たしたとは言い難い．その意味で重
要な人物がヘルムホルツである．彼は 1821 年にポツダムにおいて，ギムナジウムで哲学と
文学を教える教師の長男として生まれた．ギムナジウムを卒業すると彼は，8 年間軍医とし
て勤務するという条件でベルリンのフリードリッヒ・ヴィルヘルム医学校で無償の教育を受
け，卒業後軍医としてポツダム連隊に配属された．彼は極めて才能豊かな人物で，1849 年に
就任したケーニッヒスベルグ大学生理学教授を振り出しに，1855 年にはボン大学，1858 年
にはハイデルベルク大学で生理学を担当，1871 年にはベルリン大学物理学教授になった．ヘ
ルムホルツは 19 世紀のドイツ科学を代表する科学者の一人であったが，彼の名は 1847 年に
26 歳の若い医学博士として発表した『力の保存について』という論文によって最も広く記憶
されている．この論文をマイヤーと同様に "物理学・化学年報" に投稿したが編集者は掲載
を断り，独立した冊子としての出版を勧めた．この論文はマイヤーのものと類似していたが，
当時ヘルムホルツはマイヤーの論文を知らなかった．マイヤーはニュートン的な "力" と "エ
ネルギー" を区別できないことからの混乱から逃れられなかったが，ヘルムホルツは "Kraft"
という言葉のもつ両義性をはっきりと認識し，その語に，今われわれが使っている意味での
エネルギーという役割を与えれば，"力 force" という意味では使えないことを理解していた．
論文『力の保存について』は多くの若い物理学者によって支持され，熱と仕事は相互に変換
が可能であって，エネルギーは保存されるという "熱力学第一法則" の確立に大きな役割を
果たした．
　ヘルムホルツはエネルギー保存則を巡る先陣争いでは，繰り返しマイヤーとジュールの優
先権を認めたことからわかるように，その人柄は円満で多くの弟子に敬愛された．しかし興
味深いことに，講義には不熱心で "きちんと準備せずにやってきて，いつもつまりながらしゃ
べり，小さなメモ帳に書いてあるデータを探したり，絶えず黒板で計算したりで，彼自身わ
れわれと同じようにこの講義に退屈しているのだ，と思わざるを得ませんでした."[10]とプラ
ンクは記している．
　エネルギーの SI 単位が "Joule" と定められたことは，上記 3 人の中で最も重要な役割を果

たした人物はジュールであるという多くの科学者の共通認識であることの現れと言える.

1)　カタカナによる表記では，同じく "マイヤー" と表記される科学者に，"元素の周期律" を発見した Julius Lothar Meyer がいる．2 人を区別するために J. R. Meyer をロベルト・マイヤー，J. L. Meyer をローター・マイヤーと記すこともある.

2)　当時は未だ "力" と "エネルギー" の区別ができていなかったのでマイヤーは "Kraft 力" という語を用いている.

3)　Justus von Liebig（1803-1873）．19 世紀ドイツを代表する有機化学者の一人．ギーセン大学教授時代に，近代的な実験室をつくり，多くの学生を組織的に教育する方法を実践した．彼が教鞭をとったギーセン大学化学教室は，リービッヒ博物館として保存されている.

4)　彼の教育を行った人物の中には，近代的原子論の生みの親，J. ドルトン，気体の液体への溶解度が気体の圧力に比例すること（ヘンリーの法則）を発見した W. ヘンリーなどがいた.

5)　Google などの検索サイトで "james joule experiment" などと入力して図形検索すると，彼の実験装置の図を見ることができる.

6)　『物理学天才列伝 上』ウィリアム　H. クロッパー著，水谷 淳訳，講談社，2009，pp.127-128.

7)　John Tyndall（1820-1893）．コロイド溶液のように微粒子が浮遊している流体に光が入射したとき，光路が白く光って見えるティンダル現象の発見者.

8)　6) p.114.

9)　Copley Medal．英国の Royal Society の会員であった Sir Godfrey Copley の基金を元に設立された賞で，1731 年から現在まで科学業績に対して授与されている.

10)　『プランクの生涯』A. ヘルマン著，生井沢 寛，林 憲二訳，東京図書，1977，p.15.

本稿の執筆にあたっては下記の書籍を参考にした.
"The World of Physical Chemistry", K. J. Laidler, Oxford Univ. Press, 1993.
"Thermodynamic Weirdness", D. S. Lemons, MIT Press, 2020.
『古典物理学を創った人々　ガリレオからマクスウェルまで』E. セグレ著，久保亮五，矢崎裕二訳，みすず書房，1992.

8.2　内部エネルギー

　100 g の水が入ったプラスティックの袋が高いビルから落ちてきたとしよう．この系がもつエネルギーは 2 つに分けることができる．第 1 のエネルギーは水が全体として運動していることに伴う運動エネルギーと位置エネルギーである．系がこれとは別のエネルギーをもつことは，水の温度が変化すると水分子がもつ平均運動エネルギーが変化することからも明らかである．この第 2 のエネルギーを内部エネルギーと呼び，U で表す．内部エネルギーは系全体の運動エネルギーと位置エネルギー以外のすべてのエネルギーを含むものなので，絶対値を求める方法はない．しかし 20 ℃，101 kPa の水 100 g のように，系を構成する物質とその状態が決まれば内部エネルギーの値も決まることは明らかである．すなわち，内部エネルギーは系の状態が決まれば一定の値をとる状態量（あるいは状態関数）である．内部エネルギーが状態量ではなく，系の状態とそこへ至る過程の双方に依存するなら，■図 8.1 のようなプロセスでエネルギーを無限につくり出すことができ，熱力学第一法則に抵触する．よって内部エネルギーは状態量であるといえる.

　内部エネルギーの絶対値を知る方法はないが，その変化量は実験によって求めることができる．議論を簡単にするため系と外界の間での

エネルギーの授受は仕事と熱のみによって行われるとしよう. あるプロセスにおいて, 外界が系に対して熱として供給するエネルギーを q, 仕事の形で供給するエネルギーを w とすれば, ΔU は式 (8.1) で与えられる [1].

$$\Delta U = q + w \tag{8.1}$$

1) 微小変化に対しては, $dU = dq + dw$ と表される. また, 外圧を P_{surr}, 系の体積変化を dV とすると, $dw = -P_{\text{surr}}\,dV$ である. 符号は, 系にエネルギーが熱か仕事のかたちで入ったら, $w > 0, q > 0$ とし, 系からエネルギーが熱か仕事のかたちで失われたら $w < 0, q < 0$ とする. すなわち系の側から, エネルギーの増減を見る.

産業革命で大きな役割を果たした蒸気機関の理論的支柱として熱力学が発展したという歴史から, 長らく系 (蒸気機関) が外界に対して行う仕事 w を重視していた. そのために, 式 (8.1) を $\Delta U = q - w$ とすることが一般的であった. しかし現在は, 国際純正・応用化学連合 (IUPAC) の勧告に従って, 系に対してなされた仕事を w としている. すなわち, 系が外界に対して $10\,\text{kJ}$ の仕事をした場合は $w = -10\,\text{kJ}$, 外界が系に対して $10\,\text{kJ}$ の仕事をした場合は $w = +10\,\text{kJ}$ である. 同様に, $10\,\text{kJ}$ の熱が外界から系に移動するなら $q = +10\,\text{kJ}$, 系から外界へ移動するなら $q = -10\,\text{kJ}$ である. 具体的な例を挙げよう.

$1\,\text{atm} (= 1.013 \times 10^5\,\text{Pa})$ において $0\,°\text{C}$ のヘリウム $1\,\text{mol}$ を加熱して $100\,°\text{C}$ にする過程を考える. 一定圧力下でヘリウム $1\,\text{mol}$ の温度を $1\,°\text{C}$ 高めるのに必要な熱, 定圧モル熱容量, は温度に依存せず $20.79\,\text{J}\,\text{K}^{-1}\,\text{mol}^{-1}$ なので加熱に必要な熱 Q は $2079\,\text{J}$ である. またこの過程でヘリウムの体積は

$$\Delta V = V_2 - V_1 = \frac{nRT_2}{P} - \frac{nRT_1}{P} = 8.207 \times 10^{-3}\,\text{m}^3$$

増加する. この膨張は $1.013 \times 10^5\,\text{Pa}$ という一定圧力に逆らって行われるので, 系が外界に対して仕事

$$(1.013 \times 10^5\,\text{Pa}) \times (8.207 \times 10^{-3}\,\text{m}^3) = 831.4\,\text{J}$$

を行う. よって $w = -831.4\,\text{J}$ であり, この過程における内部エネルギーの増加は

$$\Delta U = q + w = 2079 - 831.4 = 1248\,\text{J}$$

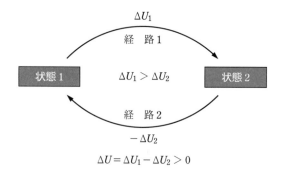

図 8.1 第 1 種永久機関の概念図

である．この例では系に流れ込んだ熱エネルギーの一部は系を外圧に抗して膨張させるための仕事に使われたので，$\Delta U < q$ である．逆に系が圧縮される場合には $w > 0$ で，$\Delta U > q$ になる．

8.3 エンタルピー

　内部エネルギー変化 ΔU は系がもつエネルギーの変化量を与えるが，われわれが目にする化学的変化の多くは標準大気圧で進行する．一定圧力での過程（定圧過程）では系と外界の圧力を P，体積変化を ΔV とすれば系が外界から受けとる仕事 w は

$$w = P(-\Delta V) = -P\,\Delta V = -\Delta(PV)$$

である．よってこの過程で系が外界から吸収する熱は

$$q = \Delta U - w = \Delta U + \Delta(PV) = \Delta(U + PV)$$

で与えられる．そこで新しい関数であるエンタルピー H が定義された [2]．

$$H = U + PV \tag{8.2}$$

　エンタルピーは「その変化量 ΔH が定圧過程に伴って系が外界から吸収する熱に等しい関数」という意味をもつが [式 (8.3)]，

$$q = \Delta H \tag{8.3}$$

それを構成する内部エネルギー，圧力，体積が状態量なのでエンタルピーも状態量である．言い換えれば「定圧化学反応に伴って系が吸収する熱 q は反応の始めと終わりの状態のみに依存し，途中の過程には依存しない」ということである．このことはエンタルピーという概念の誕生（1909 年）以前の 1840 年にヘスが指摘したこと（ヘスの法則）であった．

　定圧反応における系のエンタルピー変化と内部エネルギー変化の差 $P\,\Delta V$ は，液体あるいは固体の反応では ΔV が小さいので無視できるが，気体が関わる反応では

$$P\,\Delta V = \Delta(PV) = \Delta(nRT) = \Delta n(RT)$$

であり，気体の物質量の変化 Δn がゼロではない場合には無視できない．

　エンタルピー変化が正 $\Delta H > 0$ の反応は吸熱反応，エンタルピー変化が負 $\Delta H < 0$ の反応は発熱反応と呼ばれる．吸熱反応が急激に進行すると系の温度は低下し，発熱反応では系の温度が上昇する．典型的な吸熱反応は硝酸アンモニウムが水に溶ける過程で，これは袋の中味を混ぜると冷たくなる製品として利用されている．

2) エンタルピーはギリシャ語の "en (in) + thalpein (to warm)" からつくられた言葉である．

$$NH_4NO_3(s) \xrightarrow{H_2O(l)} NH_4{}^+(aq) + NO_3{}^-(aq) \quad \Delta H > 0$$

また典型的発熱反応の1つは鉄粉の酸化で，これは空気に触れると暖かくなるカイロとして利用されている．

$$2Fe(s) + \frac{3}{2}O_2(g) \longrightarrow Fe_2O_3(s) \quad \Delta H < 0$$

8.4　標準生成エンタルピー

エンタルピーは内部エネルギーを含んでいるのでその絶対値を知る方法はない．しかし，ある基準状態を定めてそこからのエンタルピー変化を求めることはできる．化学では100余りの元素からつくり出される無限といってよい多くの物質を扱う．そこで元素（単体）のエンタルピーをゼロとすれば，■図8.2のようにして多くの化学反応に伴うエンタルピー変化を求めることが可能である．

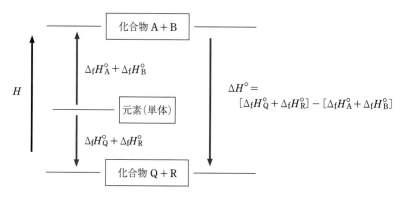

図8.2　標準生成エンタルピーを用いた反応エンタルピーの計算

この図で $\Delta_f H_A^\circ$ は化合物 A の**標準生成エンタルピー**あるいは**標準生成熱**と呼ばれるもので，**標準状態**（通常 $25\,^\circ\mathrm{C}$, $1.01 \times 10^5\,\mathrm{Pa}$）にある元素（単体）から標準状態にある化合物（同素体がある場合には基準になっていない単体のこともある）A $1\,\mathrm{mol}$ が生成するときのエンタルピー変化を表す．図を見るとわかるように

$$\Delta_f H_A^\circ + \Delta_f H_B^\circ + \Delta H^\circ = \Delta_f H_Q^\circ + \Delta_f H_R^\circ$$

であるから，A と B それぞれ $1\,\mathrm{mol}$ から出発して Q と R それぞれ $1\,\mathrm{mol}$ を生成する反応のエンタルピー変化は生成物の標準生成エンタルピーの和から出発物の標準生成エンタルピーの和を引くことによって得られる．

$$\Delta H^\circ = [\Delta_f H_Q^\circ + \Delta_f H_R^\circ] - [\Delta_f H_A^\circ + \Delta_f H_B^\circ] \tag{8.4}$$

ここで "標準状態" という言葉の意味を説明しておこう．生成エンタルピーのような熱力学量の基準となる状態を標準状態といい，標準

状態に関する値であることは "°" を右上につけて表す．標準状態圧力は 1981 年の国際的取り決めによって $10^5\,\mathrm{Pa}\,(= 1\,\mathrm{bar})$ とされたが，実際には $101325\,\mathrm{Pa}\,(= 1\,\mathrm{atm})$ がまだ広く使われている．標準状態温度は決められていないが，$\Delta_{\mathrm{f}}H°$ のように 25 ℃ での熱力学量が記載される例が多い．この 25 ℃，1 atm を標準外界温度および圧力（standard ambient temperature and pressure **SATP**）という[3]．

標準生成エンタルピーの値は『化学便覧 基礎編』や『理科年表』などの文献に記載されているが，それらのデータの一部分を●表 8.1 に示した．なお元素（単体）を基準にしているので水素，酸素など単体の標準生成エンタルピーはゼロであるが，同素体がある場合には原則として最も安定な同素体が基準となっている．

●表 8.1 の値と式 (8.5) を使って SATP におけるエンタルピー変化を

[3) 気体の性質を論ずる場合，0 ℃，$1.01 \times 10^5\,\mathrm{Pa}$ を標準状態と呼ぶこともある．]

表 8.1 25 ℃ における標準生成エンタルピーと標準エントロピー（$P = 1.01 \times 10^5\,\mathrm{Pa}$ における値）

物質名	分子式/組成式	状態	$\Delta_{\mathrm{f}}H° / \mathrm{kJ\,mol^{-1}}$	$S° / \mathrm{J\,K^{-1}\,mol^{-1}}$
水素	H_2	g	0	130.58
酸素	O_2	g	0	205.03
オゾン	O_3	g	142.7	238.82
窒素	N_2	g	0	191.5
塩素	Cl_2	g	0	222.96
グラファイト	C	s	0	5.74
ダイヤモンド	C	s	1.90	2.38
ナトリウム	Na	s	0	51.21
水	H_2O	g	−241.83	188.72
水	H_2O	l	−285.83	69.91
過酸化水素	H_2O_2	l	−187.78	109.6
一酸化炭素	CO	g	−110.53	197.57
二酸化炭素	CO_2	g	−393.51	213.63
一酸化窒素	NO	g	90.25	210.65
二酸化窒素	NO_2	g	33.18	239.95
四酸化二窒素	N_2O_4	g	9.16	304.18
アンモニア	NH_3	g	−45.94	192.67
塩化水素	HCl	g	−92.31	186.80
塩化ナトリウム	NaCl	s	−411.15	72.13
塩化アンモニウム	NH_4Cl	s	−314.43	94.6
エタン	C_2H_6	g	−83.8	229.1
エテン（エチレン）	C_2H_4	g	52.47	219.21
エチン（アセチレン）	C_2H_2	g	226.73	200.82
エタノール	C_2H_5OH	l	−277.0	160.1
エタナール（アセトアルデヒド）	CH_3CHO	g	−166.1	264.2
エタン酸（酢酸）	CH_3COOH	l	−485.6	157.2
ベンゼン	C_6H_6	l	82.6	269.09

多くの反応について求めることができる.

$$\Delta H^\circ = \sum_j n_j \Delta_f H_j^\circ - \sum_i n_i \Delta_f H_i^\circ \quad (\text{i：反応物，j：生成物}) \quad (8.5)$$

たとえばアンモニアと塩化水素から塩化アンモニウムを生成する反応 (8.6) の標準エンタルピー変化はそれぞれの標準生成エンタルピーを用いてつぎのように計算される.

$$NH_3(g) + HCl(g) \longrightarrow NH_4Cl(s) \quad (8.6)$$

$$\Delta H^\circ = (1\,mol) \times (-314.43\,kJ\,mol^{-1})$$
$$- [(1\,mol) \times (-45.94\,kJ\,mol^{-1}) + (1\,mol) \times (-92.31\,kJ\,mol^{-1})]$$
$$= -176.18\,kJ$$

$\Delta H^\circ < 0$ であるからこの反応は発熱反応である.

空気清浄機の中にはオゾン発生装置を組み込んだものがあるが，酸素からオゾンを生成する反応 (8.7) は吸熱反応であり，そのために必要なエネルギーは放電によって供給されている.

$$3O_2(g) \longrightarrow 2O_3(g) \quad (8.7)$$

$$\Delta H^\circ = (2\,mol) \times (142.7\,kJ\,mol^{-1}) = 285.4\,kJ$$

知られずに逝った天才サディ・カルノー

熱力学という科学の確立には幾人かの天才的人物が関わっている．その一人がサディ・カルノー（N. L. Sadi Carnot, 1796-1832）であった．彼はどのような人物で，熱力学の確立に果たした役割とはどのようなものだろうか？

カルノーは18〜19世紀のフランスで重要な役割を果たしたカルノー家の一員で，父ラザール・カルノー（Lazare N. M. Carnot）はフランス革命からナポレオン時代という激動の時代に生きた著名な軍人かつ政治家であると同時に，数学者・科学者そして技術者でもあった．科学者としての彼は，機械の各部位の構造を改良するのではなく，"動力機械を動かすための最適条件を一般的な形で明らかにする"ことを目指した．その結果得た結論は，"動力機械はできる限り速度の急変を避けなければならない"ということであった．たとえば当時広く用いられていた水車の場合で言えば"水は回転する水車と同じ速度で水車に入り込み，水車と同じ速度で外へ出なければならない."というのである．（もし水車の回転より早い速度で水が入れば，水は水車に衝突してエネルギーの一部が無駄になるし，水車より速い速度で水車を離れれば，その水のもっているエネルギーの一部が使われずに終わったことになる.）明らかに父ラザールのこの研究はサディに大きな影響を与えた．

サディ・カルノーは1814年にエコール・ポリテクニク（高等理工科学校）を卒業すると陸

軍に入り，1828 年に大尉で退役した．この陸軍時代に彼の興味は，産業革命の原動力であった蒸気機関に向けられた．彼はその構造の改良を目指すのではなく，熱機関が最高性能を発揮するための一般原理を導き出そうとした．ここに父ラザールの影響があると見るのは当然のことである．

当時，多くの科学者・技術者は，ラボアジェが 1789 年に出版した教科書の元素表に熱を熱素（Calorique）として記したように，"熱は物質であって，消滅しない" と考えていた．サディ・カルノーもこの熱素説を信じていたので「熱機関では高温の熱源から低温の熱源へ熱素が落ちるときに動力を生み出すが，そのときに熱素は消失しない」という仮説に従って考察を進めた．

彼は，熱を用いて機械的エネルギー（仕事）を産み出すには，（水力機関では高低差が必要であるように）高温熱源だけでは不十分で，使えなかった熱を捨てる低温熱源も必要であることを認識した．熱は高温熱源からエンジンに向かって落下し，エンジンを回転させたのち，低温熱源に向かって落下するというのである．そして彼は，熱エネルギーを無駄にすることがない熱機関，カルノーエンジン（カルノーサイクル），の思考実験（図1）を行った[1]．カルノーは知らなかったが，熱の本体は消滅することがない "熱素" ではなく，仕事に変換可能なエネルギーの形の 1 つであるという，現在の熱力学に従って解説する[2]．

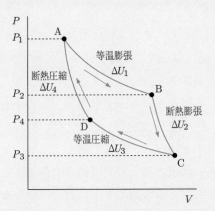

図1 カルノーエンジンの $P-V$ 線図

1) 温度 T_h，圧力 P_1（状態 A）の作業物質（系）を同じ温度の高温熱源と接触させて，準静的に等温膨張させる．この膨張の過程で系は熱 q_h を吸収し，仕事 $-w_1$ を外界に対して行う．その結果系の圧力は P_2 に低下して状態 B となる．

$$\Delta U_1 = q_h + w_1 \quad (q_h > 0, w_1 < 0)$$

仕事は圧力と体積の積であるので，$-w_1$ は温度 $T = T_h$ 曲線上の点 A, B に挟まれた線分の下の面積に等しい．

2) 系を断熱して準静的に状態 C に達するまで膨張させる．この膨張で系は外界に対して仕事 $-w_2$ をするので，その温度は低温熱源と同じ T_c に，圧力は P_3 になる．仕事 $-w_2$ は

線分 BC の下の面積に等しい.

$$\Delta U_2 = w_2 \quad (w_2 < 0)$$

3) 系を低温熱源に接触させて準静的に等温圧縮する. この圧縮の過程で, 系は仕事 w_3 を得て, 熱 $-q_c$ を失い, 圧力は P_4 に上昇する. 仕事 w_3 の大きさは線分 CD の下の面積に等しい.

$$\Delta U_3 = q_c + w_3 \quad (q_c < 0, w_3 > 0)$$

4) 系を断熱して準静的に圧力 P_1 に達するまで圧縮する. この圧縮で系は外界から仕事 w_4 をされるので, その温度は上がり, T_h に戻る. 仕事 w_4 の大きさは線分 DA の下の面積に等しい.

$$\Delta U_4 = w_4 \quad (w_4 > 0)$$

このサイクルで系は初めの状態 A に戻るのでその内部エネルギー U は変化しない.

$$\Delta U = \Delta U_1 + \Delta U_2 + \Delta U_3 + \Delta U_4 = q_h + q_c + w_1 + w_2 + w_3 + w_4 = 0$$

したがって, このサイクルは繰り返しが可能である. 言い換えれば, このサイクルは熱 $q_h + q_c > 0$ ($q_c < 0$) を仕事 $-w = -(w_1 + w_2 + w_3 + w_4) > 0$ に変換する熱機関と考えることができる.

さらに重要なことは, 1) ～ 4) すべての過程は準静的であるから, 気体の温度と圧力は外界と平衡を保ちつつ進んでいる. よって "カルノーサイクル" と呼ばれるこの循環過程を, 温度や圧力など平衡に関係する条件を無限に小さく変化させることによって, 逆回転させることが可能である. その場合, 系はエネルギーを仕事 $w = w_1 + w_2 + w_3 + w_4 > 0$ として外界から得ることと引き換えに, 熱 q_c を低温熱源, たとえば戸外, から吸収して, 熱 $-q_h$ を高温熱源, たとえば室内, に放出する熱ポンプとして働く.

さて, ここに同じ高温熱源と低温熱源との間で同量の熱 $|q_h|$ と $|q_c|$ をやりとりして, 外界にエネルギーを仕事 $-w$ として与える機関 1 と, たとえば異なる作業物質を用いて, より大きなエネルギー $-w'$ を発生する機関 2 があるとする. 機関 2 を運転して得たエネルギー $-w'$ を使って, 機関 1 を逆回転させると, この機関は熱を消費しないでエネルギー $(-w' + w)$ を生み出すことになる ($-w' > 0, w < 0$).

カルノーはエネルギーを無から産み出すことはできないと信じていたので, このような可能性はないと断定し, つぎのように結論した.

"熱から得られる最大の動力は, 熱素が移動する 2 つの熱源の温度差によってのみ決まる."

カルノーは熱素説を信じていたので, 熱 $|q_h|$ と $|q_c|$ が等しいと考えていたが, 上の結論に達するにはこの仮定を必要としない.

　カルノーは理想的熱機関の仕事効率（熱の仕事への変換効率）を表す関数を求めようとしたが，彼が生きた時代は未だ熱力学温度の概念が確立される前であり，その目的達成は叶わなかった．

　カルノーは1824年に研究成果をまとめた118ページの本『熱の動力およびその動力を生み出すために適した機関に関する考察』を私費で600部だけ印刷・出版したが，反響は乏しく，しばらくするとほとんど忘れられてしまった．生来病弱だったカルノーは，1831年に猩紅熱に感染し，帰郷して療養に努めたが，翌1832年にコレラに冒されわずか36歳で死去した．研究ノートなどを含む私物はコレラへの感染防止のため焼却処分され，彼に関して残されている資料は極めて限られている．

1) カルノー自身はこのような図を用いていない．カルノーサイクルの解説にこの図を最初に用いたのは，カルノーの学友クラペイロン（Benoît P. É. Clapeyron, 1799-1864）である．彼は1834年に，カルノー論文を $P-V$ 線図を用いて書き直し，高等理工科学校紀要に発表した．ジュールは，パリ滞在中にカルノー論文を捜し求めたが，どの書店でも見つけることができず，著者の名前を知っている人すらいなかった．ジュールがカルノーを知ったのはクラペイロンの論文によってであった．
2) 8.2節で述べたように，この教科書では系が仕事 w を外界からなされるとき $w>0$，系が外界に対して仕事をするとき $w<0$ としている．

本稿の執筆にあたっては下記の書籍を参考にした．
"The World of Physical Chemistry", K. J. Laidler, Oxford Univ. Press, 1993.
"Thermodynamic Weirdness", D. S. Lemons, MIT Press, 2020.
『古典物理学を創った人々　ガリレオからマクスウェルまで』エミリオセグレ著，久保亮五，矢崎裕二訳，みすず書房，1992.
『物理学天才列伝　上』ウィリアム　H. クロッパー著，水谷 淳訳，講談社，2009.

"絶対温度" を追求したケルビン

　1847年，オックスフォードでのジュールの発表直後に立ち上がってその重要性を指摘したトムソン（William Thomson, 1824-1907）は多彩な才能の持ち主であった．彼の活動は熱力学，電磁気学から，地球と太陽の年齢の推定といった幅広い学問分野に亘っただけでなく，大西洋横断海底電信ケーブルの敷設への積極的関与にまで及んだ．彼は1892年には Baron Kelvin of Largs に叙せられ，それ以降は Lord Kelvin（ケルビン卿）と呼ばれた[1]．彼は1907年に死去したが，その棺はウェストミンスター寺院でニュートンの隣に安置されたことからも，彼がいかに同時代人の尊敬を集めていたかを窺い知ることができる．

　現在，熱力学温度 T の単位として "ケルビン K" が用いられているのは，1854年に彼が "絶対温度" の決定法を提案したことによる．

　トムソンに先立つことおよそ20年，フランスの若いエンジニア，サディ・カルノー（N. L. Sadi Carnot, 1796-1832）は，蒸気機関のように熱を仕事に変換する熱機関について，理論的に可能な最高性能に関する一般原理を導こうと考えた．その結果彼は，熱から得られる最大の動力は，熱素が移動する2つの熱源の温度によってのみ決まることを見出した．

　17 歳からケンブリッジで学び始めたトムソンは，1845 年に数学科を優秀な成績で卒業すると，さらに新しい知識を学ぼうとパリへ渡った．そこで水蒸気の性質について精密な測定をしていたルニョー（H. V. Regnault, 1810-1878）の研究室で実験助手として働いたが，そのときカルノーの学友クラペイロン（B. P. Émile Clapeyron, 1799-1964）の論文を読んで，カルノー理論の重要性を知った．

　1846 年にわずか 22 歳でグラスゴー大学教授となったトムソンは，絶対温度の定義が科学における基本的な問題であることを十分に認識していた．

　すでにゲイ-リュサック（Joseph-Louis Gay-Lussac, 1778-1850）による測定は，気体の体積 V がセルシウス温度 t とともに増大することを明らかにしていた．

$$V = \text{constant}(a + t) \tag{1}$$

気体の体積が負になることはあり得ないので式 (1) は，温度には下限があり，それは気体の体積が消滅する温度，すなわち $a+t$ が 0 になる温度と考えられることを示唆している．言い換えれば，$a+t$ を絶対温度と考えてよいと思われた．しかし，この考え方には大きな弱点があった．まず，水銀温度計が示す値は水銀の体積が温度に比例して変化するという仮定に基づいているが，その仮定が広い温度範囲にわたって正しいという保証はなかった．さらに本質的な問題は，セルシウス温度に加えるべき値 a が，気体の種類に依存していたのである．

　トムソンは，特定の物質に依存しない絶対的な T の定義に，カルノーサイクルを利用できるのではないかと考えた．1848 年の論文で彼はつぎのように述べている．

　　"1 単位の熱が温度 $T°$ の物体 A から温度 $(T-1)°$ の物体 B へと落ちるとき，T の値に関わらず同一の力学的効果を生み出すなら，この温度 T はいかなる特定の物質の物理的性質にも依存しないものであるから，絶対温度と言えるだろう．"

　しかしこの提案は誤りを含んでいた．なぜなら，カルノーはすでに，彼のエンジンの効率は温度が高くなると低下することを見出していたのである．

　1849 年トムソンは，ルニョーによる水蒸気に関する精密な測定データから，重大な結論を得た．

　　温度 $T°$ の熱源から $(T-1)°$ の熱源に熱が "落ちる[2)]" 際になされる仕事は温度 T が高くなると減少する．

　この論文でトムソンは，温度 $T = 0$ が $-300\,°C$ より低いだろうと推定したが，正確に見積もることはできなかった．

　熱の本質は熱素という物質ではなく，エネルギーの 1 つの形であるという熱力学第一法則を認識したトムソンは，1854 年にカルノーエンジンにおいて，高温熱源から得る熱を q_h，低温熱源に捨てる熱を $-q_c$ とすれば，得られる仕事 $w(= q_h + q_c)$ は，両熱源の温度 T_h と T_c のみの関数であると結論した．

したがって，$\dfrac{T_h}{T_c} = -\dfrac{q_h}{q_c}$ となるように温度 T を定義しておけば，カルノーエンジンの効率 e は

$$e = \frac{w}{q_h} = \frac{q_h + q_c}{q_h} = \frac{T_h - T_c}{T_h} = 1 - \frac{T_c}{T_h} \tag{2}$$

となり，効率 e が 1 を超えないためには絶対零度が存在しなければならないということになる[3].

　式 (2) は温度の比 $\dfrac{T_c}{T_h}$ をカルノーエンジンの効率と結びつけるだけで，絶対値を与えない．絶対値を得るためのトムソンの選択は，慣例を重視したものであった．彼は水の凝固点と沸点の差を 100 と定めた．さらにトムソンは述べている．

　　　"ジュール氏と私自身によって過去 2 年間に行われた実験によって得られた最善の結
　　　果によれば，水の凝固点は絶対温度 273.7，沸点は 373.7 である."

　言い換えればケルビンは，セルシウス温度 t に 273.7 を加えて得られる値を絶対温度にすることを提案した．

$$T = 273.7 + t \tag{3}$$

　これが今日，熱力学温度[4] の単位を "ケルビン" と呼び，記号 "K" を用いる理由である．その後の測定によって，セルシウス温度 t に加える定数は 273.15 に修正されている．

1) "ケルビン Kelvin" は，彼が学んだグラスゴー大学の近くを流れる川の名であり，"ラーグス Largs" はスコットランド西岸のクライド湾 Firth of Clyde に面した小さい町の名で，トムソンの館ネザーホール Netherhall があった．なおトムソンは 1866 年に，大西洋横断電信ケーブルの敷設への貢献によってナイト knight に叙せられ，それ以後は Sir William とよばれていた．
2) この時点でジュールはまだ "熱は保存される" という熱素説を捨てきれずにいた．
3) 式 (2) は，"低温熱源の温度 T_c が低く高温熱源の温度 T_h が高いほど，熱機関は効率よく熱を仕事に転換できる．しかし，すべての熱を仕事に変換することはできない." という熱エネルギーの特殊性を示している．
4) "絶対温度" が国際単位系 SI の "熱力学温度" と等しいことは，カルノーエンジンを用いて証明することができる．

本稿の執筆にあたっては下記の書籍を参考にした．
"The World of Physical Chemistry" K. J. Laidler, Oxford Univ. Press, 1993.
"Thermodynamic Weirdness" D. S. Lemons, MIT Press, 2020.
『物理学天才列伝　上』ウィリアム　H. クロッパー著，水谷 淳訳，講談社，2009.
『古典物理学を創った人々　ガリレオからマクスウェルまで』エミリオセグレ著，久保亮五，矢崎裕二訳，みすず書房，1992.

8.5　変化の方向を決めるもう1つの因子：エントロピー

　化学反応も含めて多くの変化は内部エネルギーが低下する方向に進むが，硝酸アンモニウムを水に溶かす反応 (8.8) のように，大きな吸熱を伴う（$\Delta H \approx \Delta U > 0$）にもかかわらず速やかに進む反応もある．

$$\mathrm{NH_4NO_3(s)} \xrightarrow[\Delta H = 25.7\,\mathrm{kJ\,mol^{-1}}]{\mathrm{H_2O(l)}} \mathrm{NH_4^{+}(aq)} + \mathrm{NO_3^{-}(aq)} \tag{8.8}$$

一方，熱力学第一法則に違反しないが決して起こらない変化があ

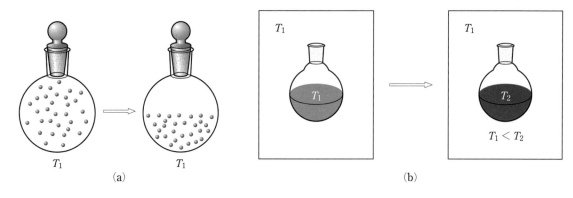

図 8.3　これまで観察されたことがない現象の例．(a) フラスコ中の気体が自然に収縮する．(b) 室内に置かれた水が周囲から熱を吸収して自然に高温になる（部屋の大きさに比べてフラスコは小さく，室温は変化しないと仮定している）．

る．たとえばフラスコ中の気体が自発的に収縮する [■図 8.3 (a)]，あるいは室内に置かれた液体が周囲の空気（外界）から熱を奪って温まる [■図 8.3 (b)] といった現象はこれまで観察されたことがない．逆に気体が容器いっぱいに広がったり，高温のものが冷めるといった■図 8.3 と逆方向の変化は自然に起こる．

　　自然に起こる変化を自発的変化と呼ぶが[4]，自発的変化では物質あるいはエネルギーは分散し無秩序になる傾向があることをこれらの例は示している．19 世紀ドイツの物理学者クラウジウスはこの "無秩序さ" を定量的に表す状態関数エントロピー S を発見した．

　　これまでの人類の経験に照らして「自発的に何らかの変化が起こる場合には系のエントロピー変化 ΔS と外界のエントロピー変化 ΔS_{surr} の和 ΔS_{tot} が正である」と考えてよい．自然界で起こる変化の方向性を示すこの法則は熱力学第二法則と呼ばれ，式 (8.9) はクラウジウスの不等式として知られている．

$$\Delta S + \Delta S_{\mathrm{surr}} = \Delta S_{\mathrm{tot}} > 0 \tag{8.9}$$

　　この法則の理解を深めるためには，系のエントロピー変化と外界のエントロピー変化の定義を理解しておく必要がある．系のエントロピー変化は式 (8.10) で定義される．

$$\mathrm{d}S = \frac{\mathrm{d}q_{\mathrm{rev}}}{T}, \quad \Delta S = \int \mathrm{d}S = \int \frac{\mathrm{d}q_{\mathrm{rev}}}{T} \tag{8.10}$$

ここで，$\mathrm{d}q_{\mathrm{rev}}$ は可逆的（reversible）な微小変化において系に与えられた熱エネルギーである．"可逆的な変化" とは全変化過程を通して系の平衡が保たれつつ進行する変化を意味する．そして，これは重要なことであるが，エントロピーは内部エネルギーと同様に変化前と変化後

4) 8.7 節で述べるように，すべての自発的変化が自然発生的に迅速に進行するとは限らない．正確にいうなら "自発的変化" とは "自然に起こる可能性がある変化" を意味する．

の状態のみに依存する状態量である．言い換えればどのような循環過程を経てもエントロピーは変化しない $(\Delta S = \oint dS = 0)$.

　一般に，系が熱を吸収すると系の状態は乱雑になるが，式 (8.10) は系の乱雑さを反映している温度 T が高いと乱雑さの増加の程度は小さいことを示している．また，一定の温度で系の状態が大きく変化するとき，式 (8.10) より

$$\Delta S = \frac{q_{\mathrm{rev}}}{T} \tag{8.11}$$

である．ここで q_{rev} は可逆変化で系が吸収した熱である．

　外界のエントロピー変化は式 (8.12) で定義される．

$$dS_{\mathrm{surr}} = -\frac{dq}{T_{\mathrm{surr}}}, \quad \Delta S_{\mathrm{surr}} = \int dS_{\mathrm{surr}} = \int -\frac{dq}{T_{\mathrm{surr}}} \tag{8.12}$$

ここで，$-dq$ は実際の微小変化において外界が吸収した熱（dq は系が吸収した熱）であり，T_{surr} は外界の温度である．すなわち，外界のエントロピー変化は可逆変化ではなく，実際の変化において外界が吸収した熱量を外界の温度で割ったものである（dq/T_{surr} を換算熱量と呼ぶ）．T_{surr} が一定のときは式 (8.12) より

$$\Delta S_{\mathrm{surr}} = -\frac{q}{T_{\mathrm{surr}}} \tag{8.13}$$

であり，$-q$ は実際の大きな変化で外界が吸収した熱（q は系が吸収した熱）である．

　まとめると，熱力学第二法則は式 (8.9) と式 (8.10)，(8.12) より，一般的に次式で表される．

$$\Delta S_{\mathrm{tot}} = \Delta S + \Delta S_{\mathrm{surr}} = \int \frac{dq_{\mathrm{rev}}}{T} - \int \frac{dq}{T_{\mathrm{surr}}} > 0, \quad \Delta S > \int \frac{dq}{T_{\mathrm{surr}}} \tag{8.14}$$

さらに，定温変化（$T = T_{\mathrm{surr}}$ で一定値）なら式 (8.14) は

$$\Delta S_{\mathrm{tot}} = \Delta S + \Delta S_{\mathrm{surr}} = \frac{q_{\mathrm{rev}}}{T} - \frac{q}{T} > 0, \quad \Delta S > \frac{q}{T} \tag{8.15}$$

となる．

　ここで，いままで使ってきた可逆過程と不可逆過程の定義を示しておこう．"系がある状態から他の状態に移ったあと，何らかの方法で外界に何の変化も残さずに系を元の状態に戻すことができるとき，はじめの過程を可逆過程 (reversible process) という．これに対し，可逆過程でない過程を不可逆過程 (irreversible process) という."

　いま，気体（系）の入ったピストン付き容器を温度 T の恒温槽に浸しておき長時間放置しておくと，系は巨視的に見て一定の状態になる [■図 8.4(a)]．この状態を熱平衡状態，または単に平衡状態と呼ぶ．ここで急にピストンを上に引き上げるとピストンに接した部分の気体の

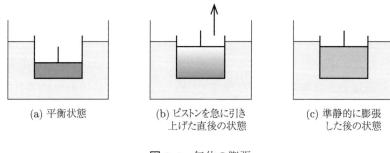

(a) 平衡状態　　　　　(b) ピストンを急に引き　　　(c) 準静的に膨張
　　　　　　　　　　　　　上げた直後の状態　　　　　　した後の状態

図 8.4　気体の膨張

密度はほぼ 0 となり，系は非平衡状態となって容器内の気体の密度や
圧力などの巨視的な量は不均一になる [■図 8.4(b)].

　しかし，ピストンに作用している外圧 P_{surr} が系の圧力 P よりも無
限小だけ小さいと，系は絶えず平衡状態を保ちながら無限にゆっくり
膨張（変化）する [■図 8.4(c)]. このような変化の過程を準静的過程
(quasistatic process) という. この例として，物質量 n (mol) の理想気
体が一定の温度 T で圧力 P_{a}，体積 V_{a} の状態 a から状態 b$(P_{\text{b}}, V_{\text{b}})$ に
なるまで膨張する過程（■図 8.5）を考え，準静的過程が可逆過程であ
ることを示そう.

　気体を準静的に膨張させるには，上述したように外界の圧力 P_{surr} を
系の圧力 P より無限小だけ小さい $P - \mathrm{d}P$ にすることによって系の体
積を無限小 $\mathrm{d}V$ だけ膨張させる過程を無限に繰り返すことになる. つ
まり，理想気体の状態方程式を表す■図 8.5 の曲線に従って変化する
ことになる.

　この微小過程で系が外界に対してする仕事は $-\mathrm{d}w_{\text{rev}} = P_{\text{surr}} \, \mathrm{d}V =$
$(P - \mathrm{d}P)\mathrm{d}V$ であるが，無限小と無限小の積は無視できるので

$$-\mathrm{d}w_{\text{rev}} = P \, \mathrm{d}V \tag{8.16}$$

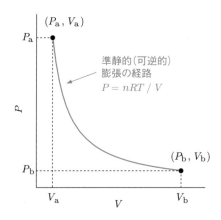

図 8.5　物質量 n (mol) の理想気体の定温における準静的変化

である．圧力 P_a から P_b までの準静的膨張過程全体で系が外界に対してする仕事 $-w_{rev}$ はこの微小仕事を全過程について積分することによって求められる．

$$-w_{rev} = \int_{V_a}^{V_b} P \, dV = \int_{V_a}^{V_b} \frac{nRT}{V} dV = nRT \ln \frac{V_b}{V_a} > 0 \qquad (8.17)$$

理想気体は剛体分子からなり，分子間相互作用はないので，その内部エネルギー変化 ΔU は並進運動エネルギー (E_K) と回転運動エネルギー (E_R) の変化だけである．物質量 n (mol) の 2 原子からなる分子および直線状分子では，$E_K = n(3/2)RT$，$E_R = nRT$，3 原子以上からなる非直線状分子では，$E_K = n(3/2)RT$，$E_R = n(3/2)RT$ であり，いずれも温度のみの関数である．したがって，系（理想気体）の温度 T が一定であれば，$\Delta U = 0$ であり，熱力学第一法則 (8.1) より，$q = -w$ である．すなわち，この準静的等温膨張で系が外界から得る熱 q_{rev} は $-w_{rev}$ に等しい．

$$q_{rev} = -w_{rev} = nRT \ln \frac{V_b}{V_a} > 0 \qquad (8.18)$$

さて，膨張のときと同じ経路に沿って，理想気体を準静的に圧縮して $(P_{surr} = P + dP)$ 体積を V_b から V_a に戻すとき，系は外界から w_{rev} の仕事をされ，外界（恒温槽）に q_{rev} の熱を放出する．結局，外界に何の変化も残さずに系は元の状態に戻るので準静的過程は可逆過程となる．

これに対し，準静的でない過程では，外圧は準静的過程の場合の外圧 $P_{surr} = P \pm dP$ に比べて，膨張の場合（過程 1）は小さく $(P_{surr,1} < P)$，圧縮の場合（過程 2）は大きくなる $(P_{surr,2} > P)$．したがって，系が膨張のときにする仕事 $-w_1 (> 0)$ は圧縮の際にされる仕事 $w_2 (> 0)$ よりも小さい．また，これに伴って膨張の際に系が吸収する熱 $q_1 (= -w_1)$ は圧縮の際に外界に放出する熱 $-q_2 (= w_2)$ より小さくなる．結局，系が元の状態に戻ったとき，外界には $|q_2| - |q_1|$ の熱が残ることになる．したがって，準静的でない過程は不可逆過程であり，また，系と外界との圧力に有限の差があると系は常に平衡状態を保って変化するとはいえない．

ここで再びエントロピー変化に戻ろう．系のエントロピー変化 ΔS を■図 8.3(a)，(b) に示した過程について求め，エントロピーと無秩序さの関連を確かめるとともに，式 (8.9) すなわち熱力学第二法則が成立することを確認しよう．

■図 8.5 に示す理想気体の等温可逆膨張 $(V_a \rightarrow V_b)$ で系が吸収する熱は式 (8.18) で表すことができる．したがって，エントロピー変化は

$$\Delta S = \frac{q_{\text{rev}}}{T} = nR \ln \frac{V_{\text{b}}}{V_{\text{a}}} > 0 \tag{8.19}$$

であり，理想気体の膨張はエントロピーの増大をともなう．このこと
は，気体が膨張すれば運動に利用できる体積が増加するので無秩序さ
が増大することと一致している．

もし変化が逆方向の等温可逆圧縮 ($V_{\text{b}} \to V_{\text{a}}$) ならエントロピー変化
は負値である．

$$\Delta S = nR \ln \frac{V_{\text{a}}}{V_{\text{b}}} < 0 \tag{8.20}$$

すなわち，一定温度で気体が収縮するとエントロピーは減少する．

一般に理想気体の等温膨張あるいは等温圧縮でのエントロピー変化
は[5]，はじめの状態を 1 としその体積を V_1，終わりの状態を 2 としそ
の体積を V_2 とすると式 (8.21) で与えられる．

$$\Delta S = nR \ln \frac{V_2}{V_1} \tag{8.21}$$

さて，■図 8.3(a) において，フラスコ内に理想気体が 1 mol 存在し，
その体積が最初の体積の $\frac{1}{2}$ になるとしよう．エントロピーは状態関
数であるので自発変化であろうとなかろうと，系のエントロピー変化
ΔS は変化前後の系（理想気体）の温度が同じであれば式 (8.21) より
求めることができる．すなわち，

$$\Delta S = (1 \text{ mol}) \times (8.31 \text{ J K}^{-1} \text{ mol}^{-1}) \times \ln 0.5 = -5.76 \text{ J K}^{-1} \tag{8.22}$$

である．この過程はフラスコの中で起こったもので，系は外界から仕事
をされていないし ($w = 0$)，また，理想気体の温度は一定だから系の内部
エネルギーも変化しない ($\Delta U = 0$)．したがって，系が吸収する熱もゼロ
である ($q = 0$)．これは外界も熱を吸収していない ($-q = 0$) ことを表し
ており，外界のエントロピー変化はゼロである ($\Delta S_{\text{surr}} = -\frac{q}{T_{\text{surr}}} = 0$)．
それゆえ，この変化に対する全エントロピー変化 ΔS_{tot} は系のエント
ロピー変化 ΔS に等しく負値であり，全エントロピーは減少すること
になる．よってこのような収縮が自然に起こることはない．一方，逆
方向の自発的膨張では $\Delta S_{\text{tot}} = \Delta S = R \ln 2 = 5.76 \text{ J K}^{-1}$ であり，全エ
ントロピーは増加する．

つぎに■図 8.3(b) の熱移動にともなう ΔS_{tot} の符号を確認しよう．
物体の可逆的加熱は対象となる物体の温度より常に dT だけ高い温度
の熱源を接触させて温度を dT ずつ上昇させることによって行われる．
物体の熱容量[6]を $C\,(\text{J K}^{-1})$ とすると，系が外界から得る熱 q_{rev} は
$C\,dT$ に等しいので，この微小過程でのエントロピー変化は

$$dS = \frac{C}{T} dT \tag{8.23}$$

[5] 理想気体で温度も変化する場合，熱力学第一法則から可逆変化において系が吸収する熱は $dq_{\text{rev}} = dU - dw_{\text{rev}} = nC_{v,\text{m}}\,dT + P\,dV$ と表すことができる．$C_{v,\text{m}}$ は理想気体 1 mol 当たりの定容（定積）熱容量である（傍注[6]を参照のこと）．したがって，エントロピー変化はつぎのように表される．
$$\Delta S = \int \frac{dq_{\text{rev}}}{T}$$
$$= nC_{v,\text{m}} \int_{T_1}^{T_2} \frac{dT}{T}$$
$$\quad + nR \int_{V_1}^{V_2} \frac{dV}{V}$$
$$= n\left(C_{v,\text{m}} \ln \frac{T_2}{T_1}\right.$$
$$\left. + R \ln \frac{V_2}{V_1}\right)$$

[6] 熱容量には一定圧力下で加熱する場合の定圧熱容量と，体積を一定に保って加熱する場合の定容熱容量（あるいは定積熱容量）があり，それぞれ C_p, C_v と書かれる．熱膨張は仕事を伴うので $C_p > C_v$ であるが，液体や固体では両者の違いは小さい．また物質 1 mol の熱容量はモル熱容量，1 g の熱容量は比熱容量といわれる．

である．よって全加熱過程におけるエントロピー変化は式 (8.24) で与えられ，C が温度に依存しないなら式 (8.24) は式 (8.25) となる．

$$\Delta S = \int_{T_1}^{T_2} \frac{C}{T}\, \mathrm{d}T \tag{8.24}$$

$$\Delta S = C \int_{T_1}^{T_2} \frac{1}{T}\, \mathrm{d}T = C \ln \frac{T_2}{T_1} \tag{8.25}$$

便宜的に■図 8.3(b) の水の質量は 100 g，$T_1 = 298\,\mathrm{K}$ (25 ℃)，$T_2 = 323\,\mathrm{K}$ (50 ℃) としよう．この温度範囲では 1 g の水の温度を 1 K 高めるために必要な熱（定圧比熱容量）は $4.18\,\mathrm{J\,K^{-1}\,g^{-1}}$ で一定とみなしてよい．よって水の温度が 298 K から 323 K に上昇するとき，水のエントロピー変化 $\Delta S_{\mathrm{water}}$ は

$$\Delta S_{\mathrm{water}} = (4.18\,\mathrm{J\,K^{-1}\,g^{-1}}) \times (100\,\mathrm{g}) \times \ln \frac{323}{298} = 33.7\,\mathrm{J\,K^{-1}} \tag{8.26}$$

である．一方，室内の空気（外界）はその量が多くこの程度の空気から水への熱の移動では空気の温度が変化しないとみなせるので，外界のエントロピー変化を式 (8.13) に基づいて計算すると $-35.1\,\mathrm{J\,K^{-1}}$ となる [式 (8.27)]．この値は系のエントロピー変化 $33.7\,\mathrm{J\,K^{-1}}$ よりも大きい負値で，全エントロピーは減少する [式 (8.28)]．

$$\Delta S_{\mathrm{air}} = -\frac{(4.18\,\mathrm{J\,K^{-1}\,g^{-1}}) \times (100\,\mathrm{g}) \times (25\,\mathrm{K})}{298\,\mathrm{K}} = -35.1\,\mathrm{J\,K^{-1}} \tag{8.27}$$

$$\Delta S_{\mathrm{tot}} = \Delta S_{\mathrm{water}} + \Delta S_{\mathrm{air}} = 33.7 - 35.1 = -1.4\,\mathrm{J\,K^{-1}} \tag{8.28}$$

この結果は，このような現象が自然に進むことはないという人類の経験と一致している．もし室温が 50 ℃ であれば水温の 25 ℃ から 50 ℃ への上昇は自発的に進むが，そのとき ΔS_{air} は $-32.4\,\mathrm{J\,K^{-1}}$ となり [式 (8.29)]，全エントロピーは増加する [式 (8.30)]．

$$\Delta S_{\mathrm{air}} = -\frac{(4.18\,\mathrm{J\,K^{-1}\,g^{-1}}) \times (100\,\mathrm{g}) \times (25\,\mathrm{K})}{323\,\mathrm{K}} = -32.4\,\mathrm{J\,K^{-1}} \tag{8.29}$$

$$\Delta S_{\mathrm{tot}} = \Delta S_{\mathrm{water}} + \Delta S_{\mathrm{air}} = 33.7 - 32.4 = 1.3\,\mathrm{J\,K^{-1}} \tag{8.30}$$

最後に，相変化にともなうエントロピー変化を求めよう．分子や原子などが規則正しく並んだ結晶が融解して，結晶をつくっていた粒子が自由に動き回ることができるようになると無秩序さが増すのでエントロピーは増加し，液体が蒸発して広い空間を飛び回るようになるとエントロピーはさらに増加する．固体と液体あるいは液体と気体が共存する平衡状態において，融解（凝固）・蒸発（凝縮）といった相変化が可逆的に起こるときに系が吸収する熱 q_{rev} は，それぞれ融解熱 $\Delta_{\mathrm{fus}}H$ あるいは蒸発熱 $\Delta_{\mathrm{vap}}H$ と呼ばれ，多くの物質について実測値がデータ

ブックに記載されている．したがって，それらの値と融点 T_{f}・沸点 T_{b} を用いて融解エントロピー $\Delta_{\mathrm{fus}}S$ ($=-$凝固エントロピー) および蒸発エントロピー $\Delta_{\mathrm{vap}}S$ ($=-$凝縮エントロピー) を計算することができる．

$$\Delta_{\mathrm{fus}}S = \frac{\Delta_{\mathrm{fus}}H}{T_{\mathrm{f}}} \tag{8.31}$$

$$\Delta_{\mathrm{vap}}S = \frac{\Delta_{\mathrm{vap}}H}{T_{\mathrm{b}}} \tag{8.32}$$

たとえば水では以下の通りである．

$$\Delta_{\mathrm{fus}}S = \frac{6.01 \times 10^3\,\mathrm{J\,mol^{-1}}}{273.15\,\mathrm{K}} = 22.0\,\mathrm{J\,K^{-1}\,mol^{-1}} \tag{8.33}$$

$$\Delta_{\mathrm{vap}}S = \frac{40.66 \times 10^3\,\mathrm{J\,mol^{-1}}}{373.15\,\mathrm{K}} = 109.0\,\mathrm{J\,K^{-1}\,mol^{-1}} \tag{8.34}$$

$\Delta_{\mathrm{fus}}S < \Delta_{\mathrm{vap}}S$ であるが，これは一般にみられる傾向である．

"エントロピー" の名付け親クラウジウス

　熱力学を語る上で忘れてはならない人物としてクラウジウス (Rudolph J. E. Clausius, 1822-1888) を挙げることに異議を唱える人はないであろう．

　クラウジウスは 1822 年に，当時プロイセン領だったケスリン（現在はポーランド領コシャリン）でプロテスタントの牧師の家に生まれた．クラウジウスは父が校長を兼務していた小学校で学んだ後，シュテッティン（現シチェチン）のギムナジウムを卒業し，1840 年にベルリン大学に入った．しかし経済的な理由から卒業できず，ベルリンのギムナジウムで教えるかたわら勉学を続け，1848 年にハレ大学から光学に関する研究に対して博士号を与えられた．

　クラウジウスはまず，熱力学をカルノーやクラペイロンがとらわれていた熱素理論のしがらみから解き放った．1850 年の論文で彼は，系に投入された熱 $\mathrm{d}q$ の一部分は系が外界に対してなす仕事 $\mathrm{d}w$ に変換され，残りが系の内部に蓄えられ，それが状態関数 U の変化量 $\mathrm{d}U$ であるとした．

$$\mathrm{d}U = \mathrm{d}q + \mathrm{d}w \quad (\text{系が外界に対して仕事をする場合 } \mathrm{d}w \text{ は負値}) \tag{1}$$

彼は，仕事が熱に変換されるだけでなく，その逆も可能であると理解することによって「エネルギーは無から生成することも消滅することもない」という熱力学第一法則を確立した．

　ついで彼は 1854 年の論文で，熱力学第二法則に向かって踏み出した．トムソンによる "絶対温度" の定義によれば，可逆な 4 つの過程からなるカルノーサイクルでは，温度 T_{h} の高温熱源から作業物質が得る熱 q_{h} と温度 T_{c} の低温熱源に作業物質が与える熱 $-q_{\mathrm{c}}$ との間には $-\dfrac{q_{\mathrm{h}}}{q_{\mathrm{c}}} = \dfrac{T_{\mathrm{h}}}{T_{\mathrm{c}}}$ の関係が成り立つ．よって

$$\frac{q_{\mathrm{h}}}{T_{\mathrm{h}}} + \frac{q_{\mathrm{c}}}{T_{\mathrm{c}}} = 0 \tag{2}$$

である．すべての循環過程は，無限に小さいカルノーサイクルに分割して表すことができる

ので，この議論を温度が連続的に変化する可逆で循環的な過程に対して適用すると式 (3) が得られる.

$$\oint \frac{\mathrm{d}q_{\mathrm{rev}}}{T} = 0 \quad (\mathrm{d}q_{\mathrm{rev}}\text{は可逆過程における熱の微小な変化量}) \tag{3}$$

この循環過程は可逆であるから，系と外界の温度差は常に無限に小さい. 言い換えれば，式 (3) における温度は外界，すなわち熱源の温度 T_{surr} であるが，可逆過程であるので，系の温度 T に等しいことに注意しなければならない.

一周積分がどの経路をたどってもゼロであるということは，$\dfrac{\mathrm{d}q_{\mathrm{rev}}}{T}$ がある状態関数の微分（完全微分）であることを意味する [1).

クラウジウスはこの微分，$\dfrac{\mathrm{d}q_{\mathrm{rev}}}{T}$，を積分して得られる新たな関数に記号 S を与え，その関数をギリシャ語の en + trope (in + transformation) から "エントロピー Entropie（英語 entropy）" と命名した.

$$\mathrm{d}S = \frac{\mathrm{d}q_{\mathrm{rev}}}{T} \tag{4}$$

$$\Delta S = S_{\mathrm{B}} - S_{\mathrm{A}} = \int_{A}^{B} \frac{\mathrm{d}q_{\mathrm{rev}}}{T} \tag{5}$$

さて，可逆循環過程では系のエントロピーは変化しないが，不可逆過程を含む循環過程の一周積分はどうなるであろうか？

最も理想的な熱機関はカルノーエンジンであるから，不可逆過程を含むエンジンの効率 e はカルノーエンジンのそれ e_{rev} より低くなければならない. よって，$e = \dfrac{q_{\mathrm{h}} + q_{\mathrm{c}}}{q_{\mathrm{h}}} < \dfrac{T_{\mathrm{h}} - T_{\mathrm{c}}}{T_{\mathrm{h}}}$ (q_{c} は負値)

$$\frac{q_{\mathrm{h}}}{T_{\mathrm{h}}} + \frac{q_{\mathrm{c}}}{T_{\mathrm{c}}} \tag{6}$$

である. この関係は一般の不可逆過程を含むサイクルに拡張することができる. すなわち，不可逆サイクルの一周積分は負の値をとる.

$$\oint \frac{\mathrm{d}q_{\mathrm{irr}}}{T_{\mathrm{surr}}} < 0 \quad (\mathrm{d}q_{\mathrm{irr}}\text{は不可逆過程における熱の微小な変化量}) \tag{7}$$

式 (7) から重要な結論が導かれた. ある系について２つの状態 A と B を考え，A から B へ不可逆変化で移行したのち，B から A へ可逆的に戻るとする（図 1）.

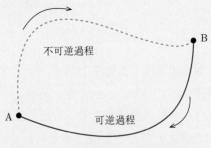

不可逆過程

可逆過程

A

B

図 1 不可逆過程を含む循環過程

　このサイクルは不可逆過程を含むので，式 (7) より $\dfrac{\mathrm{d}q_{\mathrm{irr}}}{T_{\mathrm{surr}}}$ の一周積分は負である．

$$\oint \frac{\mathrm{d}q_{\mathrm{irr}}}{T_{\mathrm{surr}}} = \int_A^B \frac{\mathrm{d}q_{\mathrm{irr}}}{T_{\mathrm{surr}}} + \int_B^A \frac{\mathrm{d}q_{\mathrm{rev}}}{T} = \int_A^B \frac{\mathrm{d}q_{\mathrm{irr}}}{T_{\mathrm{surr}}} + \int_B^A \mathrm{d}S = \int_A^B \frac{\mathrm{d}q_{\mathrm{irr}}}{T_{\mathrm{surr}}} + (S_A - S_B) < 0 \quad (8)$$

式 (8) より，以下のクラウジウスの不等式が導かれる．

$$S_B - S_A = \Delta S > \int_A^B \frac{\mathrm{d}q_{\mathrm{irr}}}{T_{\mathrm{surr}}} \tag{9}$$

可逆変化も併せて書くと

$$S_B - S_A = \Delta S \geq \int_A^B \frac{\mathrm{d}q}{T_{\mathrm{surr}}} \tag{10}$$

式 (10) が熱力学第二法則の数学的表現であって，系が状態 A から B へ不可逆変化をすれば，系のエントロピー変化 ΔS は実際の変化に対する $\dfrac{\mathrm{d}q}{T_{\mathrm{surr}}}$ の総和よりも大きく，可逆変化であれば両者が等しいことを示している．

　外界と熱や仕事のやり取りをしない孤立系または断熱系で，系が状態 A から B へ不可逆変化すれば，$\mathrm{d}q_{\mathrm{irr}} = 0$ であるから，式 (9) は式 (11) となる．

$$\Delta S = S_B - S_A > 0 \tag{11}$$

すなわち，孤立系あるいは断熱系で起こる不可逆過程はエントロピーの増加を伴う．

　自然界で生じている現象は孤立系や断熱系とは限らない．しかし，その系と外界を合わせたもの（宇宙）は孤立系と見なすことができる．外界のエントロピー変化 ΔS_{surr} を以下のように定義すると，

$$\Delta S_{\mathrm{surr}} = \int_A^B \frac{-\mathrm{d}q}{T_{\mathrm{surr}}} \quad (-\mathrm{d}q \text{ は外界が吸収した熱}) \tag{12}$$

系で不可逆変化が生じたとき，式 (9) より次式が得られる [2]．

$$\Delta S - \int_A^B \frac{\mathrm{d}q_{\mathrm{irr}}}{T_{\mathrm{surr}}} = \Delta S + \int_A^B \frac{-\mathrm{d}q_{\mathrm{irr}}}{T_{\mathrm{surr}}} = \Delta S + \Delta S_{\mathrm{surr}} > 0 \tag{13}$$

すなわち，系と外界のエントロピー変化の和は正となる [3]．

　可逆過程は想像の産物で，実際に起こる変化はすべて不可逆である．全宇宙は完全に孤立した系であると考えたクラウジウスは，熱力学第一法則と第二法則をつぎのように総括した．

　　"宇宙のエネルギーは一定である．"
　　"宇宙のエントロピーは最大値に向かって増大する．"

　このように熱力学の発展に極めて重要な貢献をしたクラウジウスであるが，彼の人となりなどを伝える資料はほとんど残されていない．1859 年に結婚して仲睦まじく暮らして 6 人の子供に恵まれたが，妻は 6 人目の子供の出産で亡くなった．クラウジウスは残された子供たちの養育に気を配り，それが仕事にも差し支えたと考えられている．一番下の子が 11 歳になった 1886 年に再婚したが，2 年後の 8 月に亡くなった．66 歳であった．

1) 状態関数，たとえば温度 T の微分 $\mathrm{d}T$ を循環過程について積分して得られる値，$\oint \mathrm{d}T$，はゼロである．

$$\oint \mathrm{d}T = T_\mathrm{f} - T_\mathrm{i} = 0 \quad (T_\mathrm{f}: \text{終状態の温度}, \; T_\mathrm{i}: \text{始状態の温度})$$

このことは，温度に限られたものではなく，すべての状態関数について成立する．逆に，ある関数の一周積分がゼロであるなら，その関数は，ある状態に至る経路に依存しない関数，すなわち状態関数であると結論できる．熱は状態関数ではないが，可逆過程における熱の微小変化 $\mathrm{d}q_\mathrm{rev}$ を外界の温度 T で割った関数 $\dfrac{\mathrm{d}q_\mathrm{rev}}{T}$ を積分して得られる $\dfrac{q_\mathrm{rev}}{T}$ は状態関数であることをクラウジウスは発見したのである．

2) 第8章 8.5 では，わかりやすくするために式 (8.9)，$\Delta S + \Delta S_\mathrm{surr} = \Delta S_\mathrm{tot}$ を最初に記したが，ここに記したように，式 (13) は，式 (9) から得られたものである．

3) 不可逆過程であっても系のエントロピーが減少することは珍しくない．たとえば，水素 $H_2(g)$ 1 mol と酸素 $O_2(g)$ $\dfrac{1}{2}$ mol の混合物に点火すると，爆発的に反応して 1 mol の水蒸気 $H_2O(g)$ を生成する．表 8.1 から明らかなように，この不可逆過程で系（水素＋酸素）のエントロピーは減少する．しかし，水素の燃焼熱を得ることによって，外界のエントロピーは系で減少したエントロピー以上に増加する．したがって，系＋外界，すなわち孤立系，のエントロピーは増加する．

本稿の執筆にあたっては下記の書籍を参考にした．
"The World of Physical Chemistry" K. J. Laidler, Oxford Univ. Press, 1993.
"Thermodynamic Weirdness" D. S. Lemons, MIT Press, 2020.
『物理学天才列伝　上』ウィリアム　H. クロッパー著，水谷 淳訳，講談社，2009.
『古典物理学を創った人々　ガリレオからマクスウェルまで』エミリオセグレ著，久保亮五，矢崎裕二訳，みすず書房，1992.

熱力学第二法則の異なる表現と宇宙の熱的死

8.5 節で，熱力学第二法則を "自発的変化においては系のエントロピー変化 ΔS と外界のエントロピー変化 ΔS_surr の和が正である" と述べた．しかし，この法則はこれまでに色々な人物によって様々に表現されてきた．

歴史的に最もよく知られているものは，エントロピーの名付け親ルドルフ・クラウジウスの原理と，熱力学温度を定義したウィリアム・トムソン（ケルビン卿）の原理である．

クラウジウスの原理：周囲に何も変化をもたらさずに，循環過程によって低温熱源から高温熱源へ熱を移すことは不可能である．

トムソンの原理：熱源から得た熱をすべて仕事に転換する循環過程，すなわち第二種永久機関，は不可能である．

これらの表現が，数式による熱力学第二法則の表現，本文の式 (8.9)，と矛盾しないこと，そして，クラウジウスの原理とトムソンの原理が互いに矛盾しないことを図 1, 2, 3 によって説明しよう [1]．

図1において，機関1が他の機関から仕事を受け取ることなく，自発的に熱 q を低温熱源から高温熱源へ移すヒートポンプとして機能すると仮定する．機関1は1サイクルして元の状態に戻るので，状態量であるエントロピーの変化量は機関1に関してはゼロ（$\Delta S = 0$），2つの熱源のエントロピー変化の和，$\dfrac{q}{T_\mathrm{h}} - \dfrac{q}{T_\mathrm{c}}$，は負である．したがって，この自発的変化で，

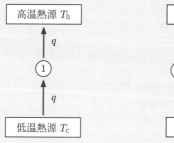

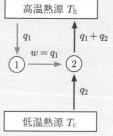

図1 自発的に起こら
ない熱の移動

図2 トムソンの原理に反する機関 1
を用いるヒートポンプ

装置全体（孤立した系）のエントロピーは減少する，すなわち本文の数式 (8.9) に反することになる．よってこのような変化が自発的に起こることは考えられない．

　トムソンの原理についてはそれほど話が単純ではない．図 2 のようにトムソンの原理に反して，機関 1 が高温熱源から得た熱 q_1 をすべて仕事 w（$= q_1$）に転換し，その仕事によって機関 2 を逆回転させて，熱 q_2 を低温熱源から汲み上げて q_1 とともに，高温熱源へ移すとする．このサイクルでは低温熱源は熱 q_2 を失い，高温熱源は熱 q_2 を得るが，機関 1 と 2 は得た熱をすべて失っている．したがって，熱をすべて仕事に転換する装置があれば，周囲に何も変化をもたらさずに，低温熱源から高温熱源へ熱を移せる，すなわちクラウジウスの原理を否定することになる．以上のことから，トムソンの原理を否定することはクラウジウスの原理を否定し，ひいては熱力学第二法則を否定することになる．

　最後に，クラウジウスの原理の否定が，トムソンの原理の否定になることを，図 3 によって確かめておこう．

　クラウジウスの原理に反して，機関 1 が低温熱源から高温熱源へ熱 q_1 を自発的に汲み上げるとする．一方，同じ熱源に繋がれた機関 2 が，高温熱源から得た熱 q_2（$q_2 > q_1$）を用いて仕事 w を生み出し，余った熱 q_1 を低温熱源へ捨てるとする．この装置全体は，高温熱源から得た熱 $q_2 - q_1$ をすべて仕事 w に転換している．よって，このような装置の存在はトムソンの原理に反する．

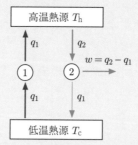

図3 クラウジウスの原理とトムソン原理の同義性

　以上に示したように，トムソンの原理およびクラウジウスの原理と数式による第二法則の表現は等価である．では，クラウジウスが総括したように，"宇宙のエントロピーは最大値に

向かって増大する”と，最後にはどうなるのだろうか？　この問題はエントロピーの概念が明らかになって以来，人類を悩まし続けている．熱が高温の物体から低温の物体へ流れ続けると，次第に熱が平均化し，最後には何も起こらなくなる，よって宇宙は“熱的死”を迎える，と言われたこともあった．しかし，“これはもちろん，宇宙が有限でかつ孤立系であるという前提ではじめて意味をもつが，そのような前提はかならずしも自明のことではない．”[2]　その後も，多くの仮説が提案されているが，万人が納得する答えはまだ見つかっていない．

1)　図 1, 2, 3 において便宜上，熱 q，仕事 w は正の量として取り扱う．
2)　『熱学思想の史的展開 3』山本義隆，p.213，ちくま学芸文庫，2009.

8.6　熱力学第三法則とエントロピーの絶対値

　原子や分子が完全に秩序立って配列され，まったく運動を停止した状態はエントロピーゼロと考えられる．すなわち「完全結晶のエントロピーは 0 K でゼロである」．これは熱力学第三法則と呼ばれる．このように，内部エネルギーあるいはエンタルピーと異なり，エントロピーはその値がゼロになる状態が定義されている．したがって，0 K からの温度上昇に伴うエントロピー変化を式 (8.24), (8.31), (8.32) などを用いて計算することによってエントロピーの絶対値を知ることができる．

　これまでに様々な物質について 25 ℃，1.01×10^5 Pa（SATP）における 1 mol 当たりのエントロピーが求められている．●表 8.1 右端の欄に与えられている標準エントロピーがそれである．エントロピーは状態関数なので，それらの値を使えば反応に伴う標準エントロピー変化を式 (8.35) にしたがって求めることができる．

$$\Delta S^\circ = \sum_j n_j S_j^\circ - \sum_i n_i S_i^\circ \quad (\text{i：反応物，j：生成物}) \quad (8.35)$$

たとえばオゾンが分解する反応 (8.36) では

$$2O_3(g) \longrightarrow 3O_2(g) \quad (8.36)$$

$$\Delta S^\circ = (3\,\text{mol}) \times (205.03\,\text{J K}^{-1}\,\text{mol}^{-1}) - (2\,\text{mol}) \times (238.82\,\text{J K}^{-1}\,\text{mol}^{-1})$$

$$= 137.45\,\text{J K}^{-1}$$

であり，気体の分子数の増加はエントロピーの増大を伴う．

　次にアンモニアと塩化水素の反応 (8.6) を考えよう．

$$NH_3(g) + HCl(g) \longrightarrow NH_4Cl(s) \quad (8.6)$$

　濃塩酸をガラス棒につけて濃アンモニア水の入った試験管に近づけると白煙を生じるが，それは塩化アンモニウムの微細な結晶が生成するためである．明らかにこの反応は自発的であるが，気体から固体を

生成するのでエントロピーは減少する.

$$\Delta S^{\circ} = (1\,\mathrm{mol}) \times (94.6\,\mathrm{J\,K^{-1}\,mol^{-1}}) - [(1\,\mathrm{mol}) \times (192.67\,\mathrm{J\,K^{-1}\,mol^{-1}})$$
$$+ (1\,\mathrm{mol}) \times (186.80\,\mathrm{J\,K^{-1}\,mol^{-1}})]$$
$$= -284.9\,\mathrm{J\,K^{-1}}$$

エントロピーが減少するのに反応が自発的に進行するのはなぜだろうか. それは外界のエントロピーが増加するためである. 反応 (8.6) のエンタルピー変化は●表 8.1 より

$$\Delta H = (1\,\mathrm{mol}) \times (-314.43\,\mathrm{kJ\,mol^{-1}})$$
$$- (1\,\mathrm{mol}) \times (-45.94\,\mathrm{kJ\,mol^{-1}} - 92.31\,\mathrm{kJ\,mol^{-1}})$$
$$= -176.18\,\mathrm{kJ}$$

である. よって外界は 176.18 kJ の熱を得るので, 外界の温度が 25 ℃ であれば, 外界のエントロピー変化は

$$\Delta S_{\mathrm{surr}} = \frac{176180\,\mathrm{J}}{298.15\,\mathrm{K}} = 590.9\,\mathrm{J\,K^{-1}}$$

であり, 全エントロピー変化は正である.

$$\Delta S_{\mathrm{tot}} = \Delta S + \Delta S_{\mathrm{surr}} = -284.9\,\mathrm{J\,K^{-1}} + 590.9\,\mathrm{J\,K^{-1}} = 306.0\,\mathrm{J\,K^{-1}} > 0$$

よって反応 (8.6) が自発的に進行することは熱力学第二法則と矛盾しない.

　●表 8.1 によればオゾンの分解 (8.36) は発熱反応であり, この場合は系も外界もエントロピーが増加する.

8.7　ギブズエネルギー

　化学反応をふくむすべての変化についてそれが自発的に進むものかどうかを判断できるという意味で熱力学第二法則は便利なものであるが, 外界のエントロピー変化は容易に求められるとは限らない. もし系についてだけ考えて変化の自発性を判定できる関数があれば便利であろう. この目的に適う関数がギブズエネルギー (あるいはギブズ関数) G である.

　一定圧力 $P\,(= P_{\mathrm{surr}})$, 一定温度 $T\,(= T_{\mathrm{surr}})$ での変化について考えよう. この変化に伴う系のエンタルピー変化を ΔH, エントロピー変化を ΔS とすれば, 外界のエントロピー変化 ΔS_{surr} は $-\dfrac{\Delta H}{T}$ に等しいので, この変化が自発的である条件は

$$\Delta S_{\mathrm{tot}} = \Delta S + \Delta S_{\mathrm{surr}} = \Delta S - \frac{\Delta H}{T} > 0 \qquad (8.37)$$

である [式 (8.3),(8.15) 参照]. 熱力学的温度 T は負になることはないので式 (8.37) の両辺に $-T$ を掛けると自発的変化では常に

孤高の科学者ギブズ

　"孤高の" という形容詞がこれほど似合う科学者はないと思われる．ウィラード・ギブズ（Josiah Willard Gibbs, 1839-1903）は，アメリカ合衆国東海岸の町ニューヘイブンで生まれ同地で没した生粋のアメリカ人である．同名の父は同地にあるイェール大学の宗教文学の教授で，家族や友人は父をジョサイア，息子をウィラードと呼んでいた．ギブズは4人の姉妹と思いやりのある母親に囲まれて育ったおとなしい少年だった．1854年に東海岸ニューヘイブンにある名門校イェール大学に入学し，58年に卒業すると同大学に新設された大学院に進学，63年に『平歯車の歯の形態に関する研究』で博士の学位を授与された．在学中1855年に父を，1861年には母を亡くしたが，経済的に困窮することはなかった．1866年から3年間をドイツやフランスでの勉学に費やしてニューヘイブンに戻ったギブズは，1871年にイェール大学の数理物理学の教授に任命された．しかし，大学は "彼は給料を必要としていない" という理由で給与を支払わなかった．彼が給料を受け取るようになったのは，ジョンス・ホプキンス大学から教授就任を要請された後の事であった．

　イェール大学在職中に彼は多くの論文を執筆したが，そのほとんどを義兄が出版に携わっていた *"Transactions of the Connecticut Academy of Sciences*（コネチカット州科学アカデミー紀要）" に発表した．彼は論文の別刷りを当時の指導的立場にあるヨーロッパの物理学者に送ったが，無名の雑誌に掲載された論文である上に内容が難解であったので，1890年代になって漸くその業績が認識された．

　彼は生涯ニューヘイブンを離れず，結婚もせず，彼の生活圏は自宅と研究室に挟まれた狭い地区を離れることは滅多になかった．このように書くと気難しい孤独な学者を想像するであろうが，現実の彼は慎み深いがひょうきんで，学生に頼まれればいつでも喜んで教える優しい教師であった．おそらく彼の集中力は素晴らしく，学生と話をしても，研究とは無縁の雑用をしても，それが終わればすぐに彼の世界へ戻ることができたのであろう．

　なお "ギブズエネルギー" はこれまで "ギブズ自由エネルギー" と呼ばれることが多かったが，国際純正および応用化学連合（IUPAC）はギブズエネルギーあるいはギブズ関数と呼ぶことを推奨している．

$$\Delta H - T\Delta S < 0$$

であることがわかる．

　そこでギブズエネルギー G をつぎのように定義すると

$$G = H - TS \tag{8.38}$$

T, P 一定の条件下での変化について，系のギブズエネルギー変化 ΔG は式 (8.39) で与えられ，その値が負の過程は自発的である．

$$\Delta G = \Delta H - T\Delta S \tag{8.39}$$

　また，ギブズエネルギーは状態量であるから，ある過程について

$\Delta G > 0$ であるなら,その逆の過程が自発的である.

25 ℃, $1.01 \times 10^5\,\mathrm{Pa}$(SATP)における化学反応については $\Delta H°$ と $S°$ の値から $\Delta G°$ を求めることができる.

$$\Delta G° = \Delta H° - T\,\Delta S° \qquad (8.40)$$

オゾンの分解反応 (8.36) では●表 8.1 より

$$2O_3(\mathrm{g}) \longrightarrow 3O_2(\mathrm{g}) \qquad (8.36)$$

$$\Delta G° = \Delta H° - T\,\Delta S° = [0 - (2\,\mathrm{mol}) \times (142.7\,\mathrm{kJ\,mol^{-1}})]$$
$$- (298.15\,\mathrm{K}) \times [(3\,\mathrm{mol}) \times (205.03\,\mathrm{J\,K^{-1}\,mol^{-1}})$$
$$- (2\,\mathrm{mol}) \times (238.82\,\mathrm{J\,K^{-1}\,mol^{-1}})] \times \frac{1\,\mathrm{kJ}}{1000\,\mathrm{J}}$$
$$= -285.4\,\mathrm{kJ} - 40.98\,\mathrm{kJ} = -326.4\,\mathrm{kJ}$$

塩化アンモニウムの生成 (8.6) では

$$NH_3(\mathrm{g}) + HCl(\mathrm{g}) \longrightarrow NH_4Cl(\mathrm{s}) \qquad (8.6)$$

$$\Delta G° = \Delta H° - T\,\Delta S°$$
$$= [(1\,\mathrm{mol}) \times (-314.43\,\mathrm{kJ\,mol^{-1}}) - (1\,\mathrm{mol}) \times (-45.94\,\mathrm{kJ\,mol^{-1}}$$
$$- 92.31\,\mathrm{kJ\,mol^{-1}})] - (298.15\,\mathrm{K}) \times [(1\,\mathrm{mol}) \times (94.6\,\mathrm{J\,K^{-1}\,mol^{-1}})$$
$$- (1\,\mathrm{mol}) \times (192.67\,\mathrm{J\,K^{-1}\,mol^{-1}} + 186.80\,\mathrm{J\,K^{-1}\,mol^{-1}})]$$
$$\times \frac{1\,\mathrm{kJ}}{1000\,\mathrm{J}} = -176.2\,\mathrm{kJ} + 84.9\,\mathrm{kJ}$$
$$= -91.3\,\mathrm{kJ}$$

である.よってどちらの反応も 25 ℃, $1.01 \times 10^5\,\mathrm{Pa}$ では自発的である.しかし,熱力学でいう「自発的」とは「実際に反応が人の手を必要とせずに自然発生的に進む」ということと同義語ではない.例を 2 つ示そう.

水素の燃焼反応 (8.41) はロケットの推進にも用いられる大きな発熱を伴う自発的反応である.

$$2H_2(\mathrm{g}) + O_2(\mathrm{g}) \longrightarrow 2H_2O(\mathrm{g}) \qquad (8.41)$$

$$\Delta G° = \Delta H° - T\,\Delta S° = (2\,\mathrm{mol}) \times (-135.06\,\mathrm{kJ\,mol^{-1}}) - (298.15\,\mathrm{K})$$
$$\times [(2\,\mathrm{mol}) \times (266.27\,\mathrm{J\,K^{-1}\,mol^{-1}}) - (2\,\mathrm{mol})$$
$$\times (130.58\,\mathrm{J\,K^{-1}\,mol^{-1}}) - (1\,\mathrm{mol}) \times (205.03\,\mathrm{J\,K^{-1}\,mol^{-1}})]$$
$$\times \frac{1\,\mathrm{kJ}}{1000\,\mathrm{J}}$$
$$= -289.90\,\mathrm{kJ}$$

何らかの方法で点火するとこの反応は爆発的に進むが，単に $H_2(g)$ と $O_2(g)$ を混合しただけでは始まらない.

同様にダイヤモンドがグラファイトに変化する反応 (8.42) も自発的である.

$$C\,(\text{ダイヤモンド}) \longrightarrow C\,(\text{グラファイト}) \tag{8.42}$$

$$\Delta G^\circ = \Delta H^\circ - T\,\Delta S^\circ = 0 - (1\,\text{mol}) \times (1.90\,\text{kJ mol}^{-1}) - (298.15\,\text{K})$$
$$\times\,[(1\,\text{mol}) \times (5.74\,\text{J K}^{-1}\,\text{mol}^{-1}) - (1\,\text{mol}) \times (2.38\,\text{J K}^{-1}\,\text{mol}^{-1})]$$
$$\times\,\frac{1\,\text{kJ}}{1000\,\text{J}}$$
$$= -2.90\,\text{kJ}$$

したがって，ダイヤモンドは常にグラファイトに変わってしまう可能性を秘めている. それにもかかわらずダイヤモンドが貴重な財産であるのは，人類が生存できる環境ではこの反応が事実上起こらないためである. 自発的反応をコントロールしているのは反応速度であり，12 章でこれらの反応が進まない理由が明らかにされる.

熱力学第三法則の発見

19 世紀末から 20 世紀にかけて化学者を悩ませていた問題の 1 つは，たとえばアンモニア合成反応のように工業的に重要な反応の平衡定数

$$K_p = e^{-\Delta G^\circ / RT} = e^{-\Delta H^\circ / RT} e^{\Delta S^\circ / R} \tag{1}$$

の値をエンタルピー H や熱容量 C_p といった熱測定のデータから計算によって求められないことであった. その間の事情は，たとえば，以下のように考えると理解できる.

反応に伴うギブズエネルギー変化 ΔG の温度依存性を，温度のべき級数で表すことができると仮定する.

$$\Delta G = \sum_{n=0} a_n T^n = a_0 + a_1 T + a_2 T^2 + a_3 T^3 + a_4 T^4 + \cdots \tag{2}$$

$$\frac{\Delta G}{T} = \frac{a_0}{T} + a_1 + a_2 T + a_3 T^2 + a_4 T^3 + \cdots \tag{3}$$

であるから，

$$\left[\frac{\partial}{\partial T}\left(\frac{\Delta G}{T}\right)\right]_p = -\frac{a_0}{T^2} + a_2 + 2a_3 T + 3a_4 T^2 + \cdots \tag{4}$$

となる. 式 (4) の左辺は $-(\Delta H/T^2)$ に等しい[1] ので

$$\Delta H = -T^2\left[\frac{\partial}{\partial T}\left(\frac{\Delta G}{T}\right)\right] = a_0 - a_2 T^2 - 2a_3 T^3 - 3a_4 T^4 + \cdots \tag{5}$$

である.

　式 (5) には (2) にあった定数 a_1 が存在しない. 言い換えれば, どれだけ精密に熱測定を行っても, 式 (2) の ΔG の値は決定できず, 平衡定数の計算に必要な標準ギブズエネルギー変化 $\Delta G°$ の構成要素である標準エントロピー変化 $\Delta S°$ の値も求めることはできないのである.

　ル・シャトリエや F. ハーバーもこの問題を認識していたが, 解決方法を提案できなかった. この閉塞状況を打破したのが, 当時ゲッティンゲン大学からベルリン大学に移ったばかりのヴァルター・ネルンストであった.

　1906 年に発表した論文『熱測定からの化学平衡の計算について』で彼は以下の結論を下した.

> "すべての化学反応におけるギブズエネルギー変化 ΔG とエンタルピー変化 ΔH は（交叉するのではなく, 下の図に示すように）漸近的に接近し, $T=0$ では等しくなる."

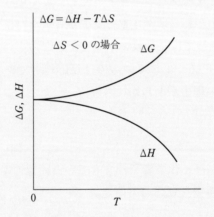

　このことは, エントロピー変化 ΔS は $T \to 0$ で限りなくゼロに近づく, 言い換えれば $T=0$ ではすべての化学反応の反応物と生成物のエントロピーは等しいということを意味する.

$$\lim_{T \to 0} \Delta S = 0 \tag{6}$$

これは

$$\Delta S = \frac{\Delta H - \Delta G}{T} = -(a_1 + 2a_2 T + 3a_3 T^2 + 4a_4 T^3 + \cdots) \tag{7}$$

であるから, $a_1 = 0$ とすることであり, 熱測定による結果からエントロピー変化 ΔS そして平衡定数を計算する途が拓かれたのであった.

　ネルンストは式 (6) を "熱定理 Heat Theorem" と呼び[2], その主張が正しいことを実証するために第一次世界大戦が始まる 1914 年までの 8 年間, 研究室を挙げて低温での熱測定に没頭した. その結果, 彼の提案の正しさは広く認められ, 1920 年のノーベル化学賞受賞に繋がった.

　ネルンストの熱定理が成り立つことを可能にする最も適切な考え方は, 「反応物と生成物のエントロピーは 0 K でゼロである」と仮定することであるが, この提案はプランクによってなされた. 彼はその著書『Treatise on Thermodynamics』の中で "温度が限りなく低下すると,

有限の密度をもつ化学的に均一な物体のエントロピーは限りなくゼロに近づく" と述べている.

8.6 節で述べた "熱力学第三法則" はネルンストの熱定理とプランクによるその拡張の結果である.

1) この関係式はギブズ-ヘルムホルツの式と呼ばれる $\left(\dfrac{\partial \Delta G}{\partial T}\right)_p = -\Delta S = \dfrac{\Delta G - \Delta H}{T}$ であるが,

$\left[\dfrac{\partial}{\partial T}\left(\dfrac{\Delta G}{T}\right)\right]_p = \dfrac{1}{T}\left(\dfrac{\partial \Delta G}{\partial T}\right)_p - \dfrac{\Delta G}{T^2}$ の関係が成立するので, $\left[\dfrac{\partial}{\partial T}\left(\dfrac{\Delta G}{T}\right)\right]_p = -\dfrac{\Delta H}{T^2}$ となる.

2) ネルンストの同僚の一人は,「ネルンストの本でこの新しい定理を探すときは,索引の m で "mein Wärmesatz（私の熱定理）" を探さなくてはならない」と言ったと伝えられているほど,彼はこの重要な発見をしたことへの満足を周囲に匿さなかった.

8.8 ギブズエネルギー変化の温度依存性

ギブズエネルギー変化 ΔG を構成する ΔH と ΔS の温度依存性は小さいので,25 ℃ 以外の温度についても 25 ℃ における $\Delta H°$,$\Delta S°$ と式 (8.40) を用いて $\Delta G°$ を求めることができる.

エンタルピーとエントロピーがともに増加する反応（●表 8.2 の 1）およびともに減少する反応（●表 8.2 の 3）では,エンタルピーの増減と乱雑さの増減がギブズエネルギーに逆の効果を与えるので $\Delta G°$ の符号が温度に依存する.一方,エンタルピーが増加し,エントロピーが減少する反応（●表 8.2 の 2）ではどちらもギブズエネルギーを大きくする方向の寄与をするので常に $\Delta G° > 0$,逆にエンタルピーが減少し,エントロピーが増加する反応（●表 8.2 の 4）ではどちらもギブズエネルギーを減少する方向の寄与をするので常に $\Delta G° < 0$ である.

表 8.2 ギブズエネルギー変化の符号

	ΔH	ΔS	ΔG
1	$\Delta H > 0$	$\Delta S > 0$	$\Delta G > 0$ または $\Delta G < 0$
2	$\Delta H > 0$	$\Delta S < 0$	常に $\Delta G > 0$
3	$\Delta H < 0$	$\Delta S < 0$	$\Delta G > 0$ または $\Delta G < 0$
4	$\Delta H < 0$	$\Delta S > 0$	常に $\Delta G < 0$

●表 8.2 にある 4 種類の場合について例を示す.

1. $\Delta H > 0$, $\Delta S > 0$

$$N_2O_4(g) \longrightarrow 2NO_2(g)$$

$$\Delta G° = 57.2\,\text{kJ} - (175.7\,\text{J K}^{-1}) \times (T\,\text{K})$$

正方向の反応では共有結合を切る必要があるので,エンタルピー（主として内部エネルギー）が増加する.しかし同時に乱雑さも増えるので,低温ではエネルギーが下る逆方向が自発的であるが,高温になる

と乱雑さが増加する効果がエネルギー低下の効果を上回り，正方向が自発的になる．ギブズエネルギー変化の符号が逆転する温度は 326 K である．

2. $\Delta H > 0$, $\Delta S < 0$

$$3O_2(g) \longrightarrow 2O_3(g)$$

$$\Delta G^\circ = 285.4\,\text{kJ} + (137.45\,\text{J}\,\text{K}^{-1}) \times (T\,\text{K})$$

酸素の方がオゾンより内部エネルギーが低く，しかもオゾンの分解は気体分子数の増加を伴うので，T に関係なく逆反応（オゾンの酸素への分解）が自発的である．

3. $\Delta H < 0$, $\Delta S < 0$

$$N_2(g) + 3H_2(g) \longrightarrow 2NH_3(g)$$

$$\Delta G^\circ = -91.88\,\text{kJ} + (197.9\,\text{J}\,\text{K}^{-1}) \times (T\,\text{K})$$

窒素と水素からアンモニア分子を生じると内部エネルギーが下がると同時に乱雑さも減少する．そのため 464 K 以下では内部エネルギーが低下するアンモニアの生成が自発的，464 K 以上では乱雑さが増加するアンモニアの分解が自発的になる．

4. $\Delta H < 0$, $\Delta S > 0$

$$2H_2O_2(l) \longrightarrow 2H_2O(l) + O_2(g)$$

$$\Delta G^\circ = -196.10\,\text{kJ} - (125.65\,\text{J}\,\text{K}^{-1}) \times (T\,\text{K})$$

過酸化水素は比較的不安定な分子で，その分解は内部エネルギーの大きな減少を伴う．分解は同時に分子数の増加による乱雑さの増加をもたらす．よってエネルギー的にも乱雑さの点からも，過酸化水素が分解することによってギブズエネルギーが下がるので，T に関係なく正方向が自発的である．

　ΔG° の値は純粋な生成物と純粋な出発物のギブズエネルギーの差である．しかしギブズエネルギー G の値は分圧（あるいは濃度）が変化することによっても変化する．したがって，反応の進行に伴って ΔG が次第に変わるので $\Delta G^\circ < 0$ であるからといって，反応が始まると純粋な出発物が完全に純粋な生成物になるというわけではない．この点についてつぎの章で学ぶことにしよう．

問 題

---

1. 表 8.1 あるいは文献に記載されている標準生成エンタルピー $\Delta_f H°$ の値を用いて，ヘスの法則が成り立つ反応の例を示せ．

2. エタノールはアセトアルデヒドを経て酢酸へと酸化される．反応 (1) と反応 (2) の標準エンタルピー変化の和が反応 (3) の標準エンタルピー変化に等しいことを確認せよ．

$$CH_3CH_2OH(l) + \frac{1}{2}O_2(g) \longrightarrow CH_3CHO(g) + H_2O(l) \qquad (1)$$

$$CH_3CHO(g) + \frac{1}{2}O_2(g) \longrightarrow CH_3COOH(l) \qquad (2)$$

$$CH_3CH_2OH(l) + O_2(g) \longrightarrow CH_3COOH(l) + H_2O(l) \qquad (3)$$

3. つぎの反応の SATP におけるエンタルピー変化 $\Delta H°$ と内部エネルギー変化 $\Delta U°$ を求めよ．

$$C_2H_2(g) + 2H_2(g) \longrightarrow C_2H_6(g)$$

$$(\Delta H° = -310.53\,kJ, \quad \Delta U° = -305.6\,kJ)$$

4. 理想気体の定圧熱容量 C_p は温度に関係なく $\frac{5}{2}R$ に等しい．理想気体 1 mol を 0℃ から 100℃ まで加熱したときの系のエントロピー変化を求めよ． $(\Delta S = 6.484\,J\,K^{-1}\,mol^{-1})$

5. 常圧におけるエタノール C_2H_5OH の融点 T_m は -114.5℃，融解エンタルピー $\Delta_f H°$ は $4.931\,kJ\,mol^{-1}$ である．エタノールが常圧において融解するときのエントロピー変化を求めよ．

$$(31.08\,J\,K^{-1}\,mol^{-1})$$

6. 下の表の値から硝酸アンモニウムが水に溶ける反応

$$NH_4NO_3(s) \xrightarrow{H_2O(l)} NH_4^+(aq) + NO_3^-(aq)$$

の 25℃ における $\Delta H°$，$\Delta S°$，$\Delta G°$ の値を求め，この反応が 25℃ で自発的に進行することを確かめよ．

25℃，1.01×10^5 Pa における標準生成エンタルピーと標準エントロピー

	$\Delta_f H°/\,kJ\,mol^{-1}$	$S°/\,J\,K^{-1}\,mol^{-1}$
$NH_4NO_3(s)$	-365.6	151.1
$NH_4^+(aq)^*$	-132.5	113.4
$NO_3^-(aq)^*$	-207.4	146.4

* 濃度 1 mol kg^{-1} の水溶液（水溶液中のイオンの標準状態）についての値

7. 問 3 の反応の SATP におけるエントロピー変化 $\Delta S°$ とギブズエネルギー変化 $\Delta G°$ を求め，$\Delta G°$ の符号が温度に依存すること

を確認せよ.　　　　　$[\Delta G^\circ = -310.5 \times 10^3 + 232.9\,T\,(\mathrm{J\,mol^{-1}})]$

8. 系のエントロピー変化の計算は可逆過程について行わなければ
   ならない. 常圧で $-10\,℃$ にまで過冷却された水が同じ温度の
   氷に変わるときのエントロピー変化を求めるにはどのような過
   程について計算をすればよいか考えよ.

9 化学平衡の原理

　8 章でギブズエネルギーが減少する反応は自発的であることを明らかにした．しかし多くの反応では出発物と生成物の混合物を生じて一見反応が止まったような状態になる．この章ではなぜこのようなことになるのかを明らかにしよう．

9.1　動的平衡

　アンモニア NH_3 は窒素肥料や硝酸の原料となる重要な化合物であり，窒素と水素からアンモニアを作る反応 (9.1) は工業的に最も重要な反応の 1 つである．

$$N_2(g) + 3H_2(g) \rightleftarrows 2NH_3(g) \tag{9.1}$$

窒素と水素の混合物を $15 \sim 30\,MPa$，$400 \sim 500\,℃$ に保つとアンモニアが次第に生成するが，一定時間経過後その濃度変化が停止する．しかし，その状態で反応が止まっていないことは水素を一部抜き取って重水素 D_2 を入れると，やがて NH_2D，NHD_2，ND_3 などが生成することから明らかである．

$$NH_3 \xrightarrow{D_2} NH_2D \xrightarrow{D_2} NHD_2 \xrightarrow{D_2} ND_3$$

　(9.1) で "$\longrightarrow$" の代わりに使われている "$\rightleftarrows$" は反応が正逆両方向に進むことを表している．

　このように正反応と逆反応の速度が等しくなって反応が停止したように見える状態を化学平衡という．化学平衡にある系では常に反応が起こっている点が，2 つの気体が同じ圧力でつり合っているような物理的な力の平衡とは異なる．そのため化学平衡は動的平衡であるといわれる．

Fritz Haber (1868-1934) とハーバー-ボッシュ法

　窒素と水素からアンモニアを合成する反応に最初に成功したのはドイツ人化学者フリッツ・ハーバーである．カールスルーエ大学教授の職にあったハーバーは，1908 年にこの反応の平衡組成と温度・圧力との関係を研究し，合成には数 10 MPa の高圧が必要であることを明らかにした．彼の研究は，現在の BASF の前身である，バディッシュ・アニリン・ソーダ会社（Badische Anilin-und-Soda-Fabrik）のカール・ボッシュを中心としたグループに引き継がれた．彼らは，安価で有効な鉄系触媒，高圧水素に耐える反応管，高圧のガス圧縮機，水素ガス製造法など様々な開発を行って，1913 年に最初の大規模なアンモニア合成工場（日産 10 t）を作り上げた．この方法はハーバー・ボッシュ法として今も広く使われている．ハーバーは 1918 年の，ボッシュは 1931 年のノーベル化学賞を受賞している．

　アンモニアは窒素肥料の原料として人類を飢餓から救い，これからも救い続けることは間違いない．その意味でハーバーとボッシュは人類の恩人といえるかもしれない．しかし，皮肉なことにアンモニアは戦争の遂行にも多いに役立ったのである．

　硝酸は火薬の製造に不可欠なものであるがアンモニアの酸化で合成できる．第一次大戦の開戦（1914 年）とともにイギリス海軍はドイツの港を封鎖して硝酸の原料であるチリ硝石（主成分は硝酸ナトリウム $NaNO_3$）のドイツへの供給を断った．これでドイツ軍は数年で火薬不足に陥ると考えられたが，ドイツでは窒素を空気から，水素をコークスと水から作ることによってアンモニアの供給を確保し，ドイツ軍は 4 年間にわたって戦争を続けることができた．しかし，今に至るも多くの化学者がハーバーの業績を称えることにためらいを覚えるのはこのためではない．

　ユダヤ人でありながら愛国者であったハーバーは開戦当時，カイザー・ヴィルヘルム協会傘下の，物理化学・電気化学研究所（Kaiser-Wilhelm-Institut für Physikalische Chemie und Elektrochemie）の所長であったが，致死性がある化学物質である塩素を兵器として使用することを提案し，そのための部隊を編成する権限を与えられた．彼は将来のノーベル賞受賞者，ジェームズ・フランク，グスタフ・ヘルツ，そして核分裂を発見することになるオットー・ハーン，をふくむ並々ならぬ人々を集めた．その部隊は，1915 年 4 月 22 日，古い中世の町イーペル Ypres 近くの前線で 5000 本の塩素ガス容器のバルブを開いて世界初の致死性のガスを用いた化学戦を始めた．その後，イギリス・フランスなど連合軍側も化学兵器を使用しその種類も増えて行った．戦争は 1918 年 11 月にドイツの降伏によって終結した．ハーバーは戦争犯罪人として裁かれることを恐れはしたが，その道義的責任を追求する声にひるむことはなく，戦後も化学兵器の研究を続けた．彼にとっての破局は思わぬ方向からやって来た．

　1933 年 1 月に大統領ヒンデンブルグによって首相に指名されたヒトラーはユダヤ人の公職からの追放を進めた．そのために忠節を尽くして戦った祖国に裏切られたハーバーは，部下のユダヤ人研究者の転職を斡旋するなどした後，研究所長の職を辞して亡命し，1934 年 1 月にスイスのバーゼルで客死した．彼は息子ヘルマンに，もし墓石に墓碑銘を加えることがあ

るなら，"戦時においても平時においても，許される限り，祖国の僕^{しもべ}であった" とするように
と書き残していたが，彼は父の墓石にそれらの言葉を刻まなかった.

　戦後カイザー・ヴィルヘルム協会はマックス・プランク協会に改組され，彼が率いた物理
化学・電気化学研究所はその一翼であるフリッツ・ハーバー研究所（Fritz-Haber-Institut der
Max-Planck-Gesellschaft）となり現在に至っている.

　　"過去 50 年に人類が成し遂げた偉大な技術的成果を，エゴイストの未開人たちが手に
　　するなら，それは小さな子供が炎を手にするようなものである."

　　　　　　　　　　　　　　　　　　　　　　　　　　— フリッツ・ハーバー，1932

　参考："Master Mind : The Rise and Fall of Fritz Haber, the Nobel Laureate Who Launched the Age of
　Chemical Warfare" Daniel Charles, HarperCollins, 2005.

9.2　平衡定数

　アンモニア合成反応 (9.1) の平衡組成を分析した結果，一定の温度
と圧力においてはつぎの関数の値が一定になることが明らかになった.

$$K_p = \frac{P_{NH_3}{}^2}{P_{N_2} P_{H_2}{}^3} \tag{9.2}$$

　K_p は平衡定数と呼ばれ，一般式で表した気相反応 (9.3) では式 (9.4)
となることが確かめられている. K に小さく "p" がつけられているの
は反応に関与する気体の分圧 "partial pressure" で表した平衡定数であ
ることを強調するためであって省略されることも多い.

$$a A(g) + b B(g) \rightleftarrows q Q(g) + r R(g) \tag{9.3}$$

$$K_p = \frac{P_Q{}^q P_R{}^r}{P_A{}^a P_B{}^b} \tag{9.4}$$

　気相平衡では濃度と分圧は比例するので，平衡定数を各成分の濃度
によって表現することも可能である. それぞれの成分が理想気体であ
ると考えると以下の関係式が成り立つ.

$$[H_2] = \left(\frac{n_{H_2}}{V}\right) = \left(\frac{P_{H_2}}{RT}\right) \qquad [N_2] = \left(\frac{n_{N_2}}{V}\right) = \left(\frac{P_{N_2}}{RT}\right)$$

$$[NH_3] = \left(\frac{n_{NH_3}}{V}\right) = \left(\frac{P_{NH_3}}{RT}\right)$$

　よって濃度（concentration）で表現した平衡定数 K_c と圧力で表現
した平衡定数 K_p の間の関係はつぎのようになる.

$$K_c = \frac{[NH_3]^2}{[N_2][H_2]^3} = \frac{P_{NH_3}{}^2}{P_{N_2} P_{H_2}{}^3}(RT)^2 = K_p(RT)^2 \tag{9.5}$$

　一般式 (9.3) の場合は

$$K_c = \frac{[Q]^q[R]^r}{[A]^a[B]^b} = \frac{P_Q{}^q P_R{}^r}{P_A{}^a P_B{}^b}(RT)^{(a+b)-(q+r)} = K_p(RT)^{(a+b)-(q+r)}$$

$$= K_p(RT)^{-\Delta n} \tag{9.6}$$

である．ここで Δn は反応に伴う分子数の変化を表す．分子数が変化しない $\Delta n = 0$ の反応では $K_c = K_p$ である．

では $\Delta n \neq 0$ の反応について K_p と K_c を比較してみよう．

硫酸は三酸化硫黄 SO_3 の水溶液であるが，三酸化硫黄は二酸化硫黄 SO_2 から下記の平衡反応によって合成される．

$$2SO_2(g) + O_2(g) \rightleftarrows 2SO_3(g)$$

250 ℃ で平衡にある混合物を分析したところ，それぞれの濃度は $[SO_2] = 0.2\,\mathrm{mol\,dm^{-3}}$, $[O_2] = 0.3\,\mathrm{mol\,dm^{-3}}$, $[SO_3] = 0.6\,\mathrm{mol\,dm^{-3}}$ であったとしよう．

濃度平衡定数 K_c は

$$K_c = \frac{(0.6\,\mathrm{mol\,dm^{-3}})^2}{(0.2\,\mathrm{mol\,dm^{-3}})^2 \times (0.3\,\mathrm{mol\,dm^{-3}})} = 30\,\mathrm{mol^{-1}\,dm^3}$$

である．この値から圧平衡定数 K_p を求めるには濃度を $\mathrm{mol\,m^{-3}}$ で表さなければならない．

$$1\,\mathrm{mol\,dm^{-3}} = (1\,\mathrm{mol\,dm^{-3}}) \times \left(\frac{1000\,\mathrm{dm^3}}{1\,\mathrm{m^3}}\right) = 1000\,\mathrm{mol\,m^{-3}}$$

であるから

$$K_c = \frac{(600\,\mathrm{mol\,m^{-3}})^2}{(200\,\mathrm{mol\,m^{-3}})^2 \times (300\,\mathrm{mol\,m^{-3}})} = 30 \times 10^{-3}\,\mathrm{mol^{-1}\,m^3}$$

が濃度単位を $\mathrm{mol\,m^{-3}}$ とした濃度平衡定数である．

この反応では $\Delta n = -1$ であるから圧平衡定数 K_p は

$$K_p = K_c(RT)^{\Delta n} = \frac{K_c}{RT} = \left[\frac{30 \times 10^{-3}\,\mathrm{mol^{-1}\,m^3}}{(8.31\,\mathrm{J\,K^{-1}\,mol^{-1}}) \times (523\,\mathrm{K})}\right]$$

$$= 6.90 \times 10^{-6}\,\mathrm{N^{-1}\,m^2} = 6.9 \times 10^{-6}\,\mathrm{Pa^{-1}}$$

である．

この例からもわかるように $\Delta n \neq 0$ の反応では $K_p \neq K_c$ であるばかりでなく，平衡定数の値そのものが濃度あるいは圧力の単位に依存する[1]．

また，同じ反応でも異なる反応式に対応する平衡定数は異なる値になることにも注意が必要である．たとえばアンモニア合成反応を

$$\frac{1}{2}N_2(g) + \frac{3}{2}H_2(g) \rightleftarrows NH_3(g)$$

とした場合には

1) ここで扱った平衡定数は，厳密に言えば 9.3 節で扱う熱力学的平衡定数とは異なることに注意が必要である．

$$K_p' = \frac{P_{NH_3}}{P_{N_2}^{1/2}P_{H_2}^{3/2}} = \left(\frac{P_{NH_3}^2}{P_{N_2}P_{H_2}^3}\right)^{1/2}$$

となる.

　また, 2段階以上からなる反応の平衡定数は各段階の平衡定数の積になる. たとえば窒素と酸素から二酸化窒素を生成する反応は一酸化窒素を経ている2段階反応であり, 反応全体が平衡にあるということはそれぞれの反応も平衡にあるということであるから, $K = K_1 K_2$ である.

$$N_2(g) + O_2(g) \underset{}{\overset{K_1}{\rightleftharpoons}} 2NO(g) \qquad K_1 = \frac{P_{NO}^2}{P_{N_2}P_{O_2}}$$

$$+)\quad 2NO(g) + O_2(g) \overset{K_2}{\rightleftharpoons} 2NO_2(g) \qquad K_2 = \frac{P_{NO_2}^2}{P_{NO}^2 P_{O_2}}$$

$$N_2(g) + 2O_2(g) \overset{K}{\rightleftharpoons} 2NO_2(g) \qquad K = K_1 K_2 = \frac{P_{NO}^2}{P_{N_2}P_{O_2}} \times \frac{P_{NO_2}^2}{P_{NO}^2 P_{O_2}} = \frac{P_{NO_2}^2}{P_{N_2}P_{O_2}^2}$$

　化学平衡は均一混合物だけではなく, 2つ以上の相からなる不均一混合物における平衡もある. たとえば炭酸カルシウム $CaCO_3$ を密閉容器中で加熱するとつぎの平衡が成立する.

$$CaCO_3(s) \rightleftharpoons CaO(s) + CO_2(g) \tag{9.7}$$

　この場合, 平衡状態における二酸化炭素の圧力は炭酸カルシウムや酸化カルシウムの量には依存しない. よって平衡定数は二酸化炭素の圧力 (または濃度) そのものである.

$$K_p = P_{CO_2} \tag{9.8}$$

$$K_c = [CO_2] \tag{9.9}$$

　7章で学んだ液体の蒸発も, 蒸発と凝縮の速度が等しい動的平衡である. 平衡定数は蒸気圧そのもので, その値は存在する液体の量には依存しない.

　化学平衡は液相反応でも成立する. 酢酸 CH_3COOH とエタノール C_2H_5OH の混合物に少量の硫酸を加えて加熱すると酢酸エチル $CH_3COOC_2H_5$ と水を生成するが, 酢酸エチルの濃度の増加は次第にゆるやかになり, ついにある濃度に達して増加は止まる. 硫酸は12章で述べる触媒であって, 反応中に消費されないので反応式には現れない.

$$CH_3COOH(l) + C_2H_5OH(l) \rightleftharpoons CH_3COOC_2H_5(l) + H_2O(l) \tag{9.10}$$

よって平衡定数は (9.11) の通りである.

$$K_c = \frac{[CH_3COOC_2H_5][H_2O]}{[CH_3COOH][C_2H_5OH]} \tag{9.11}$$

　　　　　液相でも固体（あるいは別の相として存在する純粋な液体）が関与
する反応の平衡定数は存在する固体（あるいは液体）の量に依存しない.

$$AgCl(s) \overset{H_2O(l)}{\rightleftharpoons} Ag^+(aq) + Cl^-(aq) \tag{9.12}$$

$$K_c = [Ag^+][Cl^-] \tag{9.13}$$

　　　　　ここでいくつかの反応について平衡定数を求め, また平衡定数を
知って濃度を計算してみよう.

例1　水素と窒素の 3：1 混合物を 450℃ に加熱して平衡に達した. 平
衡における各成分のモル分率は水素 0.678, 窒素 0.226, アンモニア
0.096 であり, 全圧は 5.0 MPa であった. 平衡定数 K_p を求めよ.

　　解：それぞれの気体の分圧は

$$P_{H_2} = 5.0 \times 0.678 = 3.39\,MPa \quad P_{N_2} = 5.0 \times 0.226 = 1.13\,MPa$$

$$P_{NH_3} = 5.0 \times 0.096 = 0.48\,MPa$$

であるから

$$K_p = \frac{P_{NH_3}{}^2}{P_{N_2}P_{H_2}{}^3} = \frac{(0.48\,MPa)^2}{(1.13\,MPa) \times (3.39\,MPa)^3} = 5.2 \times 10^{-3}\,MPa^{-2}$$

例2　窒素は高温で酸素と反応する. 一酸化窒素 NO を生成する反応

$$N_2(g) + O_2(g) \rightleftharpoons 2NO(g)$$

の平衡定数 K_c は 2000℃ で 4.1×10^{-4} である.

　　もし平衡における濃度が $[O_2] = 1.2\,mol\,dm^{-3}$, $[N_2] = 0.25\,mol\,dm^{-3}$
であったなら, 一酸化窒素の濃度はいくらか.

　　解：$K_c = \dfrac{[NO]^2}{[N_2][O_2]} = \dfrac{[NO]^2}{0.25 \times 1.2} = 4.1 \times 10^{-4}$

であるから

$$[NO] = [(4.1 \times 10^{-4}) \times (0.25\,mol\,dm^{-3}) \times (1.2\,mol\,dm^{-3})]^{1/2}$$

$$= 0.011\,mol\,dm^{-3}$$

例3　水素とヨウ素からヨウ化水素を生じる反応

$$H_2(g) + I_2(g) \rightleftharpoons 2HI(g)$$

の平衡定数 K_p は 355℃ で 54.4 である. 0.200 mol の水素と 0.200 mol
のヨウ素を混合し平衡に達したところ, 系の圧力は 50 kPa であった.
ヨウ素は何 mol 残っているか.

　　解：水素とヨウ素 x mol が反応したとする.

　平衡後の物質量はそれぞれ

$$n_{H_2} = (0.2 - x)\,mol, \ n_{I_2} = (0.2 - x)\,mol, \ n_{HI} = 2x\,mol$$

であり, 全物質量は $(0.2 - x) \times 2 + 2x = 0.4\,mol$ に等しい.

よって分圧は

$$P_{H_2} = P_{I_2} = \left(\frac{0.2 - x}{0.4}\right) \times (50\,\text{kPa}) \quad P_{HI} = \left(\frac{2x}{0.4}\right) \times (50\,\text{kPa})$$

であり，平衡定数はつぎの通りである．

$$K_p = \frac{P_{HI}{}^2}{P_{H_2}P_{I_2}} = \frac{\left[\left(\frac{2x}{0.4}\right) \times (50\,\text{kPa})\right]^2}{\left[\left(\frac{0.2 - x}{0.4}\right) \times (50\,\text{kPa})\right]^2} = \left(\frac{2x}{0.2 - x}\right)^2 = 54.4$$

よって

$$\frac{2x}{0.2 - x} = 7.38, x = 0.157\,\text{mol}$$

であり，残っているヨウ素は $0.043\,\text{mol}$ である．

9.3　ギブズエネルギーと平衡定数

実験によれば 800 K におけるアンモニア生成の平衡定数は $8.99 \times 10^{-16}\,\text{Pa}^{-2}$ である．

$$K_p = \frac{P_{NH_3}{}^2}{P_{N_2}P_{H_2}{}^3} = 8.99 \times 10^{-16}\,\text{Pa}^{-2}$$

この平衡定数の値を決めている関数は反応に関与する気体のギブズエネルギーである．反応が平衡に達するのはそれぞれの気体のギブズエネルギーが分圧に依存するためである．

簡単のためにすべての気体が理想気体であるとして，ギブズエネルギーの圧力依存性を検証しよう．

ギブズエネルギーはエンタルピー H，温度 T，エントロピー S の関数である．

$$G = H - TS \tag{8.38}$$

またエンタルピーは内部エネルギー U に圧力 P と体積 V の積を加えたものである．

$$H = U + PV \tag{8.2}$$

理想気体では U も PV も温度のみの関数であるから，エンタルピーは温度が一定であれば圧力には依存しない．しかし 8 章で見た通り，エントロピーは気体が膨張すれば増加し，圧縮されれば減少する．

$$\Delta S = nR \ln \frac{V_2}{V_1} \tag{8.21}$$

温度が一定であれば理想気体の圧力と体積は反比例するので式 (8.21) をつぎのように書き直すことができる．

$$\Delta S = S_2 - S_1 = nR \ln \frac{P_1}{P_2} \tag{9.14}$$

したがって，1 mol の理想気体がもつギブズエネルギーを $\overline{G}(\mathrm{J\,mol^{-1}})$ とすれば，その圧力が P_1 から P_2 に変化することに伴うモルギブズエネルギー変化 $\Delta\overline{G}$ は $RT\ln\dfrac{P_2}{P_1}$ に等しい．

$$\Delta\overline{G} = \overline{G}_2 - \overline{G}_1 = -T\,\Delta S = RT\ln\frac{P_2}{P_1} \tag{9.15}$$

よって，1 mol の理想気体の $P\times 1.01\times 10^5\,\mathrm{Pa}$ におけるギブズエネルギー $\overline{G}$ と $1.01\times 10^5\,\mathrm{Pa}$（標準状態）におけるギブズエネルギー $\overline{G}^\circ$ との差 $\Delta\overline{G}$ は $RT\ln P$ であり，$\overline{G}$ の圧力依存性は式 (9.16) で与えられる．

$$\overline{G} = \overline{G}^\circ + RT\ln P \tag{9.16}$$

この式は理想気体のギブズエネルギーが一定の温度であっても圧力の増加とともに大きくなることを示している [2]．式 (9.16) は理想気体の混合物についても成り立ち，その場合，P はそれぞれの気体の分圧となる [3]．

反応 (9.1) のギブズエネルギー変化 ΔG はつぎのように，各気体の分圧が $1.01\times 10^5\,\mathrm{Pa}$ のときの変化量

$$\Delta G^\circ (= 2\overline{G}^\circ_{\mathrm{NH_3}} - \overline{G}^\circ_{\mathrm{N_2}} - 3\overline{G}^\circ_{\mathrm{H_2}})$$

と分圧に依存する変化量

$$RT\ln\left(\frac{P_{\mathrm{NH_3}}{}^2}{P_{\mathrm{N_2}}P_{\mathrm{H_2}}{}^3}\right)$$

の和に等しい．

$$
\begin{aligned}
\Delta G &= 2\overline{G}_{\mathrm{NH_3}} - \overline{G}_{\mathrm{N_2}} - 3\overline{G}_{\mathrm{H_2}} \\
&= 2\overline{G}^\circ_{\mathrm{NH_3}} - \overline{G}^\circ_{\mathrm{N_2}} - 3\overline{G}^\circ_{\mathrm{H_2}} + 2RT\ln P_{\mathrm{NH_3}} \\
&\quad - RT\ln P_{\mathrm{N_2}} - 3RT\ln P_{\mathrm{H_2}}
\end{aligned}
$$

よって式 (9.17) が得られる．

$$\Delta G = \Delta G^\circ + RT\ln\frac{P_{\mathrm{NH_3}}{}^2}{P_{\mathrm{N_2}}P_{\mathrm{H_2}}{}^3} \tag{9.17}$$

化学平衡とは系のギブズエネルギーが最小になって，反応が正逆どちらの方向へも自発的には進まない，すなわち $\Delta G = 0$ の状態である．そのとき，関数

$$\frac{P_{\mathrm{NH_3}}{}^2}{P_{\mathrm{N_2}}P_{\mathrm{H_2}}{}^3}$$

は平衡定数 K_p に等しいので，式 (9.18), (9.19) が成り立つ．

$$\ln K_p = -\frac{\Delta G^\circ}{RT} \tag{9.18}$$

$$K_p = \mathrm{e}^{-\Delta G^\circ/RT} \tag{9.19}$$

[2] 式 (9.16) の右辺にある圧力 P は，無次元の数値である．したがって，その対数をとることができ，式 (9.16) 右辺第 2 項の単位は $\mathrm{J\,mol^{-1}}$ である．

[3] 混合物における各成分のモルギブズエネルギーは化学ポテンシャルと呼ばれ，成分 i に対しては

$$\mu_{\mathrm{i}} = \mu_{\mathrm{i}}^\circ + RT\ln P_{\mathrm{i}}$$

と書かれる．μ_{i} は系のギブズエネルギーが成分 i の物質量 n_{i} の増減に伴ってどれだけ変化するかを表す量であるから，数学的には G の n_{i} に関する偏微分で定義される．

$$\mu_{\mathrm{i}} = \left(\frac{\partial G}{\partial n_{\mathrm{i}}}\right)_{T,P,n_{\mathrm{j}}}$$

（ただし，n_{j} は成分 i 以外の成分の物質量）
なお，$\overline{G}$ と μ_{i} は 1 mol 当たりのギブズエネルギーという意味をもつ示強性の量であることに注意しよう．

よって実験的に見いだされた式 (9.2) は単なる経験式ではなく，理論的根拠がある[4]．

一般化した平衡反応式 (9.3) については，ΔG と $\Delta G°$ は式 (9.20) の関係をもつ．

$$aA(g) + bB(g) \rightleftharpoons qQ(g) + rR(g) \tag{9.3}$$

$$\Delta G = \Delta G° + RT \ln Q \tag{9.20}$$

式 (9.20) で Q は

[4] 標準ギブズエネルギー変化を表す式 $\Delta G°$（$= 2\overline{G}°_{NH_3} - \overline{G}°_{N_2} - 3\overline{G}°_{H_2}$）に現れた $\overline{G}°$ の前の数字 $(2, -1, -3)$ は化学反応がどのような物質量の比で進むかを示す化学量論係数であって単位をもっていない．よって $\Delta G°$ の単位は $J\ mol^{-1}$ であり，$\dfrac{\Delta G°}{RT}$ は単位をもたない数値である．

反応進行度 ξ

化学反応式の一般式を以下のように表したとき

$$aA + bB \longrightarrow qQ + rR \tag{1}$$

左辺の A, B は反応物，右辺の Q, R は生成物の化学種を表し，係数 a, b, q, r は化学量論係数（単位はない）と呼ばれる．式 (1) はさらに一般化して

$$\sum_i \nu_i A_i = 0 \tag{2}$$

と書くことができる．このとき，化学量論係数 ν_i は反応物では負，生成物では正である．たとえば式 (9.1) のアンモニアの生成反応式 $[N_2(g) + 3H_2(g) \rightarrow 2NH_3(g)]$ では，$\nu_1 = -1$, $\nu_2 = -3$, $\nu_3 = 2$ である．この反応では NH_3 が 2 mol 生成するとき，N_2 は 1 mol，H_2 は 3 mol 減少する．したがって，各成分の変化量には以下の関係式が成り立つ．

$$\frac{\Delta n_{N_2}}{-1} = \frac{\Delta n_{H_2}}{-3} = \frac{\Delta n_{NH_3}}{2} \tag{3}$$

ここで，Δn_i は成分 i の物質量の変化量である．一般に，式 (2) で表される化学反応について，各成分の物質量の微小変化を dn_i とすると

$$\frac{dn_1}{\nu_1} = \frac{dn_2}{\nu_2} = \cdots = \frac{dn_i}{\nu_i} = \cdots = d\xi \tag{4}$$

の関係がある．$d\xi$ は個々の成分によらず，反応系における微小進行量を一般的に表している．ξ は反応の進行の程度を表すパラメーターで，反応進行度（反応進度）と呼ばれている．また，成分 i の初期（反応開始時）の物質量を $n_i{}^0$ とし，反応進行度 ξ のときの物質量を $n_i(\xi)$ とすると

$$n_i(\xi) = n_i{}^0 + \nu_i \times \xi \tag{5}$$

である．ξ の単位は mol で，反応開始時には $\xi = 0$ mol である．$\xi = 1$ mol のとき，反応は 1 単位進んだことになる．これまでに示した反応に伴うエンタルピー変化 ΔH，エントロピー変化 ΔS やギブズエネルギー変化 ΔG の値は暗に $\xi = 1$ mol の（反応が 1 単位進んだ）場合を考えたものである．

$$Q = \frac{P_\mathrm{Q}{}^q P_\mathrm{R}{}^r}{P_\mathrm{A}{}^a P_\mathrm{B}{}^b}$$

という形の関数である.

　同様の式 (9.21) が溶液反応でも成り立つことが証明されている.

$$\Delta G = \Delta G^\circ + RT \ln Q = \Delta G^\circ + RT \ln \frac{[\mathrm{Q}]^q [\mathrm{R}]^r}{[\mathrm{A}]^a [\mathrm{B}]^b} \tag{9.21}$$

よって,

$$\ln K_c = -\frac{\Delta G^\circ}{RT} \tag{9.22}$$

$$K_c = \mathrm{e}^{-\Delta G^\circ / RT} \tag{9.23}$$

である. なお, この場合の標準状態は濃度が $1\,\mathrm{mol\,dm^{-3}}$ の状態である[5].

　ここで 1 つ注意をしておこう.

　式 (9.19), (9.23) の K_p および K_c は無次元の数値であって, 前節の K_p および K_c と同じではない. これらを区別するために式 (9.19), (9.23) で求められる K を熱力学的平衡定数, 圧力あるいは濃度の実測値を用いて計算した K を経験的平衡定数と呼ぶこともある. 熱力学的平衡定数に現れる圧力または濃度の値は標準状態における値との比であるから単位をもたず, その値が圧力や濃度の単位に依存することもない. したがって, 熱力学的平衡定数の値は, 標準状態が同じであれば, 圧力や濃度の単位に依存しないが, 経験的平衡定数は前節で指摘したように, その値が単位に依存するので数値とともに単位を記さなければならない.

　反応混合物の組成とギブズエネルギーの関係は■図 9.1 によって定性的に表現できる. ■図 9.1 (a) は ΔG° が比較的小さい負の値である

5) 溶液中の溶質の標準状態は, 気体の場合とは異なり, 溶質が溶媒とだけ相互作用をしている. すなわち, 無限希釈状態にある溶質の性質を反映しており, そのような溶質の濃度が $1\,\mathrm{mol\,dm^{-3}}$ のときである.

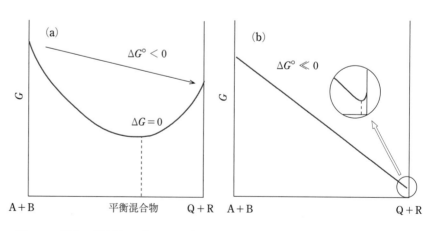

図 **9.1**　反応の進行と, 系のギブズエネルギー G の変化. (a) ΔG° が比較的小さい負値の場合.　(b) ΔG° が大きな負値の場合.

場合の様子を示している．正反応は自発的に進行するが，$\Delta G = 0$ の点まで来ると生成物の増加は停止する．逆反応は $\Delta G° > 0$ であるが，同じように $\Delta G = 0$ の平衡混合物に達するまで反応が進行する．一般に系のギブズエネルギーは反応の進行によって減少し，どちらから出発しても同じ平衡混合物を与える．■図 9.1 (b) は $\Delta G°$ が大きな負値の場合である．平衡混合物にはほとんど反応物 A と B は存在せず生成物 Q と R の混合物と見なすことができる．このような場合，反応は事実上一方的に A + B ⟶ Q + R の方向に進むと考えてよい．

たとえば 25℃ での平衡定数 K は $\Delta G° = -50\,\text{kJ}\,\text{mol}^{-1}$ であれば 5.8×10^8，$\Delta G° = -100\,\text{kJ}\,\text{mol}^{-1}$ であれば 3.4×10^{17} である．

9.4 平衡定数の温度依存性

平衡定数は標準ギブズエネルギーの関数であるから，●表 8.1 にある標準生成エンタルピー $\Delta_f H°$ と標準エントロピー $S°$ を使って平衡定数を計算できる．

$$K = e^{-\Delta G°/RT} = e^{-\Delta H°/RT}e^{\Delta S°/R} \tag{9.24}$$

四酸化二窒素 N_2O_4 と二酸化窒素 NO_2 は室温で平衡混合物として存在している．

$$N_2O_4(g) \rightleftharpoons 2NO_2(g) \tag{9.25}$$

この反応の温度 $T(K)$ における標準ギブズエネルギー変化はすでに 8.8 節で求めた．

$$\Delta G° = 57.2\,\text{kJ}\,\text{mol}^{-1} - (175.7\,\text{J}\,\text{K}^{-1}\,\text{mol}^{-1}) \times (T\,\text{K})$$

よって 25℃ における標準自由エネルギー変化と平衡定数は

$$\Delta G° = 57.2 - 175.7 \times 10^{-3} \times 298 = 4.84\,\text{kJ}\,\text{mol}^{-1}$$

$$K_p = \exp\left[-\frac{(4840\,\text{J}\,\text{mol}^{-1})}{(8.314\,\text{J}\,\text{K}^{-1}\,\text{mol}^{-1}) \times (298\,\text{K})}\right] = 0.142$$

である．

8.8 節で指摘したように，一般にある程度の温度範囲であれば標準エンタルピー変化 $\Delta H°$ と標準エントロピー変化 $\Delta S°$ は温度に依存しないと考えて差し支えない．よって異なる温度についても同様に平衡定数を計算できる．いくつかの温度における反応 (9.25) の熱力学的平衡定数は●表 9.1 に示す通りで，この反応では温度が高くなると平衡は右辺へと傾く．この反応は $\Delta H° > 0$ であるから吸熱反応で，吸熱反応の平衡定数は温度が高くなると大きくなることを示している．

アンモニア生成反応

反応の進行とギブズエネルギーの変化

■図 9.1 を単純な理想気体の反応 (1) について具体的な数値に基づいて描いてみよう.

$$A(g) \longrightarrow B(g) \tag{1}$$

最初，系に A(g) が 1 mol 存在するとする．反応の進行に伴って系のギブズエネルギー G は式 (2) に従って変化する．

$$G = (1-\xi)\overline{G}_A + \xi\overline{G}_B \quad (\text{この式における } G \text{ の単位は J である．}) \tag{2}$$

モルギブズエネルギーの圧力依存性

$$\overline{G} = \overline{G}^\circ + RT \ln P \quad (P \text{ は } 1.01 \times 10^5 \, \text{Pa を単位としたときの数値}) \tag{9.16}$$

を A と B に対して適用すると式 (3) が得られる．

$$G = (1-\xi)\overline{G}_A^\circ + \xi\overline{G}_B^\circ + RT \ln P_A{}^{(1-\xi)}P_B{}^\xi \tag{3}$$

反応が標準圧力で進行している（$P = P_A + P_B = 1$）なら，$P_A = Px_A = 1-\xi$, $P_B = Px_B = \xi$ であり，$G - \overline{G}_A^\circ$ を $\overline{G}_B^\circ - \overline{G}_A^\circ$ と ξ の関数として求めることができる．

298 K において $\Delta G^\circ = \overline{G}_B^\circ - \overline{G}_A^\circ = 3, 0, -3 \, \text{kJ mol}^{-1}$ の場合について得られた結果を下に示す．

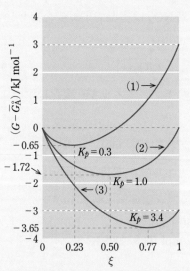

図 1　反応の進行に伴う系のギブズエネルギーの変化．
(1) $\Delta G^\circ = 3 \, \text{kJ mol}^{-1}$,　(2) $\Delta G^\circ = 0 \, \text{kJ mol}^{-1}$,
(3) $\Delta G^\circ = -3 \, \text{kJ mol}^{-1}$.

$\overline{G}_A^\circ$ の値は一定なので，$G - \overline{G}_A^\circ$ の ξ に対する変化は G の ξ に対する変化と見なしても同じである．したがって，■図 9.1 と同様に，極小値のところが平衡混合物の状態を表している．また，$\Delta G^\circ = \overline{G}_B^\circ - \overline{G}_A^\circ$ の値が小さいほど，平衡は生成物側に偏っていき，平衡定数 $K_p = \dfrac{P_B}{P_A}$ の値が大きくなっていることがわかる．

表9.1 四酸化二窒素の解離反応 (9.25) における標準
ギブズエネルギー変化 $\Delta G°$ と平衡定数 K_p の値

$T/\,°C$	0	25	50	100
$\Delta G°/\,kJ\,mol^{-1}$	9.23	4.84	0.45	−8.34
K_p	0.017	0.14	0.85	14.7

表9.2 アンモニア生成反応 (9.1) の平衡定数

T/K	300	500	700	900
$K_p/\,Pa^{-2}$	4.5×10^{-5}	1.0×10^{-11}	8.8×10^{-15}	1.5×10^{-16}

$$N_2(g) + 3H_2(g) \rightleftharpoons 2NH_3(g) \tag{9.1}$$

は発熱反応なので平衡定数は温度が高くなると小さくなる (●表9.2).
しかし高温のため，これらの実測値は 25 °C での $\Delta H°$, $\Delta S°$ を用いた
計算値とは一致しない.

標準エンタルピー変化 $\Delta H°$ と標準エントロピー変化 $\Delta S°$ の値から
様々な温度での熱力学的平衡定数を求めることができるということは，
異なる温度における平衡定数が測定されれば，$\Delta H°$ と $\Delta S°$ の値を求
めることができるということである．式 (9.24) について両辺の対数を
とると，式 (9.26) が得られる.

$$\ln K = -\frac{\Delta G°}{RT} = -\frac{\Delta H°}{RT} + \frac{\Delta S°}{R} \tag{9.26}$$

$\Delta S°$ は温度に依存しないと仮定し，式 (9.26) の両辺を $\frac{1}{T}$ で微分す
ると式 (9.27) が得られる.

$$\frac{d\ln K}{d(\frac{1}{T})} = -\frac{\Delta H°}{R} \tag{9.27}$$

先ほど述べたように，温度範囲が比較的限られたものであれば $\Delta H°$
は温度に依存しないと考えてよい．よって $\ln K$ を $\frac{1}{T}$ に対してプロッ
トすれば直線が得られ，その傾きは $-\frac{\Delta H°}{R}$ に，y-切片は $\frac{\Delta S°}{R}$ に等
しい.

実例を見よう．2-プロパノールの蒸気 $(CH_3)_2CHOH(g)$ と 2-プロパ
ノンの蒸気 $(CH_3)_2C=O(g)$ との間に存在する平衡 (9.28) の平衡定数
(●表9.3) の温度依存性は熱力学的平衡定数のそれと近似的に等しい
と考えられるので，それらの対数を $\frac{1}{T}$ に対してプロットすると■図

表9.3 2-プロパノール (g) と 2-プロパノン (g) の間の平衡定数 K_p

T/K	416.7	436.4	452.2	464.3	491.6
$10^{-4}K_p/\,Pa$	1.26	2.80	4.41	6.92	15.9

9.2 が得られる.

$$
\begin{array}{c}
\text{CH}_3 \\
| \\
\text{H}_3\text{C}-\text{C}\cdots\text{H} \\
| \\
\text{OH}
\end{array}
\rightleftharpoons
\begin{array}{c}
\text{CH}_3 \\
| \\
\text{H}_3\text{C}-\text{C}=\text{O}
\end{array}
+ \text{H}_2
\tag{9.28}
$$

最小 2 乗法によって求めたこの直線の傾きは -6.89×10^3, y-切片は 26.0 である. よって ΔH° と ΔS° はそれぞれ $57.3\,\mathrm{kJ\,mol^{-1}}$, $216\,\mathrm{J\,K^{-1}\,mol^{-1}}$ と計算される.

ギブズエネルギー変化の単位

理想気体分子の反応で, 反応進行度が ξ のときの系全体のギブズエネルギー G (単位は J) は, 成分 i の物質量を n_i, 標準状態でのモルギブズエネルギーを $\overline{G}_i^\circ$ [単位は $\mathrm{J\,mol^{-1}}$], 分圧を P_i ($P_i/1.01 \times 10^5\,\mathrm{Pa}$ である) とすると

$$
G = \sum_i n_i \times (\overline{G}_i^\circ + RT \ln P_i)
\tag{1}
$$

で表すことができる. 系の温度・圧力が一定のもとで, 反応進行度が ξ から $(\xi + \mathrm{d}\xi)$ に変化したとき, 各成分の物質量の微小変化は $\mathrm{d}n_i = \nu_i\,\mathrm{d}\xi$ であるから, 系のギブズエネルギーの微小変化 $\mathrm{d}G$ は

$$
\mathrm{d}G = \sum_i \mathrm{d}n_i \times (\overline{G}_i^\circ + RT \ln P_i) = \sum_i (\nu_i\,\mathrm{d}\xi)(\overline{G}_i^\circ + RT \ln P_i)
$$

$$
= \left(\sum_i \nu_i \times (\overline{G}_i^\circ + RT \ln P_i) \right) \cdot \mathrm{d}\xi = (\Delta G) \cdot \mathrm{d}\xi
\tag{2}
$$

となる. ここで, ΔG は反応進行度が ξ であるときの生成物と反応物とのギブズエネルギーの差を示している. 化学平衡とは系のギブズエネルギーが最小になる状態である. すなわち, $\mathrm{d}G = 0$ であり, $\mathrm{d}\xi \neq 0$ であるので $\Delta G = 0$ である. 式 (2) より

$$
\Delta G = \sum_i \nu_i \times (\overline{G}_i^\circ + RT \ln P_i) = \left(\sum_i \nu_i \overline{G}_i^\circ \right) + RT \ln \prod_i P_i^{\nu_i}
$$

$$
= \Delta G^\circ + RT \ln \prod_i P_i^{\nu_i}
\tag{3}
$$

ここで, $\prod$ は積・商を示す記号である. 反応が平衡状態 ($\Delta G = 0$) になったとき, $\prod_i P_i^{\nu_i} = K_p$ (本来単位はない) であるので

$$
\Delta G^\circ = -RT \ln K_p
\tag{4}
$$

となる. 式 (2) や式 (3) からわかるように, ΔG や ΔG° の単位は $\mathrm{J\,mol^{-1}}$ である. また, 式 (4) の右辺 $-RT \ln K_p$ の単位は RT で決まり, $\mathrm{J\,mol^{-1}}$ である. 本文では具体的なイメージがもてるように, $\xi = 1\,\mathrm{mol}$ の (反応が 1 単位進んだ) 場合の値を示し, ΔG や ΔG° の単位を [J] で表した.

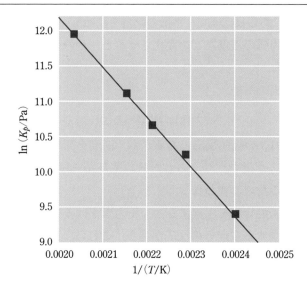

図 9.2 2-プロパノールと 2-プロパノンの間の平衡定数と温度の関係

$$\Delta H^\circ = (6.89 \times 10^3\,\mathrm{K}) \times (8.314\,\mathrm{J\,K^{-1}\,mol^{-1}}) = 57.3 \times 10^3\,\mathrm{J\,mol^{-1}}$$
$$= 57.3\,\mathrm{kJ\,mol^{-1}}$$

$$\Delta S^\circ = 26.0 \times (8.314\,\mathrm{J\,K^{-1}\,mol^{-1}}) = 216\,\mathrm{J\,K^{-1}\,mol^{-1}}$$

この例のように多くの温度で測定を行えば正確であるが，2 つの異なる温度での平衡定数さえあれば，反応の標準エンタルピー変化を推定できる．

$$\ln\left(\frac{K_2}{K_1}\right) = -\frac{\Delta H^\circ}{R}\left(\frac{1}{T_2} - \frac{1}{T_1}\right) \tag{9.29}$$

たとえば水の蒸気圧は 25 ℃ で 3.17 kPa，100 ℃ で 101.3 kPa であるから

$$\ln\left(\frac{101.3}{3.17}\right) = -\frac{\Delta_\mathrm{v} H\,\mathrm{J\,mol^{-1}}}{8.314\,\mathrm{J\,K^{-1}\,mol^{-1}}}\left(\frac{1}{373\,\mathrm{K}} - \frac{1}{298\,\mathrm{K}}\right)$$

より，$\Delta_\mathrm{v} H = 42.7\,\mathrm{kJ\,mol^{-1}}$ であると推定できる．この値は正確な測定による 100 ℃ における蒸発熱 40.65 kJ mol^{-1} に近い．

9.5 ル・シャトリエの原理

四酸化二窒素が二酸化窒素へ解離する反応 (9.25) の平衡定数が温度の上昇とともに増加し，アンモニア生成の平衡定数が高温で低下するのは，ル・シャトリエの原理[6] といわれる化学平衡に関する一般則の一例である．

1884 年，フランスの化学者ル・シャトリエは平衡にある反応系に変動を加えたときに平衡が移動する方向についての法則を明らかにした．ル・シャトリエの原理といわれるこの法則はつぎのように表現できる．

6) この節で述べている化学平衡に関する法則は，一般に "ル・シャトリエの原理" として知られているが，ル・シャトリエ Henry L. Le Chatelier（1850-1936）一人の功績に帰することはできない．とりわけ重要な役割を果たしたのは，オランダ人化学者ファントホッフ Jacobs H. van't Hoff（1852-1911）である．彼はル・シャトリエに先立つこと数ヶ月，反応速度に関する著書の中で，平衡定数と温度の関係を明らかにした．ル・シャトリエは同年に発表した論文で，ファントホッフの結論に触発されたことを認めていたが，化学平衡にある系が外部から加えられた変動に対して示す応答は，"ル・シャトリエの原理" と呼ばれるようになった．興味深いことに有機化学・物理化学の発展に重要な貢献をし，第 1 回ノーベル化学賞を授与されたファントホッフが，この呼び名に苦情を申し立てることはなかった．

「平衡状態にある反応系で，平衡の位置を決めている温度，圧力，反応に関与する物質の濃度などを変化させると，その変化を相殺する方向に反応が進む.」

四酸化二窒素の解離

$$N_2O_4(g) \rightleftarrows 2NO_2(g) \tag{9.25}$$

は $\Delta H° = 57.2\,kJ$ の吸熱反応であるから，温度を高めると熱を吸収する右方向に反応が進む. 与えられた熱エネルギーは窒素–窒素の共有結合を切断するために使われる.

またこの平衡混合物を圧縮すると，圧力を下げる方向すなわち気体分子の数が減少する左向きの反応が進む. これは，体積が $\dfrac{1}{a}$ $(a > 1)$ に圧縮されたが反応はまだ起こっていないという仮想的な状態では

$$Q = \frac{P_{NO_2}{}^2}{P_{N_2O_4}} > K_p$$

であることを考えれば理解できる. 関数 Q が K_p より大きいので，反応は分子を小さく分母を大きくする左方向へ進む. 反応系の体積を増せば Q が K_p より小さくなるので反応は右に進む.

平衡に関与する物質を加えたり除いたりすれば Q が平衡定数に等しくなるように変化しなければならないから，加えられた物質が減少する方向の反応が進む.

これらの説明からわかるように，この原理は適用範囲がたいへん広い便利な法則である.

問　題

1. つぎの過程に対する平衡定数 K_c を記せ.
   1) $2NaHCO_3(s) \rightleftarrows Na_2CO_3(s) + CO_2(g) + H_2O(g)$
   2) $3Fe(s) + 4H_2O(g) \rightleftarrows Fe_3O_4(s) + 4H_2(g)$
   3) $PbCl_2(s) \rightleftarrows Pb^{2+}(aq) + 2Cl^-(aq)$

2. つぎの反応の平衡定数 K_p を書き，K_p と K_c の関係を明らかにせよ.
   1) $Cl_2(g) + 3F_2(g) \rightleftarrows 2ClF_3(g)$
   2) $H_2(g) + I_2(g) \rightleftarrows 2HI(g)$

3. 二酸化炭素 CO_2 は高温で酸素と一酸化炭素 CO に分解する.

$$2CO_2(g) \rightleftarrows 2CO(g) + O_2(g)$$

1100 ℃ において 1 mol の二酸化炭素から出発して上記の平衡に達

した後, 系の圧力は $1.0\,\mathrm{MPa}$, 酸素の割合は体積で $1.4\times10^{-3}\,\%$ であった. 平衡定数 K_p を求めよ.

$$(K_p = 1.1\times10^{-14}\,\mathrm{MPa},\quad \text{経験的平衡定数})$$

4. 表の値は $1500\,^\circ\mathrm{C}$ における窒素, 酸素, 一酸化窒素に関する標準生成エンタルピーと標準エントロピーの値である. 反応

$$\mathrm{N_2(g) + O_2(g) \rightleftharpoons 2NO(g)}$$

の $1500\,^\circ\mathrm{C}$ における平衡定数 K_p を求めよ.

	$\Delta_\mathrm{f}H^\circ/\mathrm{kJ\,mol^{-1}}$	$S^\circ/\mathrm{J\,K^{-1}\,mol^{-1}}$
$\mathrm{N_2}$	0	241.88
$\mathrm{O_2}$	0	258.08
NO	91.51	262.70

$$(K_p = 8.6\times10^{-5},\quad \text{熱力学的平衡定数})$$

5. 有害な一酸化窒素 NO を除去するためにアンモニアによる NO の還元反応を用いる可能性を, つぎの反応の $25\,^\circ\mathrm{C}$ におけるギブズエネルギー変化を用いて考察せよ.

$$\mathrm{6NO(g) + 4NH_3(g) \rightleftharpoons 5N_2(g) + 6H_2O(g)}$$

6. 以下の反応が平衡状態にあるとする. 温度と圧力を一定に保ちつつ系内にヘリウムを加えるとどのような化学変化が起こるか推定せよ.

$$\mathrm{2H_2O(g) \rightleftharpoons 2H_2(g) + O_2(g)}$$

7. 前問の反応において温度と体積を一定にして, 系内にヘリウムを加えるとどのような化学変化が起こるか推定せよ.

8. ル・シャトリエの原理によれば, アンモニアの合成反応, 式 (9.1), を効率よく進めるには, 圧力を高くすることが望ましい. このことを平衡定数 K_p を用いて説明せよ. (ヒント:系の全圧 P_T と各成分のモル分率 x を用いて K_p を表すことができる)

9. 1986 年, カメルーンの火口湖, ニオス湖, で突然二酸化炭素ガスによる爆発が起こり, 多数の住民と家畜が窒息死するという惨事が起こった. この事故について調べ, 事故とル・シャトリエの原理の関係について述べよ.

10 酸と塩基

　9章では化学平衡の本質について学んだ. 化学平衡とは反応の標準ギブズエネルギー変化 $\Delta G°$ が比較的小さい場合に観察される現象で, 純粋な出発物から始めても生成物から始めても同じ組成の混合物を与える. その組成を決めているものが $\Delta G°$ であり, 組成を表す関数が平衡定数 $K = \exp\left(-\dfrac{\Delta G°}{RT}\right)$ であった. この章では代表的な化学平衡である酸–塩基平衡について学ぼう.

10.1　酸と塩基の定義

　酸と塩基の定義は時代とともに進化してきた. 代表的定義は, 1) アレニウスの定義, 2) ブレンステッド-ローリーの定義, 3) ルイスの定義である. これらを順に見ることにしよう.

1) アレニウスの定義：1884 年にスウェーデン人化学者アレニウスが提案したものである. これによると「酸とは水に溶けてヒドロニウムイオン H_3O^+ を生じる物質であり, 塩基とは水に溶けて水酸化物イオン OH^- を生じる物質である」.

　たとえば塩化水素 HCl と水酸化ナトリウム NaOH はそれぞれ酸と塩基である.

$$HCl(aq) + H_2O(l) \longrightarrow H_3O^+(aq) + Cl^-(aq) \tag{10.1}$$

$$NaOH(aq) \longrightarrow Na^+(aq) + OH^-(aq) \tag{10.2}$$

　塩化水素は H^+ を生じるのであるが, 水中で H^+ は水分子に付加してヒドロニウムイオン H_3O^+ を生じるので反応式 (10.1) のように書く. 塩化水素も水酸化ナトリウムも水中ではほぼ完全に解離し, 水和された分子あるいはイオン対としては事実上存在しない. この定義は単純でわかりやすいが, 水溶液に限定した定義であるため明らかに限界がある.

2) ブレンステッド-ローリーの定義：1923 年にデンマーク人化学者ブレンステッドとイギリス人ローリーがほぼ同時に, しかし互いに独立

して提案した定義である．この定義では「酸とはプロトン H^+ を与えるものであり，塩基とは H^+ を受け取るものである」．よってこの定義ではすべてのプロトン供与体が酸，プロトン受容体が塩基であるが，それらはそれぞれブレンステッド酸，ブレンステッド塩基と呼ばれる．

　酸（acid）を HA，塩基（base）を B とすると，酸と塩基の反応は式 (10.3) で表される．

$$HA + B \longrightarrow A^- + HB^+ \tag{10.3}$$

ここで A^- は共役（きょうやく）塩基，HB^+ は共役酸と呼ばれる．よって式 (10.1) のヒドロニウムイオン H_3O^+ は水の共役酸，Cl^- は塩化水素の共役塩基である．この定義の利点は水分子が関与しないつぎのような反応も酸塩基反応として分類できることである．

$$HCl + NH_3 \longrightarrow NH_4^+ + Cl^- \tag{10.4}$$

　しかし定義の一般性ということからいえば，この定義は H^+ が関与しない反応を含むことができないという限界をもつ．

3）ルイスの定義：ブレンステッド-ローリーの定義が提案された 1923 年に，アメリカ人化学者ルイスは水にもプロトンにも無関係で，しかもブレンステッド-ローリーの定義も含む酸と塩基の定義を提案した．ルイスによれば「酸とは電子対を受け取る物質，塩基とは電子対を与える物質である」．プロトンを受け取るということは孤立電子対をもつものが H^+ と配位結合をつくることであるから，ブレンステッド酸・ブレンステッド塩基もそれぞれルイス酸・ルイス塩基であることは明らかである．またこの定義に従えばプロトンをもたなくても孤立電子対を受け入れることができる三フッ化ホウ素 BF_3 のような物質も酸に分類される（■図 10.1）．

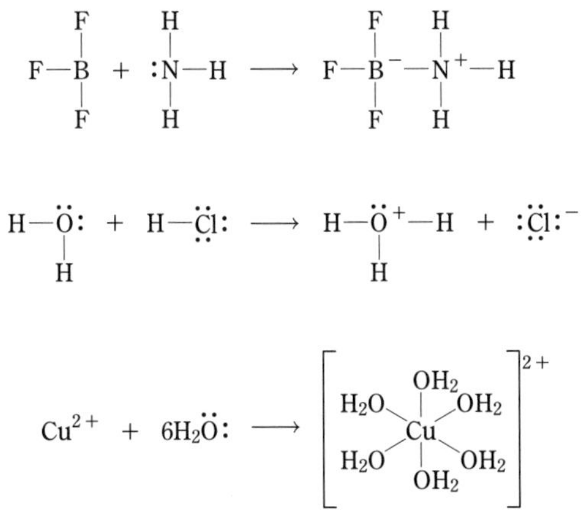

図 10.1　ルイス酸とルイス塩基の反応例

このように酸塩基反応という言葉でくくられる反応は多岐にわたるが，生物にとって最も大切な水溶液中の反応について詳しく考察しよう．

Gilbert N. Lewis（1875-1946）

この教科書で "3.10　ルイス構造" "4.1　ルイスの考えた共有結合" と "10.1　酸と塩基の定義" にその名が見られる "ルイス" とはどのような人物であろうか？

ギルバート・ルイス（Gilbert N. Lewis）は 1875 年にアメリカ合衆国，マサチューセッツ州，ウェイマス Weymouth で，法律家の父 Francis W. Lewis と母 Mary B. Lewis の間に生まれた．9 歳のときに両親とともにネブラスカ州へ移ったルイスは，13 歳でネブラスカ大学予備門，preparatory school，に入学するまでは正規の教育を受けず，家庭で両親から教育を受けた．そのことについて彼は後年「型にはまった教育課程を免れることができた」と述べている．

ネブラスカ大学で 2 年課程まで修了したルイスは，1893 年にハーバード大学に移り 1896 年に卒業した．マサチューセッツ州アンドーヴァーにある名門私立進学校，フィリップス・アカデミー [1] で教えた後，大学院生としてハーバードに戻ったルイスは，セオドア・リチャーズ [2] の指導を得て，1899 年に学位を取得した．ハーバードで講師を 1 年間勤めたルイスは，その頃の多くの若いアメリカ人化学者と同様に化学の先進国ドイツに留学した．ライプツィッヒのオストヴァルト，ゲッチンゲンのネルンストの下でそれぞれ 1 学期間学んだが，熱力学第三法則の確立で知られるネルンストとの関係は極めて不幸なものとなってしまい，その後も修復されることはなかった．

ハーバードに戻ったルイスは 3 年後，米西戦争の結果スペインからアメリカに 2000 万ドルで譲渡されたフィリッピンに渡って，フィリッピン度量衡局監督官および科学庁所属科学官として 1905 年まで勤務した．独立を求める反米闘争が終結したばかりの植民地で，研究環境に恵まれているとは言えないマニラにおいてさえ，ルイスは研究から離れることはなく "溶液における水和" など複数の論文を発表している．

アメリカに戻ったルイスは，マサチューセッツ工科大学（Massachusetts Institute of Technology, MIT）で物理化学の研究を強力に推進していた A. A. ノイズ [3] の研究室に加わった．ノイズ研究室での 7 年間，ルイスは極めて精力的に研究に励み，電極電位の正確な測定などで 30 報以上の論文を執筆した．1911 年には教授となったが，翌 1912 年にカリフォルニア大学バークレー（University of California, Berkley）に招かれ，1946 年に亡くなるその日まで，第一次世界大戦中の軍務（1917〜1918 年）期間 [4] を除いて，バークレーの化学科教授・学科長として研究と教育に尽くした．

才能豊かな研究者にしばしば見られるように，ルイスは 1 つのテーマを深く掘り下げるというタイプではなく，その興味と関心は化学の様々な分野に及んだ．ルイスの業績の主なものは以下の通りである．

(1) ルイス構造と共有結合

　本文図 3.17 に，周期表 1〜3 周期の元素について，元素記号の周囲に価電子を配置したルイス構造を示した．彼の価電子と化学結合に関する考察は，ハーバード時代の 1902 年にまで遡る．彼のノートには，立方体の頂点に 1〜7 個の価電子を描いた原子モデルが残されている[5]．現在のわれわれから見ると，このモデルは幼稚に見えるが，ラザフォードによる原子核の発見は 1909 年，ボーアの水素原子モデルの発表は 1913 年であるから，彼の先見性が窺える．しかしハーバードの教授たちはこのような原子のモデル化には興味を示さず，ルイスがこのモデルを公表したのは，バークレーに移って 4 年目の 1916 年，アメリカ化学会誌（*Journal of the American Chemical Society*）上であった．その論文の中でルイスは，立方体モデルを進化させたルイス式によって，電子対を 2 個の原子が共有する共有結合を提案した（本文 4.1 節）．これは最も単純な分子である水素 H_2 の共有結合に関する量子力学的説明に 10 年以上先行していた．彼は自らの理論の集大成を 1923 年に "Valence and the structure of atoms and molecules" としてアメリカ化学会から出版した．"軌道混成" に基づく共有結合の理論を発展させた L. ポーリングはその著書『化学結合論』の中でつぎのように述べている．

　"Lewis は 1916 年に発表した論文に於いて … 今日共有結合と呼ばれる化学結合の形成をば 2 原子間に 2 個の電子が共有せらるによるものとしたのであって，彼のこの論文は現在行われて居る原子価の電子的理論の基礎を為すものである．"（原文[6]のまま）

　ルイスの考えは 1919-21 年にラングミュア[7]が強く支持したことによって広く認められた．ラングミュアは常に，その基本概念を提唱したのがルイスであることを明らかにしていたが，彼の魅力的な人柄と巧みな提示[8]によって，多くの人が "ルイス理論" ではなく "ルイス-ラングミュア理論" 甚だしくは "ラングミュア理論" と呼ぶようになった．そのためにルイスとラングミュアの関係は微妙な緊張を孕むものになった．

(2) 酸と塩基の定義

　1923 年刊行の "Valence and ⋯." の中で，ルイスは新しい酸-塩基の定義について述べている．

　"塩基性物質とは他の原子との安定な原子団形成に利用できる孤立電子対をもつものであり，酸性物質とは他の分子から提供された孤立電子対によって安定な原子団を形成するものである．言い換えれば，塩基とは化学結合を作るために電子対を出すもの，酸とは電子対を受け取るものである．"

　この定義は酸と塩基の概念を水素イオン H^+ と水酸化物イオン OH^- から，延いては水溶液から解放するものであったが，当時もそして 1930 年代においても広まることはなく，教育現場ではブレンステッド-ローリーの定義のみが広く教えられた．

(3) 熱力学への寄与

　ルイスが最も長期にわたってそのエネルギーを注いだのは，ハーバードのリチャーズ研究室時代に遡る熱力学的研究である．この教科書での記述は主に理想気体や理想溶液を対象としているが，現実には高圧の気体や濃厚な溶液を扱わなければならないことが多い．ルイスは，圧力に代わる量として "フガシティー fugacity" を，濃度に代わる量として "活量 activity" を導入した．

　ルイスはまた，その難解さ故に化学者が利用できずにいたギブズエネルギーの重要性を逸早く理解して，その値を決定するための精密な測定を継続して行った．その研究成果は 1923 年に M. Randall との共著 "Thermodynamics and the Free Energy of Chemical Substances" として McGraw-Hill 社から出版された．

(4) 重水素の発見

　1932 年，コロンビア大学の H. ユーリーは，液体水素の分別蒸留（H_2 の沸点 20.6 K，D_2 の沸点 23.8 K）を繰り返すことによって，重水素を濃縮し，質量分析法によって質量数 2 の水素原子の検出に成功した．数ヶ月遅れてルイスは，H_2O が D_2O に比べてより早く電気分解されることを利用して重水 D_2O を大量に単離することに成功した．ルイスはそれから 2 年間この分野の研究に没頭し，重水をはじめとする重水素化合物の化学的，物理的，生物学的性質を研究しただけでなく，望むものには重水を分け与えた．彼は 26 編の論文としてその成果を報告したが，その後この研究に戻ることはなかった．

　ルイスの学生で，長らくバークレーで教授を勤めた J. H. ヒルデブランド[9] によれば，これから発展しようとしていたバークレーに招かれたルイスは，多くの若い有望な研究者をリクルートした．彼らは自由な雰囲気の中でのびのびと研究し，新しいアイディアを思いついた者はすぐ誰かにそのアイディアを話して討論が始まった．その様子は，あたかも古代アテネ人が議論しているかのようであった[10]．このような雰囲気の中から H. ユーリー（1934 年，重水素の発見），W. ジオーク（1949 年，極低温物性の研究），G. シーボーグ（1951 年，超ウラン元素の合成と研究），W. リビー（1960 年，^{14}C による年代決定法の開発），M. カルビン（1961 年，光合成におけるカルビン・ベンソン回路の発見）といったノーベル化学賞受賞者を始めとする多くの優れた化学者が巣立っていった．しかし，ルイス自身は 1922 年から 1944 年までほとんど毎年ノーベル化学賞にノミネートされながらついに受賞はならなかった．その理由の 1 つがネルンストとの確執であったことは間違いないとされている[11]．

　最期は突然やって来た．1946 年 3 月 23 日の午後，大学院生 M. カシャ[12] が実験室に入るとルイスが実験室の床に倒れていた．シアン化水素ガスのためのバキュームラインが壊れて，部屋にはガスが充満していた．しかし検視の結果，シアン化水素中毒の兆候はなく，死因は心臓発作と結論された．葉巻を好み，運動をせず，食事に無頓着で，医者を嫌っていた 70 歳の老人にとってそれは妥当な結論と思われるが，その朝は機嫌よく研究計画について話して

いたルイスが，名誉博士号を受けるために来学していたラングミュアとの食会から戻ると，落ち込んで不機嫌であったという証言などから，自殺の可能性もあるとうわさされた．ノーベル賞を受賞できなかったことはルイスにとって触れられたくない話題であり，したがって 1932 年の受賞者であるラングミュアとの会食がストレスであったことは間違いない．しかし午前中にこれからの研究について楽しげに語っていたルイスがこの程度のことで自殺するとは考えにくく，このストレスが発作の引き金となったかもしれないとカシャは推測している．

　　"私も他の多くの人もその科学者としての成功は誰よりもギルバート・ルイスのお蔭であると感じている ……．彼にとって科学に境界はなかった ……．彼は独創的で極めて活動的な人であった．しかし彼が最も偉大な貢献をしたのは教育者それも最高の教育者としてであった."

　　　　　　　　　　　　　　　　　　　　　　　　— ハロルド・ユーリー，1955[13]

1) Philips Academy, Andover. 全米で最も知られている全寮制進学校の 1 つ．現在は男女共学であるが，ルイスが教えた頃は男子校だった．同志社英学校（現同志社大学）を創立した新島襄は 1867 年にここを卒業している．

2) Theodore W. Richards. 大学院生の時代に始めた原子量の決定で知られている．中でも天然に産出する鉛と放射性物質の壊変で生成した鉛の原子量が異なることを化学分析で初めて証明した研究は同位体の存在を支持する重要な根拠となった．この研究ならびに多くの元素の原子量の決定などによって，1914 年にはアメリカ人で初めてノーベル化学賞を受賞した．

3) Arthur A. Noyes. MIT およびカリフォルニア工科大学 Caltech で教育と研究を行った．薬剤の溶解で重要な，固体の液体への溶解速度を，固体の表面積，液相における溶質の濃度，拡散係数など 5 つのパラメーターで評価する Noyes-Whitney 式で知られる．

4) ドイツ軍による毒ガスの使用に対抗するためにアメリカ軍は，"American Expeditionary Force Gas Defense School" をフランスに設置し，ルイスに士官の教育を命じた．前線で化学戦を実地に視察したルイスの教育は極めて有効で，アメリカ軍の毒ガスによる犠牲者は大きく減少した．
　　この功績に報いるため，1922 年アメリカ軍は彼に "陸軍殊勲賞 Distinguished Service Medal" を授与した．

5) Wikipedia https://en.wikipedia.org/wiki/Gilbert_N._Lewis にルイスの描いた図が引用されている．

6) 『化学結合論』L. ポーリング著，小泉正夫訳，共立出版，1942.

7) Ervin Langmuir. 表面科学の研究で 1932 年にノーベル化学賞を受賞した．

8) "共有結合 covalent bond"，"オクテット理論 octet theory" はラングミュアの造語である．

9) Joel H. Hildebrand. 1903 年ペンシルヴァニア大学卒業．1919 年から 1952 年までバークレーで教授を勤めた．彼の溶解度パラメーター δ は広く知られている．

10) J. H. Hildebrand, "Obituary Notices of Fellows of The Royal Society", **1947**, vol 5, 210-224.

11) たとえば William B. Jensen, "The Mystery of G. N. Lewis's Missing Nobel Prize", ACS Symposium Series, 2017.

12) Michael Kasha. バークレーで学位を取得した後，フロリダ州立大学で教えた．燐光，蛍光と励起状態の研究などで知られる．

13) "Borderland of the Unknown" A Lachman, Pageant Press , **1955**.

10.2　水の自己イオン化と pH

　水中の酸塩基平衡の基本は水分子自身がわずかではあるがイオン化することにある [式 (10.5)].

$$2H_2O(l) \rightleftarrows H_3O^+(aq) + OH^-(aq) \qquad (10.5)$$

表 10.1　水の自己プロトリシス定数（イオン積），中性での $[H_3O^+]$ と pH の値 *

$t/{}^\circ\mathrm{C}$	$K_w/\mathrm{mol}^2\,\mathrm{dm}^{-6}$	中性における $[H_3O^+]/\mathrm{mol\,dm}^{-3}$	中性の pH
0	1.12×10^{-15}	3.37×10^{-8}	7.47
25	1.01×10^{-14}	1.00×10^{-7}	7.00
50	5.32×10^{-14}	2.31×10^{-7}	6.64
100	5.14×10^{-13}	7.17×10^{-7}	6.14

*"The International Association for the Properties of Water and Steam", Lucerne, 2007 に記載された pK_w 値（http://www.iapws.org/relguide/Ionization.pdf）より計算.

　この反応の平衡定数 K は

$$K = \frac{[H_3O^+][OH^-]}{[H_2O]^2} \tag{10.6}$$

であるが，イオン化の程度はたいへん小さいのに対して水の容量モル濃度は

$$\frac{1000\,\mathrm{g\,dm}^{-3}}{18.0\,\mathrm{g\,mol}^{-1}} = 55.6\,\mathrm{mol\,dm}^{-3}$$

と大きく，イオン化による $[H_2O]$ の変化は無視できる．したがって，式 (10.6) に代えて式 (10.7) が使われ，K_w は水の自己プロトリシス定数あるいはイオン積と呼ばれる．K_w の値は 25 °C では 1.00×10^{-14} であるが，●表 10.1 に示す通り低温ではより小さく，高温ではより大きい．これはイオン化が $\Delta H = 56.8\,\mathrm{kJ\,mol}^{-1}$ の吸熱反応であることの表れである．

$$K_w = [H_3O^+][OH^-] \tag{10.7}$$

　$[H_3O^+] > [OH^-]$ の溶液は酸性，$[H_3O^+] < [OH^-]$ の溶液は塩基性（アルカリ性），$[H_3O^+] = [OH^-]$ の溶液は中性と呼ばれる．中性では $[H_3O^+] = K_w^{1/2}$ なので，水が液体として存在する温度範囲で $[H_3O^+] = 7 \times 10^{-7} \sim 3 \times 10^{-8}\,\mathrm{mol\,dm}^{-3}$ という小さな値である．そこで酸性–塩基性の程度を端的に表すために pH（ピーエッチ）が用いられる．

$$\mathrm{pH} = \log_{10} \frac{1}{[H_3O^+]} = -\log_{10}[H_3O^+] \tag{10.8}$$

1) 物理量の対数を取ることはできないので式 (10.8) の $[H_3O^+]$ は容量モル濃度で表したヒドロニウムイオン H_3O^+ の濃度を単位濃度 $1\,\mathrm{mol\,dm}^{-3}$ で割って得られる数値である．

　式 (10.8) を見るとわかる通り，pH は $[H_3O^+]$ を 10 のべき乗で表したときの指数の符号を変えたものなので "水素イオン指数" とも呼ばれる [1]．なおここで，"p" はある関数の逆数の常用対数をとるという数学的操作を簡潔に表すために使われている記号である．逆数の対数をとるのは多くの場合に pH が正の値になるように考慮した結果である．

　なお 25 °C では

$$[H_3O^+][OH^-] = 1 \times 10^{-14}$$

なので

$$\log[H_3O^+] + \log[OH^-] = -14$$

であり

$$pH = 14 - pOH \quad (pOH = -\log[OH^-])$$

という関係が成立することに注意しよう.

10.3　強い酸と弱い酸−酸解離定数

水に溶けたブレンステッド酸 HA の解離はつぎの平衡で表すことができる.

$$HA(aq) + H_2O(l) \rightleftharpoons H_3O^+(aq) + A^-(aq) \tag{10.9}$$

この反応の平衡定数 K は式 (10.10) であるが,

$$K = \frac{[H_3O^+][A^-]}{[HA][H_2O]} \tag{10.10}$$

一般に酸の解離による [H$_2$O] の減少は小さくて無視できるので, [H$_2$O] を定数に含めた形 (10.11) で表される.

$$K_a = K \times [H_2O] = \frac{[H_3O^+][A^-]}{[HA]} \tag{10.11}$$

ここで下付きの "$_a$" は酸を意味する "acid" の頭文字であって, K_a は酸解離定数と呼ばれる.

同じブレンステッド酸でも酸解離定数が極めて大きいものから小さいものまで様々である. K_a が大きいものは強酸, 小さいものは弱酸と呼ばれる. ●表 10.2 に代表的な強酸と弱酸, そして弱酸の酸解離定数を示す. 強酸の K_a が与えられていないのは解離がほぼ完全に進むので, 未解離の酸の濃度 [HA] を正確に求めることができないためである. 測定されている K_a の値は比較的小さく, しかも酸の種類に応じて何桁にもわたって変化しているので, pH と同じように pK_a が定義されている.

$$pK_a = \log_{10} \frac{1}{K_a} = -\log_{10} K_a \tag{10.12}$$

分子によっては酸として働く水素原子を 1 分子中に 2 つ以上もつものもある. たとえば炭酸は

$$H_2CO_3(aq) + H_2O(l) \rightleftharpoons H_3O^+(aq) + HCO_3^-(aq) \tag{10.13}$$

$$HCO_3^-(aq) + H_2O(l) \rightleftharpoons H_3O^+(aq) + CO_3{}^{2-}(aq) \tag{10.14}$$

表 **10.2**　代表的な強酸と弱酸および 25 °C 水中における酸解離定数の値

酸	分子式	$K_a / \text{mol dm}^{-3}$	pK_a
塩酸	HCl	–	–
硝酸	HNO_3	–	–
硫酸	H_2SO_4	–	–
		$0.010 \ (K_{a2})$	1.99
炭酸	H_2CO_3	$4.5 \times 10^{-7} \ (K_{a1})$	6.35
		$4.7 \times 10^{-11} \ (K_{a2})$	10.33
ギ酸	HCOOH	1.8×10^{-4}	3.75
酢酸	CH_3COOH	1.75×10^{-5}	4.756
安息香酸	C_6H_5COOH	6.25×10^{-5}	4.204
フェノール	C_6H_5OH	1.0×10^{-10}	9.99

と 2 段階の解離をする．このような場合，それぞれの解離定数を K_{a1}, K_{a2} として区別する．イオン化するプロトンの数が 2 個の酸は二塩基酸，3 個の酸は三塩基酸と呼ばれる．

塩酸のような強酸の場合，0.1 mol dm^{-3} 程度以下の比較的薄い水溶液では解離はほぼ完全なので，$[H_3O^+]$ は溶かした酸の濃度（これを初濃度といい $[HA]_0$ または c_0 で表す）と一致すると考えてよく，したがって $[HA]_0 = 0.1 \text{ mol dm}^{-3}$ ならば pH = 1，$[HA]_0 = 0.01 \text{ mol dm}^{-3}$ ならば pH = 2 となる．

一方，酢酸のような弱酸では溶かされた酸の一部分は解離するが，大部分の酸は解離しない状態で水に溶けている．K_a は 25 °C で $1.75 \times 10^{-5} \text{ mol dm}^{-3}$ である．

$$CH_3COOH(aq) + H_2O(l) \rightleftarrows CH_3COO^-(aq) + H_3O^+(aq) \quad (10.15)$$

では酢酸水溶液の pH を求めることはできるだろうか．この系では常に酢酸のイオン化 (10.15) とともに水の自己イオン化 (10.5) の平衡が存在する．そのため酢酸 CH_3COOH，酢酸イオン CH_3COO^-，ヒドロニウムイオン H_3O^+，水酸化物イオン OH^- の濃度が未知数となる．未知数が 4 つあるのでそれらの間に 4 つ以上の関係式がなければ問題を解くことはできない．関係式を列挙すると以下の通りである．

$$[H_3O^+][OH^-] = K_w \quad (10.7)$$

$$\frac{[H_3O^+][CH_3COO^-]}{[CH_3COOH]} = K_a \quad (10.16)$$

$$[CH_3COO^-] + [CH_3COOH] = [CH_3COOH]_0 = c_0 \quad (10.17)$$

$$[CH_3COO^-] + [OH^-] = [H_3O^+] \quad (10.18)$$

平衡なので式 (10.7), (10.16) が成り立つことはいうまでもない．式

何が酸性の H をつくるのか？

　ブレンステッド酸は分子内に少なくとも 1 つの H$^+$ となる水素原子をもつ．しかし，メタン CH$_4$ のように分子内に多くの水素原子をもちながら酸性をまったく示さない分子も多い．酸性を示す水素原子は，たとえば HCl（塩素の電気陰性度 3.16）のように，電気陰性度が大きい原子と結合している．言い換えれば，水素原子を含む共有結合 H–X が H$^{\delta+}$–X$^{\delta-}$ と分極している場合に H が酸性になるということである．硝酸や硫酸はそれぞれ HNO$_3$，H$_2$SO$_4$ と書き表されるが，実際には酸性の水素原子は酸素原子と結合していることにも注意しよう．またこれらの分子では，OH という原子団がさらに電気陰性度の比較的大きい原子からなる原子団と結合していることが酸性を強くしているのである．構造が似ていても亜硝酸 HNO$_2$（p$K_a = 3.25$）の酸性が弱いのは，窒素原子に結合している酸素原子数が少ないためである．

硝酸　　　硫酸　　　亜硝酸

　なお硝酸や硫酸そして有機分子である酢酸 CH$_3$COOH のように，ヒドロキシル基 OH の H がイオン化する酸は酸素酸と呼ばれる．

(10.17) は酢酸および酢酸イオンの濃度の和は酢酸の初濃度に等しいこと（物質収支）を，そして (10.18) は溶液が全体として電気的に中性である（電荷収支）ことを示している．[H$_3$O$^+$] を未知数として整理すると 3 次方程式 (10.19) が得られる．

$$[H_3O^+]^3 + K_a[H_3O^+]^2 - (c_0 K_a + K_w)[H_3O^+] - K_a K_w = 0 \quad (10.19)$$

　この方程式を近似的に解いてもよいのだが，もっと簡単に [H$_3$O$^+$] を求める方法がある．それには 2 つの仮定，1) 酢酸は弱酸であるからイオン化による酢酸の濃度減少は無視できる [式 (10.20)]，2) 水のイオン化は酢酸にくらべて少なく無視できる [式 (10.21)]，を使う．

$$[CH_3COOH] = c_0 \quad (10.20)$$

$$[CH_3COO^-] = [H_3O^+] \quad (10.21)$$

　これらの仮定を用いれば式 (10.16) は式 (10.22) となり，[H$_3$O$^+$] は式 (10.23) によって簡単に求めることができる．

$$\frac{[H_3O^+]^2}{[CH_3COOH]_0} = \frac{[H_3O^+]^2}{c_0} = K_a \quad (10.22)$$

$$[H_3O^+] = \sqrt{c_0 K_a} \quad (10.23)$$

近似が成り立たないときには？

　初濃度がより低くなると酸の濃度を初濃度に等しいとする仮定は成立しなくなる．たとえば $[CH_3COOH]_0 = 1 \times 10^{-3}\,mol\,dm^{-3}$ ではどうだろうか．式 (10.23) によって求められた $[H_3O^+]$ は $1.32 \times 10^{-4}\,mol\,dm^{-3}$ であって，最初に存在した酢酸の 13 ％ がイオン化するという結果になる．このような場合，得られた値を用いて初濃度に補正を加え，計算を繰り返すとより正確な結果を得ることができる．

　2 回目の計算は，

$$[CH_3COOH] = c_0 - 1.32 \times 10^{-4} = 8.68 \times 10^{-4}\,mol\,dm^{-3}$$

$$[H_3O^+] = \sqrt{8.68 \times 10^{-4} \times 1.75 \times 10^{-5}} = 1.23 \times 10^{-4}\,mol\,dm^{-3}$$

となる．この結果は最初の値にくらべ数％小さい．そこでこの値を使って，さらにもう一度同じ計算を繰り返してみると，

$$[CH_3COOH] = c_0 - 1.23 \times 10^{-4} = 8.77 \times 10^{-4}\,mol\,dm^{-3}$$

$$[H_3O^+] = \sqrt{8.77 \times 10^{-4} \times 1.75 \times 10^{-5}} = 1.24 \times 10^{-4}\,mol\,dm^{-3}$$

となる．これ以上同じ操作を繰り返しても得られる値は $1.24 \times 10^{-4}\,mol\,dm^{-3}$ で変化しない．よってこの溶液の $[H_3O^+]$ は $1.24 \times 10^{-4}\,mol\,dm^{-3}$ である．この方法は逐次近似法と呼ばれる．

　また水のイオン化を無視するという仮定だけを用いて 2 次方程式を解いてもよい．

$$\frac{[H_3O^+]^2}{c_0 - [H_3O^+]} = K_a$$

$$[H_3O^+] = \frac{1}{2}\left(-K_a + \sqrt{K_a^2 + 4c_0 K_a}\right)$$

　さらに初濃度が低くなるあるいは酸が弱くなると，水のイオン化の影響も無視できなくなる．そのような場合には 3 次方程式 (10.19) を解く必要がある．

　しかし，このように仮定をおいて計算する場合には，その結果を見て仮定が正しいことを確認する必要がある．酢酸の初濃度 c_0 が $0.1\,mol\,dm^{-3}$ の場合，式 (10.23) より

$$[H_3O^+] = 1.32 \times 10^{-3}\,mol\,dm^{-3}$$

であり，イオン化による酢酸の減少は初濃度の 1.3 ％ 程度に過ぎない．また式 (10.18) から

$$[CH_3COO^-] = [H_3O^+] - [OH^-]$$

であるが，

$$[OH^-] = \frac{K_w}{[H_3O^+]} = \frac{1 \times 10^{-14}\,mol^2\,dm^{-6}}{1.32 \times 10^{-3}\,mol\,dm^{-3}} = 7 \times 10^{-12}\,mol\,dm^{-3}$$

と見積もることができ，この値は 1.32×10^{-3} よりはるかに小さいので

水のイオン化を無視したことも正しい. よってこの溶液は

$$pH = -\log(1.32 \times 10^{-3}) = 2.88$$

と考えてよい. このように, ある程度濃度が高い弱酸溶液については, 水素イオン濃度を求めるのに式 (10.23) を使うことができる.

10.4 強い塩基と弱い塩基

代表的強塩基は 1 族および 2 族元素の水酸化物, たとえば NaOH や Ba(OH)$_2$, である. これらはイオン結晶であるが, 水に溶けるとほぼ完全に解離する. よって未解離の水酸化物の濃度は極めて低く, 解離定数を決定することはできない.

$$NaOH(aq) \longrightarrow Na^+(aq) + OH^-(aq) \qquad (10.2)$$

$$Ba(OH)_2(aq) \longrightarrow Ba^{2+}(aq) + 2OH^-(aq) \qquad (10.24)$$

これら金属水酸化物に対し, アンモニアのように窒素原子を分子内にもつ化合物には弱塩基性を示すものが多い.

$$NH_3(aq) + H_2O(l) \rightleftharpoons NH_4^+(aq) + OH^-(aq) \qquad (10.25)$$

$$CH_3CH_2NH_2(aq) + H_2O(l) \rightleftharpoons CH_3CH_2NH_3^+(aq) + OH^-(aq)$$
$$(10.26)$$

これらの解離定数は式 (10.11) と同様に [H$_2$O] を定数に含めた形の塩基解離定数 K_b で表すことができる[2].

$$K_b = \frac{[NH_4^+][OH^-]}{[NH_3]} \qquad (10.27)$$

しかし, アンモニウムイオン NH$_4^+$ はブレンステッド酸なので, その解離平衡と考えて K_a を用いることも多い. $K_a K_b = K_w$ であることに注意しよう.

$$NH_4^+(aq) + H_2O(l) \rightleftharpoons NH_3(aq) + H_3O^+(aq) \qquad (10.28)$$

$$K_a = \frac{[NH_3][H_3O^+]}{[NH_4^+]} = \frac{[NH_3][H_3O^+][OH^-]}{[NH_4^+][OH^-]} = \frac{K_w}{K_b} \qquad (10.29)$$

代表的塩基とそれらの解離定数を●表 10.3 に示す. 塩基性が弱いものほどプロトンを受け取る傾向が小さく, したがってその共役酸の酸性が強い.

弱塩基水溶液についても酸の場合と同じような仮定を置くことによって [OH$^-$] を式 (10.30) で推定できる.

$$[OH^-] = \sqrt{c_0 K_b} \qquad (10.30)$$

2) 式 (10.27) の下付きの "b" は塩基を意味する "base" の頭文字である.

表10.3　代表的塩基と 25 °C における解離定数および pK_a 値

塩基	分子式/組成式	K_b/ mol dm^{-3}	K_a/ mol dm^{-3}	pK_a
水酸化ナトリウム	NaOH	–	–	–
水酸化カリウム	KOH	–	–	–
水酸化バリウム	Ba(OH)$_2$*	–	–	–
アンモニア	NH$_3$	1.8×10^{-5}	5.6×10^{-10}	9.25
ヒドロキシルアミン	NH$_2$OH	8.7×10^{-9}	1.1×10^{-6}	5.94
エチルアミン	C$_2$H$_5$NH$_2$	4.5×10^{-4}	2.2×10^{-11}	10.65
アニリン	C$_6$H$_5$NH$_2$	7.4×10^{-10}	1.3×10^{-5}	4.87
ピリジン **	C$_5$H$_5$N	1.7×10^{-9}	5.9×10^{-6}	5.23

* 1 mol が 2 mol の酸と反応する塩基は 2 酸塩基と呼ばれる.

**

10.5　中和反応と酸塩基滴定

　酸と塩基が混合されるといわゆる中和反応が起こる. 強酸と強塩基の反応では, 強酸も強塩基も完全にイオン化していると考えられるので, 実際に反応に関与するのはヒドロニウムイオンと水酸化物イオンだけで, それら以外のイオンは傍観者にすぎない. たとえば塩酸と水酸化ナトリウムの中和反応は以下に示す通りであって, 生成物は塩化ナトリウムの水溶液である.

$$H_3O^+(aq) + OH^-(aq) + Na^+(aq) + Cl^-(aq)$$
$$\longrightarrow Na^+(aq) + Cl^-(aq) + 2H_2O(l) \qquad (10.31)$$

このような中和反応では, 溶液の pH は溶液中に存在する酸または塩基の物質量に応じて変るので, pH を測定しつつ, 濃度がわかっている酸あるいは塩基溶液を濃度不明の塩基あるいは酸の溶液に加えることによって, 未知の濃度を決定できる. このような操作は滴定, 酸と塩基の物質量が等しい点を当量点と呼ぶ. 酸 A と塩基 B の体積をそれぞれ V_A, V_B とすれば当量点では式 (10.32) が成り立つ.

$$[A]\, V_A = [B]\, V_B \qquad (10.32)$$

　たとえば濃度が不明の水酸化ナトリウム 10.00 cm^3 を濃度が 0.1000 mol dm^{-3} である塩酸で滴定したところ, $V_{HCl} = 11.03$ cm^3 で当量点に達したとすれば,

$$[NaOH] = 0.1000\,\text{mol dm}^{-3} \times \frac{11.03\,\text{cm}^3}{10.00\,\text{cm}^3} = 0.1103\,\text{mol dm}^{-3}$$

であるとわかる. この場合, 酸あるいは塩基 1 mol が 2 mol あるいはそれ以上の塩基あるいは酸と反応できる場合はそのことも考慮しなくてはならない. 硫酸と水酸化ナトリウムの反応は

$$H_2SO_4(aq) + 2NaOH(aq) \longrightarrow 2Na^+(aq) + SO_4{}^{2-}(aq) + 2H_2O(l)$$

であるから

$$2[H_2SO_4]V_{H_2SO_4} = [NaOH]\, V_{NaOH}$$

となる.

上の塩酸による滴定で濃度を決定した水酸化ナトリウム $10.00\,cm^3$ を濃度不明の硫酸で滴定し, 当量点が

$$V_{H_2SO_4} = 7.23\,cm^3$$

であったなら,

$$[H_2SO_4] = 0.1103\,mol\,dm^{-3} \times \frac{10.00\,cm^3}{7.23\,cm^3} \times \frac{1}{2} = 0.0763\,mol\,dm^{-3}$$

であると結論できる.

いうまでもなく, 強酸と強塩基の滴定では当量点で pH = 7 となる. では当量点の前後で溶液の pH はどのように変わるであろうか. $0.1\,mol\,dm^{-3}$ の塩酸 $10\,cm^3$ を同濃度の水酸化ナトリウムで滴定したときの pH 変化を見よう.

1) $V_{NaOH} = 9\,cm^3$ の場合

未中和の塩化水素の物質量 $n_{HCl} = 1\times10^{-3} - 9\times10^{-4} = 1\times10^{-4}\,mol$

溶液の体積 $V = 0.019\,dm^3$, よって

$$[H_3O^+] = \frac{1\times10^{-4}\,mol}{0.019\,dm^3} = 5.26\times10^{-3}\,mol\,dm^{-3}$$

$$pH = 2.28.$$

2) $V_{NaOH} = 9.9\,cm^3$ の場合

未中和の塩化水素の物質量 $n_{HCl} = 1\times10^{-3} - 9.9\times10^{-4} = 1\times10^{-5}\,mol$

溶液の体積 $V = 0.0199\,dm^3$, よって

$$[H_3O^+] = \frac{1\times10^{-5}\,mol}{0.0199\,dm^3} = 5.03\times10^{-4}\,mol\,dm^{-3}$$

$$pH = 3.30.$$

3) $V_{NaOH} = 10.1\,cm^3$ の場合

過剰の水酸化ナトリウムの物質量 $n_{NaOH} = 1\times10^{-5}\,mol$

溶液の体積 $V = 0.0201\,dm^3$, よって

$$[OH^-] = \frac{1\times10^{-5}\,mol}{0.0201\,dm^3} = 4.98\times10^{-4}\,mol\,dm^{-3}$$

$$pH = 14 - pOH = 10.70.$$

4) $V_{NaOH} = 11\,cm^3$ の場合

過剰の水酸化ナトリウムの物質量 $n_{NaOH} = 1\times10^{-4}\,mol$

溶液の体積 $V = 0.021\,dm^3$, よって

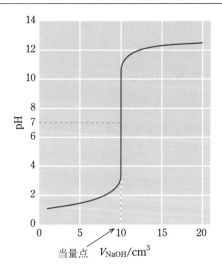

当量点　V_{NaOH}/cm^3

図 10.2　$0.1\,\text{mol dm}^{-3}$ の塩酸を同濃度の水酸化ナトリウムで滴定したときの滴定曲線

$$[\text{OH}^-] = \frac{1 \times 10^{-4}\,\text{mol}}{0.021\,\text{dm}^3} = 4.76 \times 10^{-3}\,\text{mol dm}^{-3}$$

$$\text{pH} = 14 - \text{pOH} = 11.68.$$

　以上の結果から溶液の pH は当量点の前後で大きく変化することがわかる．V_{NaOH} と pH の関係（滴定曲線）は■図 10.2 に示す通りであり，後で述べる pH 指示薬などを用いることによって当量点を正確に決定できる．

10.6　加水分解と弱酸あるいは弱塩基の滴定

　強酸と強塩基の中和滴定では当量点の pH は 7 であるが，酸塩基のいずれかが弱いと当量点が中性ではなくなる．これは加水分解という現象のためである．

　まず酢酸を水酸化ナトリウムで滴定する場合について当量点の pH を求めよう．わずかではあるが酢酸イオンは水分子と反応し，水酸化物イオン OH^- を生成する [式 (10.33)]．

$$\text{CH}_3\text{COO}^-(\text{aq}) + \text{H}_2\text{O}(\text{l}) \rightleftharpoons \text{CH}_3\text{COOH}(\text{aq}) + \text{OH}^-(\text{aq}) \quad (10.33)$$

この現象が加水分解であり，その平衡定数 K_h（"h" は hydrolysis からきている）を K_a と K_w から求めることができる．

$$K_h = \frac{[\text{CH}_3\text{COOH}][\text{OH}^-]}{[\text{CH}_3\text{COO}^-]} = \frac{[\text{CH}_3\text{COOH}][\text{OH}^-][\text{H}_3\text{O}^+]}{[\text{CH}_3\text{COO}^-][\text{H}_3\text{O}^+]} = \frac{K_w}{K_a}$$

$$= 5.71 \times 10^{-10}\,\text{mol dm}^{-3} \quad (10.34)$$

$0.1\,\text{mol dm}^{-3}$ の酢酸 $10\,\text{cm}^3$ を同じ濃度の水酸化ナトリウムで中和

したとすると，当量点では酢酸ナトリウムの $0.05\,\mathrm{mol\,dm^{-3}}$ の水溶液が得られる．加水分解による酢酸イオン濃度の減少と，水のイオン化による $[\mathrm{OH^-}]$ の増加はともに極めて小さいと思われるので

$$[\mathrm{CH_3COO^-}] = 0.05\,\mathrm{mol\,dm^{-3}}, \quad [\mathrm{CH_3COOH}] = [\mathrm{OH^-}]$$

と仮定する．式 (10.34) から $[\mathrm{OH^-}]^2 = 5.71 \times 10^{-10} \times 0.05$ であり，

$$[\mathrm{OH^-}] = 5.34 \times 10^{-6}\,\mathrm{mol\,dm^{-3}}, \quad \mathrm{pH} = 14 - 5.27 = 8.73 \text{ となる．}$$

得られた水酸化物イオン濃度は $0.05\,\mathrm{mol\,dm^{-3}}$ よりはるかに小さく，$1 \times 10^{-7}\,\mathrm{mol\,dm^{-3}}$ より十分大きい．よって用いた2つの仮定は妥当であり，当量点では $\mathrm{pH} = 8.73$ と結論できる．

加えた水酸化ナトリウムは酢酸との反応で完全に消費されてしまうと考えられるので，当量点以前および以後の pH は比較的簡単に求めることができる．たとえば水酸化ナトリウム溶液を $9\,\mathrm{cm^3}$ 加えた段階では

$$\frac{[\mathrm{CH_3COO^-}]}{[\mathrm{CH_3COOH}]} = 9$$

であるから，式 (10.16) より

$$[\mathrm{H_3O^+}] = \frac{K_\mathrm{a}}{9} = 1.94 \times 10^{-6}\,\mathrm{mol\,dm^{-3}}, \quad \mathrm{pH} = 5.71$$

$11\,\mathrm{cm^3}$ 加えた段階では消費されないで残っている水酸化ナトリウムの物質量 $1 \times 10^{-4}\,\mathrm{mol}$ と溶液の体積 $0.021\,\mathrm{dm^3}$ とから，未反応の $[\mathrm{OH^-}]$ と pH は

$$[\mathrm{OH^-}] = 4.76 \times 10^{-3}\,\mathrm{mol\,dm^{-3}}, \quad \mathrm{pH} = 11.68$$

である．

同様の計算を繰り返すことによって求められたこの滴定の滴定曲線を■図 10.3(a) に示す．

つぎに弱塩基と強酸の反応では当量点で $\mathrm{pH} < 7$ となることを $0.1\,\mathrm{mol\,dm^{-3}}$ の塩酸で同じ濃度のアンモニア水溶液を滴定する場合について確かめよう．

ブレンステッド酸であるアンモニウムイオン $\mathrm{NH_4^+}$ は加水分解を受ける．

$$\mathrm{NH_4^+(aq)} + \mathrm{H_2O(l)} \rightleftarrows \mathrm{H_3O^+(aq)} + \mathrm{NH_3(aq)} \qquad (10.35)$$

$$K_\mathrm{h} = \frac{[\mathrm{H_3O^+}][\mathrm{NH_3}]}{[\mathrm{NH_4^+}]} = \frac{[\mathrm{H_3O^+}][\mathrm{OH^-}][\mathrm{NH_3}]}{[\mathrm{NH_4^+}][\mathrm{OH^-}]} = \frac{K_\mathrm{w}}{K_\mathrm{b}}$$

$$= 5.6 \times 10^{-10}\,\mathrm{mol\,dm^{-3}} \qquad (10.36)$$

当量点で $[\mathrm{NH_4^+}] = 0.05\,\mathrm{mol\,dm^{-3}}$，$[\mathrm{NH_3}] = [\mathrm{H_3O^+}]$ と仮定すると，式 (10.36) より

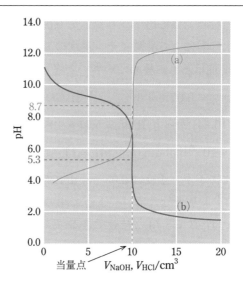

図 10.3 $0.1\,\mathrm{mol\,dm^{-3}}$ の酢酸 $10\,\mathrm{cm^3}$ を同じ濃度の水酸化ナトリウムで滴定したときの滴定曲線 (a) と $0.1\,\mathrm{mol\,dm^{-3}}$ のアンモニア $10\,\mathrm{cm^3}$ を同じ濃度の塩酸で滴定したときの滴定曲線 (b)

$$[\mathrm{H_3O^+}]^2 = 5.6 \times 10^{-10} \times 0.05, \qquad [\mathrm{H_3O^+}] = 5.3 \times 10^{-6}\,\mathrm{mol\,dm^{-3}},$$

$$\mathrm{pH} = 5.3$$

となる. 当量点前後の pH の変化は酢酸–水酸化ナトリウムの場合と同じように求めることができ, その結果も ■図 10.3(b) に示されている.

酢酸–水酸化ナトリウム [曲線 (a)], 塩酸–アンモニア [曲線 (b)] どちらの場合も当量点の前後で pH がかなり大きく変化するので正確に当量点を知ることができる.

10.7 pH 指示薬

酸塩基滴定で当量点を判定するために, 酸性と塩基性とで色が異なる pH 指示薬がよく用いられる. 指示薬は一体どのような原理で変色するのであろうか. そのことを理解するために代表的な指示薬の 1 つであるメチルオレンジを例に解説しよう. メチルオレンジの構造は ■図 10.4 に示すように溶液の pH によって変化する.

pH > 4.4 ではメチルオレンジの分子は 2 つのベンゼン環が –N=N– という原子団で結びつけられた形をしているが, その色は黄色である. 酸性が強まって pH < 3.1 になると, 分子がプロトンを受け取って構造が変わり色も赤色になる. pH 指示薬はどれもメチルオレンジと同じようにプロトンの授受をする性質があり, そのため pH によって色が変わる. 指示薬 (indicator) を InH とすると, 反応は式 (10.37), InH の酸解離定数は式 (10.38) で与えられる.

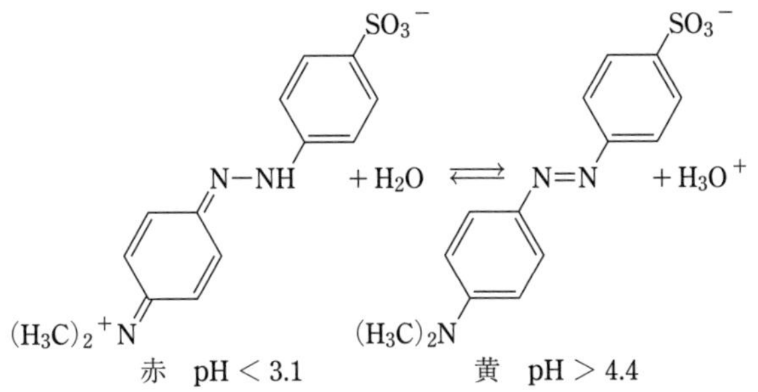

図 10.4　メチルオレンジの構造

$$\text{InH(aq)} + \text{H}_2\text{O(l)} \rightleftharpoons \text{H}_3\text{O}^+\text{(aq)} + \text{In}^-\text{(aq)} \tag{10.37}$$

$$K_a = \frac{[\text{H}_3\text{O}^+][\text{In}^-]}{[\text{InH}]} \tag{10.38}$$

メチルオレンジの pK_a は 3.46 なので，$[\text{InH}] = [\text{In}^-]$ となるのは

$$[\text{H}_3\text{O}^+] = 10^{-3.46} = 10^{-4} \times 10^{0.54} = 3.5 \times 10^{-4}\ \text{mol dm}^{-3}$$

のときであり，

$[\text{H}_3\text{O}^+] > 3.5 \times 10^{-4}\ \text{mol dm}^{-3}$ では $[\text{InH}] > [\text{In}^-]$，

$[\text{H}_3\text{O}^+] < 3.5 \times 10^{-4}\ \text{mol dm}^{-3}$ では $[\text{InH}] < [\text{In}^-]$ である．

　よってこの指示薬は弱酸性で変色する．

　変色が肉眼で確認できるには $\dfrac{[\text{InH}]}{[\text{In}^-]}$ がおよそ 0.1 〜 10 の変化を示す必要がある．したがってどの指示薬でも変色域がありその範囲はおよそ $0.1 K_a < [\text{H}_3\text{O}^+] < 10 K_a$（pH ではおよそ 2）である．

　代表的な指示薬の pK_a，酸性側–塩基性側での色および変色域は■図 10.5 に示す通りであり，当量点の pH に応じて適当な指示薬を選択する必要がある．

10.8　緩衝溶液

　酸あるいは塩基が水に溶けるとそれが少量でも pH の大きな変化を引き起こす．たとえば $1\,\text{dm}^3$ の水に塩化水素 $1 \times 10^{-4}\,\text{mol}\,(= 0.00365\,\text{g})$ を溶かすと pH は 4 になるし，水酸化ナトリウム $1 \times 10^{-4}\,\text{mol}\,(= 0.0040\,\text{g})$ を溶かすと pH が 10 になる．生体内の多くの化学反応は酵素によって触媒されているが，酵素はタンパク質である．牛乳にレモン汁を落とすとタンパク質の凝固が起こることからもわかる通り，タンパク質の構造は pH によって大きく変わるので，酵素がその触媒作用を十分に発揮するためには pH の制御は欠かせない．外部から酸や塩基が入っても溶液の pH を一定に保つ働きは緩衝作用と呼ばれるが，その働きの原理はつぎのようなものである．

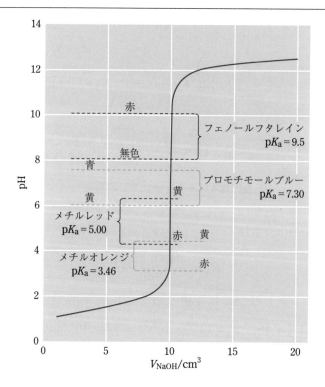

図 10.5　HCl の NaOH による中和滴定の pH 変化（■図 10.2）と代表的指示薬

　いま $[NH_3] = [NH_4^+] = 0.1\,mol\,dm^{-3}$ の溶液があるとしよう．アンモニアは $K_a = 5.6 \times 10^{-10}\,mol\,dm^{-3}$ であるから，式 (10.29) よりこの溶液は

$$[H_3O^+] = 5.6 \times 10^{-10}\,mol\,dm^{-3}, \qquad pH = 9.25$$

である．この溶液 $1\,dm^3$ に塩化水素 $1 \times 10^{-4}\,mol$ を加えると，強酸である HCl はすべてアンモニアと反応してしまう．

$$NH_3(aq) + HCl(aq) \longrightarrow NH_4^+(aq) + Cl^-(aq)$$

よってアンモニウムイオンとアンモニアの濃度は

$$[NH_4^+] = 0.1 + 0.0001 = 0.1001\,mol\,dm^{-3}$$

$$[NH_3] = 0.1 - 0.0001 = 0.0999\,mol\,dm^{-3}$$

であり

$$[H_3O^+] = (5.6 \times 10^{-10}) \times \left(\frac{0.1001}{0.0999}\right) = 5.61 \times 10^{-10}\,mol\,dm^{-3}$$

となって pH はほとんど変化しない．

　水酸化ナトリウム $1 \times 10^{-4}\,mol$ を加えると，OH^- イオンはアンモニウムイオンと反応して完全に消費されるので

$$NH_4^+(aq) + OH^-(aq) \longrightarrow NH_3(aq) + H_2O(l)$$

$$[NH_4^+] = 0.1 - 0.0001 = 0.0999 \, mol \, dm^{-3}$$

$$[NH_3] = 0.1 + 0.0001 = 0.1001 \, mol \, dm^{-3}$$

$$[H_3O^+] = (5.6 \times 10^{-10}) \times \left(\frac{0.0999}{0.1001}\right) = 5.59 \times 10^{-10} \, mol \, dm^{-3}$$

となって，やはり pH の変化は無視できるほど小さい．このような緩衝作用をもつ溶液を緩衝溶液と呼ぶ．

　同じ議論が酢酸–酢酸ナトリウムの溶液でも成り立ち，この場合は弱酸性緩衝溶液となる．一般に弱酸あるいは弱塩基とその塩を含む溶液は緩衝作用をもっている．

　人間の動脈血の pH は 7.35 〜 7.45 に保たれているが，それは主として二酸化炭素の溶解によってつくられる炭酸 H_2CO_3 の緩衝作用による．

$$CO_2(aq) + H_2O(l) \rightleftharpoons H_2CO_3(aq) \overset{H_2O}{\rightleftharpoons} H_3O^+(aq) + HCO_3^-(aq)$$

呼吸によって動脈血の血漿ではおよそ

$$[H_2CO_3] = 0.0024 \, mol \, dm^{-3}, \quad [HCO_3^-] = 0.024 \, mol \, dm^{-3}$$

の濃度が保たれている．肺気腫などによって呼吸が妨げられると二酸化炭素の濃度が高まり，血液の pH が低下するが，そのような症状はアシドーシスと呼ばれる．逆に高体温あるいは興奮などによって過呼吸になると，二酸化炭素濃度の低下によって pH が正常値を上回るアルカローシスとなる．

問　題

---

1. 炭酸水素イオン HCO_3^- はブレンステッド酸としてもブレンステッド塩基としても反応する．水溶液中における (1) 炭酸水素イオンと酢酸の反応式，(2) 炭酸水素イオンとアンモニアの反応式を書き，それぞれの正方向の反応について，酸とその共役塩基および塩基とその共役酸を明らかにせよ．

2. 298 K で水酸化ナトリウム（NaOH）40 mg を水に溶かして 1000 cm³ の溶液にした．この水溶液の pH はいくらか．　　(11)

3. 75 ℃ における水のイオン積 ($K_w/mol^2 \, dm^{-6}$) は 1.94×10^{-13} である．この温度における中性の pH を求めよ．　(pH = 6.36)

4. 25 ℃ で安息香酸 C_6H_5COOH の 0.050 mol dm⁻³ 水溶液が示す pH を求めよ．　(pH = 2.75)

5. 25 ℃ でアニリン $C_6H_5NH_2$ の 0.10 mol dm^{-3} 水溶液を同じ濃度の塩酸で滴定した．当量点における pH を求めよ． (pH = 3.09)

6. 塩酸 HCl(aq) に塩化ナトリウムを溶かした溶液は緩衝作用を示さない．その理由を述べよ．

7. 0.10 mol dm^{-3} のギ酸 HCOOH 水溶液 1.0 dm^3 にギ酸ナトリウム HCOONa を加えて pH = 4.00 の緩衝溶液をつくりたい．必要なギ酸ナトリウムの質量を求めよ．ただし，ギ酸ナトリウムを加えても，水溶液の体積は変化しないとする． (12 g)

8. フェノールフタレインはおよそ $\frac{1}{10}$ が In$^-$ の形になったときに発色を認識できる．水酸化ナトリウムの 0.1 mol dm^{-3} の溶液 1 cm^3 をどれだけ希釈したら，フェノールフタレインではアルカリ性と認識できないか．ただしフェノールフタレインの pK_a = 10 とする．

11 酸化と還元

　酸塩基平衡と並んでわれわれの生活にとって重要な反応は酸化と還元である．それはわれわれの生命を維持するために必要なエネルギーを供給している反応であり，同時にわれわれが生活を営む上で使っているエネルギーの大部分を供給する反応でもある．この章では酸化還元反応が関係する平衡について考えよう．

11.1　酸化と還元の定義

　最初，酸化は酸素と結合する過程，還元は酸化されたものから酸素を取り去って元の物質に戻す過程を意味する言葉であった．また酸素を取り去るために最も有効なものは水素であったため，水素を獲得する過程を還元，水素が奪われる過程を酸化とする呼び名も一般的になった．しかし研究が進むにつれて，酸素あるいは水素が関係しない反応でも酸化還元反応と考えることが適当である場合が数多く知られるようになった．その結果，いまでは酸化と還元はつぎのように定義されている．

　　　　酸化：電子を失う過程
　　　　還元：電子を獲得する過程

　また反応において電子を相手から奪う物質を酸化剤，電子を与える物質を還元剤という呼び名も定着している．

　たとえばマグネシウムは空気中で明るい白色光を発して燃焼する [式 (11.1)]．

$$2Mg(s) + O_2(g) \longrightarrow 2MgO(s) \qquad (11.1)$$

　酸化マグネシウム MgO は Mg^{2+} と O^{2-} からなるイオン性化合物であるから，電子 2 個がマグネシウム原子から酸素原子へ移動したことは明らかで，上記の定義は古くからの酸化還元の概念と矛盾していない．マグネシウムが還元剤，酸素が酸化剤である．

　酸素が関係しない酸化還元反応の代表は異なる金属間の反応であ

る．硫酸銅溶液に亜鉛板を浸すと亜鉛が溶け出すと同時に銅が析出する．この反応では酸化剤は硫酸銅，還元剤は亜鉛である．硫酸イオン $SO_4{}^{2-}$ は反応に直接関与しない傍観者なので反応式には現れない．

$$Zn(s) + Cu^{2+}(aq) \longrightarrow Zn^{2+}(aq) + Cu(s) \tag{11.2}$$

酸化還元反応では電子の授受を明らかにした半反応式が使われることが多い．酸化と還元の半反応式を電子が消えるように足し合わせると反応方程式が得られる．反応 (11.1), (11.2) の半反応式は以下の通りである．

$$\begin{array}{ll}
2Mg(s) \longrightarrow 2Mg^{2+}(s) + 4e^- \\
\underline{+)\quad O_2(g) + 4e^- \longrightarrow 2O^{2-}(s)} \\
2Mg(s) + O_2(g) \longrightarrow 2MgO(s)
\end{array}
\qquad
\begin{array}{ll}
Zn(s) \longrightarrow Zn^{2+}(aq) + 2e^- \\
\underline{+)\quad Cu^{2+}(aq) + 2e^- \longrightarrow Cu(s)} \\
Zn(s) + Cu^{2+}(aq) \longrightarrow Zn^{2+}(aq) + Cu(s)
\end{array}$$

11.2　酸化数

酸化還元反応には一見電子が移動していないように見えるものも多い．たとえばアンモニアと塩素は反応して窒素と塩化水素を与える．

$$2NH_3(g) + 3Cl_2(g) \longrightarrow N_2(g) + 6HCl(g) \tag{11.3}$$

この反応は分子から分子を生じる反応であり，電子の動きが自明とは言い難い．このような場合には以下の約束に基づいて決められる酸化数を用いると，酸化還元された原子を容易に認識することができる．

1. 単体の原子の酸化数は 0 である．
2. 単原子イオンではイオンの価数が酸化数に等しい．
   （例）Na^+ : +1, Ca^{2+} : +2　Cl^- : −1　O^{2-} : −2
3. 構成原子の酸化数の和は多原子分子ではゼロ，多原子イオンではイオンの価数に等しい．
4. 共有結合性化合物においては，フッ素原子は最も電気陰性であるから，その酸化数は常に −1，水素原子はそれより電気陰性度が大きい原子と結合することが多いので，その酸化数は一般に +1，酸素原子はより電気陰性度が小さい原子と 2 つの結合をつくることが多いので，その酸化数は一般に −2 とする．異なる原子の結合では電気陰性度の大きな原子が結合電子対を所有すると考える．

（例）　　HF 中　　　　H：+1　　F：−1　　　HBr 中　　　H：+1　　Br：−1

　　　　　H_2O 中　　　H：+1　　O：−2　　　F_2O 中　　　F：−1　　O：+2

　　　　　BrF_3 中　　Br：+3　　F：−1　　　$NO_3{}^-$ 中　　O：−2　　N：+5

　　　　　$SO_4{}^{2-}$ 中　　S：+6　　O：−2　　　$SO_3{}^{2-}$ 中　　S：+4　　O：−2

　　　　　$ClO_2{}^-$ 中　Cl：+3　　O：−2　　　$ClO_4{}^-$ 中　Cl：+7　　O：−2

5.　金属水素化物中の水素原子および −O−O− 結合をもつ過酸化物
　　中の酸素原子の酸化数は −1 とする.

（例）　　KH 中　　　　K：+1　　H：−1　　　CaH_2 中　　Ca：+2　　H：−1

　　　　　Na_2O_2 中　　O：−1　　Na：+1　　　H_2O_2 中　　H：+1　　　O：−1

　　上の例にもあるが, 同じ原子でも結合の状態によって酸化数がいろ
いろの値になることに注意が必要である. 以下, いくつかの反応につ
いて酸化数の変化を確認しよう.

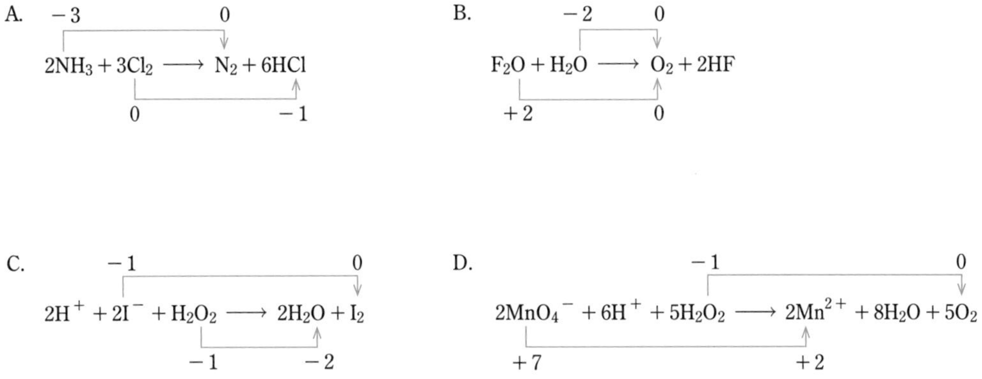

A.　　　−3　　　　　　　0

　　　　$2NH_3 + 3Cl_2 \longrightarrow N_2 + 6HCl$

　　　　　　0　　　　　　　　−1

B.　　　　　　−2　　　0

　　　　$F_2O + H_2O \longrightarrow O_2 + 2HF$

　　　　　　+2　　　　　0

C.　　　　　−1　　　　　　　　　　0

　　　　$2H^+ + 2I^- + H_2O_2 \longrightarrow 2H_2O + I_2$

　　　　　　　　−1　　　　−2

D.　　　　　　　　　　　−1　　　　　　　　0

　　　　$2MnO_4{}^- + 6H^+ + 5H_2O_2 \longrightarrow 2Mn^{2+} + 8H_2O + 5O_2$

　　　　　　+7　　　　　　　　　+2

図 11.1　酸化還元反応における酸化数の変化

　　例 A では, アンモニア分子の窒素原子が塩素によって酸化されてい
る. 例 B では, 二フッ化酸素（の酸素原子）によって水の中の酸素原
子が酸化されている. A, B どちらの例でも水素原子の酸化数に変化は
なく, 酸化還元に関与していない. また, 過酸化水素が, 例 C では酸
化剤として, 例 D では還元剤として働いていることが酸化数を検討す
ることによって確認できる.

　　酸化数は形式的にではあるが電子の移動を表したものであるから,
酸化によって失われた電子の数と還元において獲得された電子の数が
等しくなっていることに注意しよう. このことは半反応式を書けば一
層はっきりする. 例 D の式を半反応式に分けて書けばつぎの通りであ
り, 10 個の電子が移動している.

酸化数と金属イオンを含む化合物の命名法

金属元素には■図 11.1 にあるマンガンのように様々な酸化数をとるものが多い．そのような金属元素を含む化合物を命名するときには酸化状態の違いを区別しなければならない．複数の命名法があるが，最も広く使われているのは酸化数をローマ数字で表して元素名の後ろにつける方法である．酸化状態が 1 種類しかない場合には酸化数は省略される．

金属イオンの名前をいくつか示そう．

Cu^+ 銅 (I) イオン　Cu^{2+} 銅 (II) イオン　Fe^{2+} 鉄 (II) イオン

Fe^{3+} 鉄 (III) イオン　K^+ カリウムイオン　Ca^{2+} カルシウムイオン

これらの陽イオンが陰イオンと結合してできたと考えられる塩はつぎのように命名される．

CuBr 臭化銅 (I)　CuSO$_4$ 硫酸銅 (II)　FeCl$_2$ 塩化鉄 (II)

Fe(NO$_3$)$_3$ 硝酸鉄 (III)　KI ヨウ化カリウム　CaF$_2$ フッ化カルシウム

$$2 \times (MnO_4^- + 8H^+ + 5e^- \longrightarrow Mn^{2+} + 4H_2O)$$
$$+)\qquad 5 \times (H_2O_2 \longrightarrow 2H^+ + O_2 + 2e^-)$$
$$\overline{2MnO_4^- + 6H^+ + 5H_2O_2 \longrightarrow 2Mn^{2+} + 8H_2O + 5O_2}$$

11.3　酸化剤，還元剤の強さの定量化

酸化剤，還元剤にはそれぞれ強いものと弱いものとがある．たとえば過酸化水素は分解して酸素を発生するため通常は酸化剤となる．しかし，■図 11.1 例 D にあるように，より強い酸化剤がくると自身が酸化される．このような酸化剤の強さを定量的に表すことができないものだろうか．

酸化還元反応の特徴の 1 つは酸化と還元の半反応を実際に切り離して行うことができることである．たとえば銅 (II) イオンによる亜鉛の酸化 (11.2) で，亜鉛板を銅 (II) イオンを含む溶液に浸す代わりに，■図 11.2 に示すように 2 つのビーカーに硫酸亜鉛水溶液と硫酸銅 (II) 水溶液を入れそれぞれに亜鉛板と銅板を浸すと，左側のビーカーでは酸化の半反応が起こるので亜鉛板には電子が発生する．右側のビーカーでも銅が溶け出して銅 (II) イオンを生じる反応が起こるが，その傾向は亜鉛板より小さく，電子の発生量は亜鉛板の方が大きい．そこで亜鉛板と銅板を銅線で結ぶと，電子は図にあるように亜鉛板から銅板へと流れて銅 (II) イオンの還元が起こる．しかしこのままでは，右のビーカーでは $[SO_4^{2-}] > [Cu^{2+}]$，左のビーカーでは $[SO_4^{2-}] < [Zn^{2+}]$ となって電荷が中和されないため反応は続かない．この問題を解決するには 2 つのビーカーを塩橋（たとえば寒天を含む硝酸カリウム KNO$_3$

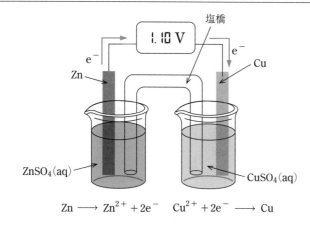

Zn $\longrightarrow$ Zn^{2+} + 2e$^-$ Cu^{2+} + 2e$^-$ $\longrightarrow$ Cu

図 11.2 酸化と還元を異なるビーカーで行うための装置

の飽和水溶液を満たした U 字管）でつなぐとよい．塩橋から不足した陽イオンと陰イオンが供給され，電気的バランスがそれぞれのビーカーで保たれるので反応が持続する．電流を連続的に供給できるこのような装置が電池である．亜鉛板では酸化反応が，銅板では還元反応が起こっているが，これらはそれぞれ陽極，陰極と呼ばれる．

　[Cu^{2+}] = [Zn^{2+}] = 1 mol dm^{-3} として電極間の電位差を 25 °C で測定すると 1.10 V である．

　上で述べた実験結果は，銅 (II) イオンは亜鉛イオンより強い酸化剤であること，その能力の差は 1.10 V の電位差（起電力）として定量化できることを示している．

　■図 11.2 のように酸化と還元を別々の場所で行う場合，それらは電気化学反応と呼ばれるが，電池は電気化学反応を組み合わせたものである．このような装置を電流の供給源として見た場合，電子が流れ出る極を負極，電子が流れ込む極を正極と呼ぶ．よって電気化学反応の陽極は電池の負極，電気化学反応の陰極は電池の正極であるから両者を混同しないように注意する必要がある．

11.4　標準電極電位

　銅 (II) イオンと亜鉛イオンの酸化力の差は標準状態（濃度 1 mol dm^{-3}）で 1.10 V ということはいえるが，酸化還元半反応の種類は数多いので，ある半反応を基準として酸化反応あるいは還元反応を行う力の尺度を決めるのが合理的である．そのための基準となる電極が■図 11.3 に示す電池の左側にある標準水素電極である．

　この電極は [H$_3$O$^+$] = 1 mol dm^{-3} の水溶液に 101 kPa の水素が吸着した白金板を浸したものであり，水素を効率よく吸着するため白金微

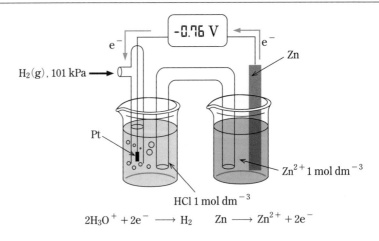

$$2H_3O^+ + 2e^- \longrightarrow H_2 \qquad Zn \longrightarrow Zn^{2+} + 2e^-$$

図 11.3   標準水素電極を使った電池の一例

粒子をメッキした白金板に水素ガスが連続的に供給されて，いつも電極の表面が 101 kPa の水素で覆われている．反応はヒドロニウムイオンの水素への還元とその逆反応である．

$$2H_3O^+(1\,mol\,dm^{-3}) + 2e^- \rightleftarrows H_2(\,g,\,101\,kPa) + H_2O(l) \qquad (11.4)$$

25 ℃ におけるこの還元反応の電位を酸化還元電位の基準，$E^\circ = 0\,V$，とする．■図 11.3 の電池の起電力を測定すると 0.76 V で，亜鉛が酸化され，ヒドロニウムイオンが還元される．この電池のように標準水素電極が陰極（還元反応が進行する電極）になる場合，その電位差を負値にすると国際的に決められている．したがって右側の電極の $[Zn^{2+}] = 1\,mol\,dm^{-3}$ における電位（これを標準電極電位と呼ぶ）は $-0.76\,V$ である．これを式で表す場合，還元反応を書いてその $E^\circ = -0.76\,V$ であるとする．

$$Zn^{2+}(aq) + 2e^- \rightleftarrows Zn(s) \qquad E^\circ = -0.76\,V$$

代表的な半電池反応とその標準電極電位を●表 11.1 に示す．この表で上にある反応式の右辺の物質ほど還元する力が強く，下にある反応式の左辺にある物質ほど酸化力が強い．よって最も強い酸化剤はフッ素であり，フッ化物イオンの酸化とカリウムイオンの還元が最も難しい．

表にある半反応を組み合わせることによって様々な電池をつくることができるが，電池の構成は一般に簡単なダイアグラムで表される．たとえば■図 11.2，11.3 の電池は以下のようになる．

$$Zn(s)\ |\ Zn^{2+}(aq)\ \|\ Cu^{2+}(aq)\ |\ Cu(s)$$

$$Pt(s)\ |\ H_2(g)\ |\ H^+(aq)\ \|\ Zn^{2+}(aq)\ |\ Zn(s)$$

表 11.1　半電池反応と標準電極電位 $E°$ (25 ℃)*

反　応	$E°$/V
$K^+(aq) + e^- \rightleftarrows K(s)$	−2.931
$Ca^{2+}(aq) + 2e^- \rightleftarrows Ca(s)$	−2.868
$Mg^{2+}(aq) + 2e^- \rightleftarrows Mg(s)$	−2.372
$Al^{3+}(aq) + 3e^- \rightleftarrows Al(s)$	−1.676
$Zn^{2+}(aq) + 2e^- \rightleftarrows Zn(s)$	−0.762
$Fe^{2+}(aq) + 2e^- \rightleftarrows Fe(s)$	−0.447
$2H^+(aq) + 2e^- \rightleftarrows H_2(g)$	0
$Cu^{2+}(aq) + 2e^- \rightleftarrows Cu(s)$	+0.342
$I_3^-(aq)^{**} + 2e^- \rightleftarrows 3I^-(aq)$	+0.536
$Fe^{3+}(aq) + e^- \rightleftarrows Fe^{2+}(aq)$	+0.771
$Ag^+(aq) + e^- \rightleftarrows Ag(s)$	+0.800
$O_2(g) + 4H^+(aq) + 4e^- \rightleftarrows 2H_2O$	+1.229
$Cl_2(g) + 2e^- \rightleftarrows 2Cl^-(aq)$	+1.358
$MnO_4^-(aq) + 8H^+(aq) + 5e^- \rightleftarrows Mn^{2+}(aq) + 4H_2O$	+1.507
$H_2O_2(aq) + 2H^+(aq) + 2e^- \rightleftarrows 2H_2O(l)$	+1.776
$S_2O_8^{2-}(aq) + 2e^- \rightleftarrows 2SO_4^{2-}(aq)$	+2.010
$F_2(g) + 2e^- \rightleftarrows 2F^-(aq)$	+2.866

* "CRC Handbook of Chemistry and Physics" 95th ed. による.
** ヨウ化物イオン I^- とヨウ素分子 I_2 が結合してできた直線構造 (I–I≡I) の三ヨウ化物 (1−) イオン.

　これらのダイアグラムはつぎのような約束にしたがって書かれている.

1. 電子の出入りが起こる電極を左右の両端に置く.
2. 異なる相の境界を "|"，塩橋を "||" で表す.
3. 標準水素電極がある場合にはそれを左側に置く.
4. 一般に酸化が起こる半電池を左に，還元が起こる半電池を右に置く.

11.5　標準状態にない電池の起電力：ネルンストの式

●表 11.1 によればつぎのような電池をつくることが可能であり，標準起電力 $\Delta E°$ は 1.56 V である.

$$Zn(s) \mid Zn^{2+}(aq) \parallel Ag^+(aq) \mid Ag(s)$$

$$2 \times [Ag^+(aq) + e^- \longrightarrow Ag(s)] \qquad E° = 0.80 \text{ V}$$
$$\underline{-) \qquad Zn^{2+}(aq) + 2e^- \longrightarrow Zn(s) \qquad E° = -0.76 \text{ V}}$$
$$Zn(s) + 2Ag^+(aq) \longrightarrow Zn^{2+}(aq) + 2Ag(s) \quad \Delta E° = 0.80 - (-0.76) = 1.56 \text{ V}$$

上に示したように，この電池で進行する反応は

$$Zn(s) + 2Ag^+(aq) \longrightarrow Zn^{2+}(aq) + 2Ag(s) \tag{11.5}$$

で，亜鉛 1 mol によって銀イオン 2 mol が還元される．しかし，起電力は示強性の量であるから，起電力が $\{0.80 \times 2 - (-0.76)\} = 2.36\,V$ とならないことに注意しよう[1]．

さて，この電池が標準状態で放電して 2 mol の銀イオンが還元され 1 mol の亜鉛イオンを生成するとき，$(1\,C) \times (1\,V) = 1\,J$ であるから，系のギブズエネルギーの変化量 ΔG° は

$$\begin{aligned}
\Delta G^\circ &= -2F\Delta E^\circ \\
&= -(2\,\mathrm{mol}) \times (1.60 \times 10^{-19}\,C \times N_A\,\mathrm{mol}^{-1}) \times (1.56\,V) \\
&= -(2\,\mathrm{mol}) \times (96500\,C\,\mathrm{mol}^{-1}) \times (1.56\,V) \\
&= -3.01 \times 10^5\,J
\end{aligned}$$

である．一般に標準状態にない電池においても，電池の起電力 ΔE と放電に伴うギブズエネルギー変化 ΔG（$J\,\mathrm{mol}^{-1}$）は式 (11.6) の関係にある[2]．

$$\Delta G = -nF\Delta E \tag{11.6}$$

ここで n は反応に伴って移動する電子の数，たとえば反応 (11.5) では $n = 2$，F はファラデー定数 $9.6485 \times 10^4\,C\,\mathrm{mol}^{-1}$ である．一般化された反応 (11.7) におけるギブズエネルギー変化は式 (11.8) で与えられるので，起電力と濃度の関係は一般的に式 (11.9) となる．式 (11.9) はネルンストの式と呼ばれる．

$$a\mathrm{A} + b\mathrm{B} + \cdots \longrightarrow q\mathrm{Q} + r\mathrm{R} + \cdots \tag{11.7}$$

$$\Delta G = \Delta G^\circ + RT \ln \frac{[\mathrm{Q}]^q[\mathrm{R}]^r \cdots}{[\mathrm{A}]^a[\mathrm{B}]^b \cdots} \tag{11.8}$$

$$\Delta E = \Delta E^\circ - \frac{RT}{nF} \ln \frac{[\mathrm{Q}]^q[\mathrm{R}]^r \cdots}{[\mathrm{A}]^a[\mathrm{B}]^b \cdots} \tag{11.9}$$

よって電池反応 (11.5) の起電力は亜鉛および銀イオンの濃度につぎのように依存する．

$$\Delta E = \Delta E^\circ - \frac{RT}{nF} \ln \frac{[\mathrm{Zn}^{2+}]}{[\mathrm{Ag}^+]^2} = \Delta E^\circ - \frac{RT}{2F} \ln \frac{[\mathrm{Zn}^{2+}]}{[\mathrm{Ag}^+]^2} \tag{11.10}$$

この式を見れば，亜鉛イオン濃度が低く銀イオン濃度が高いほど，この電池の起電力は大きいことがわかる．式 (11.9) にある定数 $\dfrac{RT}{F}$ の値は 25 ℃ では

$$\frac{(8.31\,J\,K^{-1}\,\mathrm{mol}^{-1}) \times (298\,K)}{96500\,C\,\mathrm{mol}^{-1}} = 0.0257\,V$$

であり，自然対数を常用対数に直すと式 (11.9) は式 (11.11) となる．

$$\Delta E = \Delta E° - \frac{0.0591}{n} \log \frac{[\mathrm{Q}]^q[\mathrm{R}]^r \cdots}{[\mathrm{A}]^a[\mathrm{B}]^b \cdots} \tag{11.11}$$

平衡においては $\Delta G = 0$ すなわち起電力 $\Delta E = 0\,\mathrm{V}$ であるから，標準電極電位を知れば酸化還元反応の $25\,°\mathrm{C}$ における平衡定数を計算できる．

$$K_c = 10^{n\,\Delta E°/0.0591} \tag{11.12}$$

たとえば

$$2 \times [\mathrm{Fe}^{3+}(\mathrm{aq}) + \mathrm{e}^- \longrightarrow \mathrm{Fe}^{2+}(\mathrm{aq})] \qquad E° = 0.771\,\mathrm{V}$$
$$\underline{-)\qquad\qquad \mathrm{I_3}^-(\mathrm{aq}) + 2\mathrm{e}^- \longrightarrow 3\mathrm{I}^-(\mathrm{aq}) \qquad\qquad E° = 0.536\,\mathrm{V}}$$
$$2\mathrm{Fe}^{3+}(\mathrm{aq}) + 3\mathrm{I}^-(\mathrm{aq}) \longrightarrow 2\mathrm{Fe}^{2+}(\mathrm{aq}) + \mathrm{I_3}^-(\mathrm{aq}) \quad \Delta E° = 0.235\,\mathrm{V}$$

であるから，平衡

$$2\mathrm{Fe}^{3+}(\mathrm{aq}) + 3\mathrm{I}^-(\mathrm{aq}) \rightleftarrows 2\mathrm{Fe}^{2+}(\mathrm{aq}) + \mathrm{I_3}^-(\mathrm{aq})$$

の平衡定数は $K_c = \dfrac{[\mathrm{Fe}^{2+}]^2[\mathrm{I_3}^-]}{[\mathrm{Fe}^{3+}]^2[\mathrm{I}^-]^3} = 10^{2 \times 0.235/0.0591} = 9 \times 10^7$ である．よってヨウ化物イオン I^- は鉄 (III) イオン Fe^{3+} によって酸化され，三ヨウ化物 (1−) イオン $\mathrm{I_3}^-$ となる．

11.6　濃淡電池と溶解度積

ネルンストの式は，標準起電力（$\Delta E°$）がゼロであっても

$$\frac{[\mathrm{Q}]^q[\mathrm{R}]^r \cdots}{[\mathrm{A}]^a[\mathrm{B}]^b \cdots} \neq 1$$

であれば起電力をもつことを示している．言い換えれば，同じ酸化還元反応の半電池を 2 つ組み合わせたつぎのような電池も可能である．

$$\mathrm{Ag(s)} \mid \mathrm{Ag}^+(0.001\,\mathrm{mol\ dm}^{-3}) \parallel \mathrm{Ag}^+(1\,\mathrm{mol\ dm}^{-3}) \mid \mathrm{Ag(s)}$$

塩橋でつないだ 2 つのビーカーに濃度が異なる銀イオン溶液を入れ，それぞれに電極として銀板を浸すと以下の反応が進行し，$0.177\,\mathrm{V}$ の起電力が得られる．

$$\mathrm{Ag}^+(1\,\mathrm{mol\ dm}^{-3}) \longrightarrow \mathrm{Ag}^+(0.001\,\mathrm{mol\ dm}^{-3})$$

$$\Delta E = 0 - 0.0591 \log \frac{0.001}{1} = 0.177\,\mathrm{V} \tag{11.13}$$

このような電池は濃淡電池と呼ばれるが，エネルギー源として利用価値が高いとはいえない．しかし，濃度によって起電力が変化するので，イオンの濃度を測定する方法として有効である．たとえば塩化銀 AgCl は水に極めてわずかしか溶けない．

$$\mathrm{AgCl(s)} \rightleftarrows \mathrm{Ag}^+(\mathrm{aq}) + \mathrm{Cl}^-(\mathrm{aq}) \tag{11.14}$$

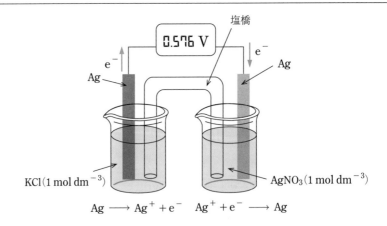

図 11.4　塩化銀の溶解度積を求めるために使うことができる濃淡電池

この反応の平衡定数は 25 ℃ で 1.77×10^{-10} である．このような難溶性塩の溶解平衡定数は溶解度積（solubility product）と呼ばれ，式 (11.15) に示すように K_{sp} と書かれる[3]．

$$K_{sp} = [Ag^+][Cl^-] = 1.77 \times 10^{-10} \tag{11.15}$$

これほど溶解度が低い物質の場合，実際に溶けている物質の質量を測定して溶解度を正確に決定することは難しい．たとえば，飽和溶液 1 dm^3 に溶けている塩化銀の質量は $0.025\,\mu g$（$= 2.5 \times 10^{-8}\,g$）に過ぎない．しかし，■図 11.4 に示す電池の左側の半電池では $[Cl^-] = 1\,mol\,dm^{-3}$ であるから，$[Ag^+] = 1.77 \times 10^{-10}\,mol\,dm^{-3}$ のはずである．よって起電力は 0.576 V となるであろう．

$$\Delta E = -0.0591 \log (1.77 \times 10^{-10}) = 0.576\,V$$

この程度の起電力の正確な測定は比較的易しく，起電力の測定によって塩化銀の溶解度積を正確に知ることができる．

実験室で見られる pH メーターも起電力の $[H_3O^+]$ 依存性を測定する精密な電位差計である．

3) 溶解度積（溶解度積定数ともいう）K_{sp} は一般に，溶液中で標準状態にある塩の構成イオンと標準状態にある固体の塩の化学ポテンシャル（9 章傍注 3) 参照）の差，すなわち，ΔG° と関係づけられる．

$$K_{sp} = \exp \left(-\frac{\Delta G^\circ}{RT} \right)$$

したがって，これは熱力学的平衡定数であって単位をもたない．

問　題

1.　■図 11.1 に従って，以下の反応における酸化数の変化を明らかにせよ．

i) $H_2S + Cl_2 \longrightarrow 2HCl + S$

ii) $2NiO(OH) + Zn + 2H_2O \longrightarrow 2Ni(OH)_2 + Zn(OH)_2$

iii) $Pb + 2H_2SO_4 + PbO_2 \longrightarrow 2PbSO_4 + 2H_2O$

iv) $5Fe^{2+} + MnO_4^- + 8H^+ \longrightarrow Mn^{2+} + 4H_2O + 5Fe^{3+}$

2. つぎの電池の標準状態における起電力を求めよ.

   i) $Mg(s) \mid Mg^{2+}(aq) \parallel Ag^+(aq) \mid Ag(s)$ $(\Delta E° = 3.172\,V)$

   ii) $Zn(s) \mid Zn^{2+}(aq) \parallel Cl^-(aq) \mid Cl_2(g) \mid Pt(s)$

   $$(\Delta E° = 2.120\,V)$$

3. つぎの電池の起電力は $25\,°C$ で $0.18\,V$ であった. 右側の溶液の pH を求めよ. ただし, $x < 1$ である.

   $Pt(s) \mid H_2(\,g, 101\,kPa) \mid H^+(aq, 1\,mol\ dm^{-3}) \parallel H^+(aq, x\,mol\ dm^{-3}) \mid H_2(\,g, 101\,kPa) \mid Pt(s)$

   $$(pH = 4 - 0.95 = 3.05)$$

4. つぎの酸化還元反応の $25\,°C$ における平衡定数を求めよ.

   $Fe(s) + Zn^{2+}(aq) \rightleftharpoons Fe^{2+}(aq) + Zn(s)$ (2×10^{-11})

5. 過酸化水素水溶液によって鉄 (II) イオンを鉄 (III) イオンに酸化する可能性について検討せよ.

6. Fe^{2+} の水溶液に, 過マンガン酸カリウム $KMnO_4$ 水溶液を加えるとつぎの反応が速やかに進行する.

   $$5Fe^{2+} + MnO_4^- + 8H^+ \longrightarrow Mn^{2+} + 4H_2O + 5Fe^{3+}$$

   この反応は Fe^{2+} の濃度を決定するための滴定（酸化還元滴定）として用いられる. この滴定が実用に耐えるのはなぜか考察せよ.

7. 2 つの無色透明の溶液を混ぜ合わせると, 一定時間後に突然溶液の色が濃青色に変わる反応が知られている.「ヨウ素時計反応」と呼ばれるこの化学反応について調べ, なぜこのような現象が起こるのか説明せよ. なおヨウ素時計反応にはいくつかのバリエーションがあるので, そのうちの 1 つを選んで説明すればよい.

12 反応の速度

　8章でギブズエネルギーが減少する反応は自発的であることを学んだ．しかし自発的とはその反応が進行する可能性があることを意味しているが，自発的反応がすべて実際に進行するとは限らない．この章では反応の速度を支配する因子について考える．

12.1　反応のエネルギープロフィル

　自発的化学反応にはたとえば水酸化ナトリウムと塩酸の中和反応 (12.1) のように，2つの溶液を混合するとほとんど瞬間的に終了するものから，水素と窒素からアンモニアを生成する反応 (12.2) のように室温で混合しただけでは事実上進行しないものまで様々である．このような違いはなぜ生じるのであろうか．

$$H_3O^+(aq) + OH^-(aq) \longrightarrow 2H_2O(l) \tag{12.1}$$

$$3H_2(g) + N_2(g) \longrightarrow 2NH_3(g) \tag{12.2}$$

　■図 12.1 は化学反応が進行するとき反応物のエネルギーがどのよう

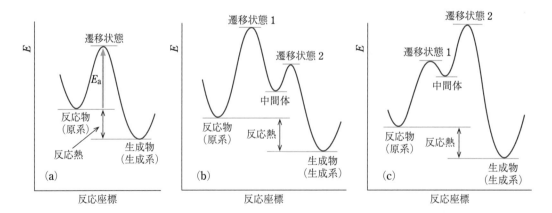

図 12.1　反応物のエネルギー E と反応座標の関係（反応のエネルギープロフィル）．(a) は素反応，(b),(c) は2段階反応.

に変化するかを示しているもので，反応のエネルギープロフィルと呼ばれる．

図の横軸は反応が進行した程度を表す反応座標と呼ばれる座標であり，縦軸は反応分子がもっているエネルギーを表している．一般に反応物の系を原系，生成物の系を生成系と呼ぶが，原系から生成系へ行くためには遷移状態と呼ばれるエネルギーが極大の状態を通る必要がある．原系と生成系のエネルギー差は反応熱，原系と遷移状態のエネルギー差 E_a は活性化エネルギーと呼ばれる．反応に伴って系から外界へ熱が放出される反応が発熱反応，系が外界から熱を吸収する反応が吸熱反応であり，■図 12.1 は発熱反応を表している．

■図 12.1 (a) では遷移状態がただ 1 つだけであるが，このように 1 段階で終了する反応は素反応と呼ばれる．化学反応には■図 12.1 (b)，(c) のようにいくつかの素反応の組み合わせからなる多段階反応も多い．多段階反応には 2 つ以上の遷移状態があって，言い換えれば活性化エネルギーを必要とする 2 つ以上の段階があって，途中にエネルギーが極小になる中間体が存在する．どの遷移状態のエネルギーが最も高いかは反応によって異なる．

反応が 1 段階でも多段階でも，反応物が遷移状態の山を越えるために必要なエネルギーをもたなければ生成物に変わることはない．したがって活性化エネルギーが小さいと多くの分子がエネルギーの山を越えることができるので反応は速く，活性化エネルギーが大きいと反応は遅い．一般に反応は温度が高くなると速くなるが，それは活性化エネルギー以上のエネルギーをもつ分子の割合が高温になるにつれて大きくなるためである．

ヒドロニウムイオンと水酸化物イオンから水分子を生じる反応 (12.1) の活性化エネルギーは極めて低く，反応速度は両イオンが水溶液中で拡散して衝突する速度に近い．一方，窒素と水素からアンモニアを生成する反応 (12.2) の活性化エネルギーは極めて高いので，反応速度を高める作用をもつ物質（触媒）を使わなければアンモニアを合成する方法としては使えない．また 8 章で触れた水素と酸素の反応

$$2H_2(g) + O_2(g) \longrightarrow 2H_2O(g) \tag{8.41}$$

ダイヤモンドがグラファイトに変化する反応

$$C(ダイヤモンド) \longrightarrow C(グラファイト) \tag{8.42}$$

は，どちらも活性化エネルギーが大きいため，室温で自然に反応が始まることはない．水素と酸素の反応はたいへん大きな発熱を伴う反応なので，一度反応が始まると反応自身によって活性化エネルギーが供

給されるので爆発的に進む[1].

　多段階反応では，一般にそれぞれの段階の速度が異なり，ある段階
が他の段階より遅く，反応全体の速度を決めていることが多い．その
ような遅い段階は律速段階と呼ばれる．たとえば，■図 12.1 (b) のよ
うな場合には，中間体が反応物へ戻るより生成物になる速度が大きく
て第一段階が律速段階であることが多い．一方■図 12.1 (c) では中間
体が逆戻りする速度が大きいため第二段階が律速段階である可能性が
高い.

12.2　反応速度

　化学反応の速度について考えるためにはまず反応速度を定義しなけ
ればならない.

　反応の速度は

$$v = \frac{反応物の濃度の減少量}{反応時間} \quad または \quad v = \frac{生成物の濃度の増加量}{反応時間}$$

という形で表される正の値である．時間は基本物理量の 1 つでその SI
基本単位は秒 (s) なので反応速度は "$\mathrm{mol\ dm^{-3}\ s^{-1}}$" という単位で表さ
れることが多い.

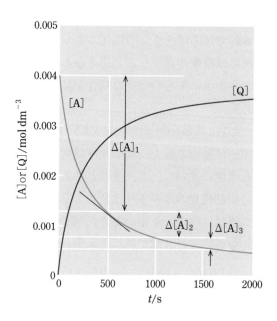

図 12.2　ある反応 A → Q における反応物と生成物の濃度変化

　■図 12.2 は，反応 (12.3) における反応物と生成物の濃度を反応時間
に対してプロットしたものである．この反応では A 1 mol から Q 1 mol

を生成するので，反応物の濃度の減少量と生成物の濃度の増加量は等しい．

$$A \longrightarrow Q \tag{12.3}$$

最初の $500\,\mathrm{s}$ での反応物の濃度の減少量は $\Delta[A]_1 = 0.0027\,\mathrm{mol\ dm^{-3}}$ であるから $t = 0 \sim 500\,\mathrm{s}$ の平均速度 $\overline{v}_1$ は

$$\overline{v}_1 = \frac{\Delta[A]_1}{500} = \frac{2.7 \times 10^{-3}\,\mathrm{mol\ dm^{-3}}}{500\,\mathrm{s}} = 5.4 \times 10^{-6}\,\mathrm{mol\ dm^{-3}\,s^{-1}}$$

同様にして $t = 500 \sim 1000\,\mathrm{s}$ の平均速度 $\overline{v}_2$ は

$$\overline{v}_2 = \frac{\Delta[A]_2}{500} = \frac{5.2 \times 10^{-4}\,\mathrm{mol\ dm^{-3}}}{500\,\mathrm{s}} = 1.0 \times 10^{-6}\,\mathrm{mol\ dm^{-3}\,s^{-1}}$$

$t = 1000 \sim 1500\,\mathrm{s}$ の平均速度 $\overline{v}_3$ は

$$\overline{v}_3 = \frac{\Delta[A]_3}{500} = \frac{2.2 \times 10^{-4}\,\mathrm{mol\ dm^{-3}}}{500\,\mathrm{s}} = 4.4 \times 10^{-7}\,\mathrm{mol\ dm^{-3}\,s^{-1}}$$

であり，反応速度は時間の経過とともに次第に小さくなる．この傾向は広く見られるもので，一般に反応は始まった直後は速く，反応が進むにつれて遅くなる．よって，反応速度 v を正確に表すには，濃度の時間に関する微係数を用いなければならない．

$$v = -\frac{\mathrm{d}[A]}{\mathrm{d}t} = \frac{\mathrm{d}[Q]}{\mathrm{d}t} \tag{12.4}$$

■図 12.2 の例では，$t = 500\,\mathrm{s}$ における接線の傾きは $-1.8 \times 10^{-6}\,\mathrm{mol\ dm^{-3}\,s^{-1}}$ であるから，この時刻において $v = 1.8 \times 10^{-6}\,\mathrm{mol\ dm^{-3}\,s^{-1}}$ である．

12.3 反応速度式と反応機構

反応速度について考えるためにまず実際の測定例を見よう．

アゾベンゼンには Z-体，E-体と呼ばれる 2 つの異性体があり，Z-体（Z）は E-体（E）へ異性化する．また 1,3-ブタジエン（BD）は高温で二量化して 4-エテニルシクロヘキセン（ECH）になる．

$$(12.5)$$

(Z)-アゾベンゼン　（Z）　　（E)-アゾベンゼン　（E）

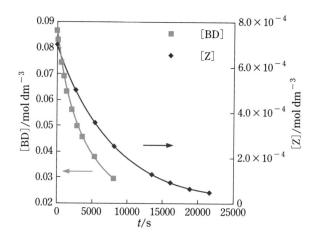

図 12.3 反応時間と反応物の濃度の関係

$$2 \begin{pmatrix} \text{1,3-ブタジエン (BD)} \end{pmatrix} \xrightarrow{326\,^\circ\text{C}} \text{4-エテニルシクロヘキセン (ECH)} \tag{12.6}$$

1,3-ブタジエン (BD)　　　4-エテニルシクロヘキセン (ECH)

　これら 2 つの反応における反応物の濃度変化を反応時間に対してプロットしたものが■図 12.3 である.

　前節で述べたように,どちらも反応初期は反応物の濃度が急激に減少するが,次第に変化が小さくなっている.したがって,反応速度 v を定量的に表すには濃度が減少する瞬間的速度,言い換えれば濃度の時間に関する微係数を使わなければならない.反応速度は正の数値として表す約束になっているので,反応 (12.5) については

$$v = -\frac{\mathrm{d}[Z]}{\mathrm{d}t} = \frac{\mathrm{d}[E]}{\mathrm{d}t} \tag{12.7}$$

反応 (12.6) については

$$v = -\frac{\mathrm{d}[BD]}{\mathrm{d}t} = 2\frac{\mathrm{d}[ECH]}{\mathrm{d}t} \tag{12.8}$$

または

$$v = -\frac{1}{2}\frac{\mathrm{d}[BD]}{\mathrm{d}t} = \frac{\mathrm{d}[ECH]}{\mathrm{d}t} \tag{12.9}$$

となる.後者ではブタジエン 2 mol がエテニルシクロヘキセン 1 mol に変化するので,式 (12.8), (12.9) のどちらを用いてもよい.

　これらの反応では同じように反応物の濃度が減少しているように見えるが,実は大きな違いがある.それは反応次数の違いである.

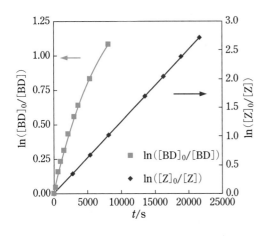

図 12.4 1 次速度式によるプロット

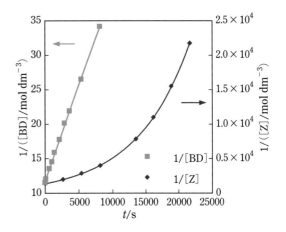

図 12.5 2 次速度式によるプロット

反応開始時の反応物の濃度（これを初濃度と呼ぶ）を a，時刻 t における濃度を $a-x$ とすれば反応 (12.5) では

$$v = -\frac{\mathrm{d}(a-x)}{\mathrm{d}t} = \frac{\mathrm{d}x}{\mathrm{d}t} = k(a-x) \tag{12.10}$$

反応 (12.6) では

$$v = -\frac{\mathrm{d}(a-x)}{\mathrm{d}t} = \frac{\mathrm{d}x}{\mathrm{d}t} = k(a-x)^2 \tag{12.11}$$

となっているのである．これらの式は微分型の速度式，式 (12.10) に従う反応は 1 次反応，式 (12.11) に従う反応は 2 次反応と呼ばれる．k は速度定数で温度など反応条件には依存するが反応分子の濃度には依存しない定数である．

式 (12.10) と式 (12.11) を，反応が始まった瞬間に生成物は存在しない（$t = 0$ で $x = 0$）という条件で積分すると，それぞれ式 (12.12)，式 (12.13) となる．

$$\ln \frac{a}{a-x} = kt \tag{12.12}$$

$$\frac{1}{a-x} - \frac{1}{a} = kt \tag{12.13}$$

積分型速度式と呼ばれるこれらの式を見ると，1 次反応では $\ln \dfrac{a}{a-x}$ を t に対してプロットすると直線になり，2 次反応では $\dfrac{1}{a-x}$ を t に対してプロットすると直線になることがわかる．

図 12.4 と図 12.5 を見れば，アゾベンゼンの異性化は 1 次反応，ブタジエンの二量化は 2 次反応であることに疑問の余地はない．

なぜこのような違いがあるのだろうか．反応 (12.5) と (12.6) はどちらも素反応であるが，アゾベンゼンは周囲に存在する他の分子と衝突

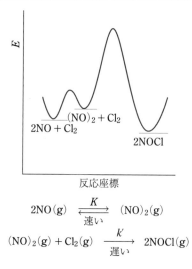

$$2NO(g) \underset{\text{速い}}{\overset{K}{\rightleftharpoons}} (NO)_2(g)$$

$$(NO)_2(g) + Cl_2(g) \underset{\text{遅い}}{\overset{k'}{\longrightarrow}} 2NOCl(g)$$

図 12.6　一酸化窒素と塩素の反応のエネルギープロフィル

して活性化エネルギー以上のエネルギーを得ると 1 分子で異性化するのに対し，ブタジエンは 2 分子が会合しなければ反応が起こらないという反応機構の違いが速度式の違いを生み出している．このように素反応では反応方程式の係数と反応次数は一致する．しかし，素反応でなければ化学反応式から速度式を推定することはできない．たとえば五酸化二窒素の分解 (12.14) は 1 次反応，次亜塩素酸イオンが塩化物イオンと塩素酸イオンを与える反応 (12.15) は 2 次反応である．反応次数は反応速度の測定という実験によってはじめて明らかになるもので，それは律速段階にどの分子が関係するかという反応機構を知る手がかりを与えてくれる．

$$2N_2O_5(g) \longrightarrow 4NO_2(g) + O_2(g) \tag{12.14}$$

$$3ClO^-(aq) \longrightarrow 2Cl^-(aq) + ClO_3{}^-(aq) \tag{12.15}$$

　反応次数が反応方程式の係数と一致したからといって，その反応が素反応であるという証拠にはならない．次数と係数の一致は素反応であるための必要条件に過ぎない．たとえば一酸化窒素と塩素の反応 (12.16) の速度式は式 (12.17) である．しかし 3 個の分子が気相で同時に衝突する可能性はきわめて低く，式 (12.16) は素反応ではない．

$$2NO(g) + Cl_2(g) \longrightarrow 2NOCl(g) \tag{12.16}$$

$$v = k[NO]^2[Cl_2] \tag{12.17}$$

　実際の反応は■図 12.6 に示すように一酸化窒素の二量体を中間体とする 2 段階反応で，律速段階はその二量体と塩素分子の反応である．

　最初の段階は活性化エネルギーが小さいために正逆両方向の反応が速く平衡になる．この平衡定数を K とすれば，$K = \dfrac{[(NO)_2]}{[NO]^2}$ であって，二量体の濃度 $[(NO)_2]$ は $K[NO]^2$ に等しい．塩化ニトロシル（NOCl）が生成する速度は二量体の濃度と塩素の濃度に比例するので，式 (12.17) の速度式が観測される．

$$v = \frac{d[NOCl]}{dt} = k'[(NO)_2][Cl_2] = k'K[NO]^2[Cl_2] \qquad k = k'K$$

　速度式 (12.12) および (12.13) は興味深い事実を教えてくれる．反応物の濃度が初濃度の 1/2 になるために必要な時間 $t_{1/2}$ を半減期と呼ぶが，1 次反応の半減期は初濃度に依存しない．

$$t_{1/2} = \frac{\ln 2}{k} = \frac{0.693}{k} \tag{12.18}$$

これに対して 2 次反応の半減期は初濃度に反比例する．

$$t_{1/2} = \frac{1}{ak} \tag{12.19}$$

　反応 (12.6) は，その速度が同じ反応分子の濃度の 2 乗に比例する 2 次反応であるが，たとえばピリジンとヨウ化メチルの反応 (12.20) のように，速度が 2 種類の反応分子 A, B の濃度の 1 次に比例するものも多い．

放射性元素の半減期

　放射性元素の壊変は例外なく 1 次速度式に従う．同位元素の寿命を半減期によって表すのはそのためである．同位元素の安定性は元素の種類によって大きく異なるだけでなく，同じ元素でも質量数の違いによって幅広い値をとる．たとえば原発事故の際に，体内に取り込まれて甲状腺がんなどの障害を引き起こす ^{131}I の半減期は 8 日，^{129}I の半減期は 1570 万年，^{128}I では 25 分であり，放射性ヨウ素による障害を防止するために使われるヨウ素剤には，安定同位体 ^{127}I が使われている．

　原子炉は核分裂に伴って放出されるエネルギーを使っているが，核分裂生成物の多くは放射性同位元素である．使用済み燃料から再処理によってウランやプルトニウムを回収した後に高レベル放射性廃液が残る．この廃液には核分裂生成物である ^{90}Sr ($t_{1/2} = 28.8\,y$)，^{137}Cs ($t_{1/2} = 30.0\,y$) に加え，長寿命の超ウラン元素（原子番号が 92 より大きい元素）若干量が含まれている．高レベル放射性廃棄物の放射能は 1000 年後に数千分の 1 に低下し，その後，数万年後にウラン鉱石の放射能と同じレベルに戻るといわれているのは，半減期の違う元素が含まれているためである．

$$\begin{array}{c}
\text{《} \rangle N: + H_3C - I \longrightarrow \text{《} \rangle N^+ - CH_3 + I^- \\
\text{A} \qquad\quad \text{B} \qquad\qquad\qquad \text{Q} \qquad\quad \text{R}
\end{array} \qquad (12.20)$$

$$v = -\frac{d[A]}{dt} = -\frac{d[B]}{dt} = \frac{d[Q]}{dt} = \frac{d[R]}{dt} = k[A][B] \qquad (12.21)$$

この場合，A, B の初濃度をそれぞれ a, b，時刻 t における生成物 Q と R の濃度を x とすれば，反応速度式は式 (12.22) となる．

$$v = \frac{dx}{dt} = k(a-x)(b-x) \qquad (12.22)$$

この式を $t=0$ で $x=0$ という条件で積分すると式 (12.23) を得る．実験によって $(a-x)$ と $(b-x)$ を測定して，式 (12.23) の左辺の関数の値を求め，それらを t に対してプロットするとその傾きが速度定数 k である．

$$\frac{1}{a-b} \ln \frac{b(a-x)}{a(b-x)} = kt \qquad (12.23)$$

しかしこの反応式はつぎのようなおもしろい特徴をもっている．もし $a \gg b$ であれば反応の進行に伴う [A] の変化は無視できるので $a-x \fallingdotseq a$ である．そのために式 (12.23) は

$$\frac{1}{a} \ln \frac{b}{b-x} = kt \qquad (12.24)$$

$$\ln \frac{b}{b-x} = akt = k't \qquad (12.25)$$

となり，反応は 1 次速度式に従うことになる．このような反応を擬 1 次反応といい，その速度定数 k' は ak に等しい．よって，異なる初濃度 a における k' を a に対してプロットすることによっても 2 次速度定数 k を求めることができる．

12.4　速度定数の温度依存性

速度定数の温度依存性をどのように表現すべきかという問いは，19 世紀後半の化学界で重大な問題として認識されていた．いくつかの経験式が提案されたが，1889 年に提案されたアレニウスの式 (12.26) が最終的に広く受け入れられ，現在に至るまで用いられている．

$$k = A e^{-E_a/RT} \qquad (12.26)$$

ここでパラメータ E_a はエネルギープロフィル［■図 12.1 (a)］に示した原系と遷移状態のエネルギー差，すなわち活性化エネルギーである．パラメータ A は頻度因子（または前指数因子）と呼ばれる定数で，1 次反応では (時間)$^{-1}$（たとえば "s^{-1}"），2 次反応では (濃度)$^{-1}$ (時間)$^{-1}$（たとえば "mol^{-1} dm^3 s^{-1}"）という単位をもつ．アレニウスの式が速度定数の温度依存性を表現する式として受け入れられたのは，この式

濃度によって変わる律速段階と定常状態近似

　律速段階は，つぎの例のように同じ反応でも条件によって変わることがある.

　気体分子アゾメタン $CH_3N_2CH_3$ は 300 ℃ 程度の高温で分解してエタンと窒素を与える.

$$H_3C - N = N - CH_3(g) \longrightarrow H_3C - CH_3(g) + N \equiv N(g)$$

　この反応の速度はアゾメタンが低濃度では 2 次速度式 (1) に，高濃度では 1 次速度式 (2) に従う.

$$v = k[CH_3N_2CH_3]^2 \quad (1) \qquad v = k'[CH_3N_2CH_3] \quad (2)$$

　これは何を意味しているのであろうか. 分子が分解するには分解に必要な活性化エネルギー以上の熱エネルギーをもった状態になる必要がある. この熱的に励起された分子を $CH_3N_2CH_3{}^*$ と表すことにしよう. もし系内に他の気体分子が存在しなければ，このエネルギーは他のアゾメタン分子との衝突によって獲得されねばならない. 励起されたアゾメタンはエタンと窒素に分解するだけではない. 衝突によって得たエネルギーを新たな衝突で他の分子に与えて最初の状態に戻る（失活する）ことも可能である. よってこの反応はつぎのような 2 段階機構で進んでいると考えることができる.

$$2H_3C - N = N - CH_3(g) \underset{k_{-1}}{\overset{k_1}{\rightleftharpoons}} H_3C - N = N - CH_3(g)^* + H_3C - N = N - CH_3(g)$$

$$H_3C - N = N - CH_3(g)^* \xrightarrow{k_2} H_3C - CH_3(g) + N \equiv N(g)$$

図1　アゾメタンの分解に対して提案された 2 段階機構

　一般に，励起状態のアゾメタンのような，高いエネルギーをもつ不安定中間体は寿命が短いので，その濃度は反応開始直後から終了直前まできわめて低い値で一定であると考えてよいことが確かめられている. これは定常状態近似と呼ばれるが，この近似を用いると不安定中間体の濃度を求めることができる.

$$\frac{d[CH_3N_2CH_3{}^*]}{dt} = k_1[CH_3N_2CH_3]^2 - k_{-1}[CH_3N_2CH_3][CH_3N_2CH_3{}^*] - k_2[CH_3N_2CH_3{}^*] = 0$$

$$(3)$$

$$[CH_3N_2CH_3{}^*] = \frac{k_1[CH_3N_2CH_3]^2}{k_{-1}[CH_3N_2CH_3] + k_2} \tag{4}$$

　よって図 1 の機構が正しければ，反応速度は式 (5) の形をとるはずである.

$$v = k_2[CH_3N_2CH_3{}^*] = \frac{k_1k_2[CH_3N_2CH_3]^2}{k_{-1}[CH_3N_2CH_3] + k_2} \tag{5}$$

　式 (5) を見ると $k_{-1}[CH_3N_2CH_3] \ll k_2$ の場合は式 (6) が，$k_{-1}[CH_3N_2CH_3] \gg k_2$ の場合は式 (7) が得られる.

$$v = k_1[CH_3N_2CH_3]^2 \quad (6) \qquad v = \frac{k_1k_2}{k_{-1}}[CH_3N_2CH_3] \quad (7)$$

　すなわち，アゾメタンの濃度が低いときには，反応は第一段階が律速の2次反応，アゾメタンの濃度が高いときは，励起状態のアゾメタンの生成と失活の速度が大きくなるために第一段階は平衡になり，$CH_3N_2CH_3^*$ の分解が律速の1次反応になる．したがって，実験で求められた速度定数 k と k' がそれぞれ k_1 と $\dfrac{k_1 k_2}{k_{-1}}$ に等しいとすれば，図1の反応機構は実験で求められた速度式を合理的に説明できる．言い換えれば，この機構が反応の道筋を正しくとらえたものである可能性が高い．

　この例からもわかるように，実験で反応速度式を明らかにすることは，反応機構を解明するための有力な手段の1つである．しかし，観測された速度式を再現できることは提案された反応機構が満たさなければならない必要条件であって十分条件ではない．反応機構を解明するには反応速度の測定に加えて様々な手段による検討が必要である．

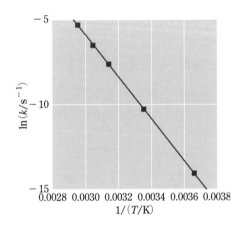

図 12.7　五酸化二窒素の分解反応速度定数の温度依存性

がただ単に温度依存性を再現できただけではなく，化学反応とは「活性化エネルギー以上のエネルギーをもつ分子がエネルギーの山を越えるという現象である」という化学反応の本質と，「活性化エネルギー以上のエネルギーをもつ分子の割合は $\exp\left(-\dfrac{E_a}{RT}\right)$ に等しい」という事実を正しくとらえて表現しているからであった．

　式 (12.26) は

$$\ln k = \ln A - \frac{E_a}{RT} \tag{12.27}$$

と書き直すことができるので，様々な温度において k の測定をして，$\ln k$ の $\dfrac{1}{T}$ に対するプロット（アレニウスプロット）が直線になればパラメータ A と E_a を求めることができる．

　■図 12.7 は五酸化二窒素の分解反応 (12.14) の速度定数（●表 12.1）に関するアレニウスプロットである．

このプロットの式は

$$\ln k = -1.24 \times 10^4 \frac{1}{T} + 31.3 \qquad (12.28)$$

であるから，頻度因子と活性化エネルギーの値はつぎの通りである．

$$A = \mathrm{e}^{31.3} = 3.9 \times 10^{13}\,\mathrm{s}^{-1}$$

$$E_\mathrm{a} = (1.24 \times 10^4\,\mathrm{K}) \times (8.31\,\mathrm{J\,K}^{-1}\,\mathrm{mol}^{-1}) = 1.03 \times 10^5\,\mathrm{J\,mol}^{-1}$$

$$= 103\,\mathrm{kJ\,mol}^{-1}$$

Svante A. Arrhenius (1859-1927)

　1859年スウェーデンのウプサラ郊外に生まれた．後に化学者として大量のデータを数学的に処理して相関関係を明らかにしたが，幼少時から計算の能力で周囲を驚かせていたという．

　1876年に地元の学校を最年少でしかも最優秀の成績で卒業してウプサラ大学に入学したアレニウスであったが，物理と化学の教授には満足できなかった．1881年，ストックホルムにあるスウェーデン科学アカデミーの物理学研究所へ移って，物理学者エドルンドの指導の下に電解質の電気伝導度についての研究を行った．1884年に母校ウプサラ大学に提出した学位論文の最も重要な結論は "電解質は，水溶液の中では電圧をかけないときでも，その一部が電気を帯びた原子または原子の集団すなわちイオンに分かれている" というものであり，1903年のノーベル賞受賞に繋がった．しかし教授たちの評価は低く，学位を与えられはしたが成績は最下等であった．アレニウスはその論文を自分の研究を理解してくれると思われたオストワルド，ファント・ホッフらに送ったが，彼らはアレニウスの期待通り電解質理論の理解者となった．とりわけ当時リガ工業大学教授であったオストワルドはウプサラまで来てアレニウスに会い，彼の研究グループに加わるように説得した．この状況を見たウプサラ大学は彼に講師の職を提供し，アレニウスもそれを受けた．1887年に恩師エドルンドの推薦でスウェーデン科学アカデミーから国外で研究する機会を与えられたアレニウスは，オストワルド，ボルツマンらの下で研究し，沸点上昇，凝固点降下，浸透圧などの測定によって彼の電解質に関する理論を完成させて行った．10章で述べた酸と塩基の定義は電解質に関する研究から派生したものである．

　1891年にアレニウスは，ストックホルムの王立工業大学の講師となり，同教授，学長を経て1905年には新設されたノーベル物理化学研究所長となった．また1903年にはノーベル化学賞をスウェーデン人として初めて受賞した．反応速度定数の温度依存性についてのアレニウスの式は1889年に提出されたが，この分野での論文は少ない．

　アレニウスの興味は狭い意味での化学にとどまらず広範囲に及んだ．たとえば1896年には，大気中の二酸化炭素の濃度が温室効果によって地表の温度に影響を及ぼす可能性を論じた．また，晩年には一般人向けの啓蒙書を多く執筆したが，その中の1冊では太陽系の誕生と生命の起源を論じている．

表 12.1　五酸化二窒素の分解反応速度定数

T/K	273	298	318	328	338
k/s^{-1}	7.78×10^{-7}	3.45×10^{-5}	4.98×10^{-4}	1.50×10^{-3}	4.87×10^{-3}

　活性化エネルギーの値を正確に知るには多くの温度で速度定数を測定しなければならないが，概略の値を推定するには 2 つの異なる温度での速度定数を知れば十分である．温度 T_1, T_2 における速度定数を k_1, k_2 とすれば，それらの値は式 (12.29) の関係にある．

$$\ln\left(\frac{k_2}{k_1}\right) = -\frac{E_a}{R}\left(\frac{1}{T_2} - \frac{1}{T_1}\right) \tag{12.29}$$

五酸化二窒素の分解について $T_1 = 273\,\mathrm{K}$, $T_2 = 318\,\mathrm{K}$ として計算した活性化エネルギーの値は $104\,\mathrm{kJ\,mol}^{-1}$ である．

　しばしば反応速度は温度が $10\,^\circ\mathrm{C}$ 上がると 2 倍になるといわれるが，それは活性化エネルギーがおよそ $53\,\mathrm{kJ\,mol}^{-1}$ の場合に成り立つ話しである．●表 12.1 のデータを見れば明らかなように活性化エネルギーが大きければ，速度定数は温度により強く依存する．

12.5　触媒の働き

　工業的に重要なアンモニア合成，環境保全に必要な自動車の排気ガス浄化からわれわれの体内で行われている無数の化学反応に至るまで，触媒がなければ事実上進行しない反応は数限りない．では触媒はどのような原理によって働いているのであろうか．

　触媒とは「活性化エネルギーが低い新たな反応の道筋を開くもので，反応の前後でその組成や質量に変化がないもの」と定義できる．したがって，たとえばエステルの加水分解を促進する水酸化ナトリウムのように，反応を促進するが反応に関与することによって次第に消費される物質は触媒として分類されない．

$$\mathrm{CH_3COOC_2H_5(aq) + OH^-(aq) + Na^+(aq) \longrightarrow}$$
$$\mathrm{CH_3COO^-(aq) + Na^+(aq) + C_2H_5OH(aq)} \tag{12.30}$$

　■図 12.8 は触媒の働きを模式的に示している．触媒は活性化エネルギーを E_a から $E_a{}'$ に低下する．よって正方向の反応も逆方向の反応もともに加速されるので，反応系が平衡にあるなら平衡に達するまでに必要な時間は短くなる．しかし，触媒は反応熱に影響を与えないので平衡定数は変化しない点に注意しよう．

　触媒（作用）は均一系触媒（作用）と不均一系触媒（作用）に分類できる．均一系触媒とは反応物と同じ相をなす触媒のことで，生体反

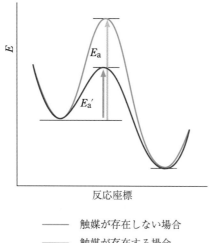

図 **12.8**　触媒が存在しない場合と存在する場合のエネルギープロフィル

応の触媒である酵素も均一系触媒に分類される．均一系触媒は液相反
応で用いられることが多いが気相反応にも存在する．不均一系触媒と
は反応物とは異なる相をなす触媒で通常固相であり，反応物は気相で
あることが多い．

　触媒がどのようにして新しい反応の道筋を開くかは反応によって
様々で簡単に述べることは難しいが，いくつかの例を見ることによっ
て触媒作用の一端に触れてみよう．

例 1　アンモニアの合成（ハーバー-ボッシュ法）

　窒素分子は三重結合をもつ安定な分子であるため，反応 (12.2) の速
度はきわめて遅い．またこの反応は大きな発熱反応なので，反応速度
を上げるために高温にすると平衡定数が低下する．しかし細かい鉄の
粉末を共存させると 400 ～ 600 °C，20 ～ 30 MPa という比較的温和な
条件で反応が進む．反応は（1）窒素と水素の触媒表面への吸着，（2）
触媒表面でのアンモニアの生成，（3）アンモニア分子の触媒からの脱
着，の 3 段階で進行する．N≡N および H–H 結合の切断を伴う吸着が
反応速度を高めている．

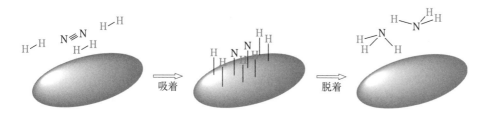

図 **12.9**　ハーバー-ボッシュ法における触媒の働き

不均一系触媒では常に反応分子の触媒表面への吸着による反応性の高まりが重要な役割を果たしている.

例2　ペルオキソ二硫酸イオンによるヨウ化物イオンの酸化

ペルオキソ二硫酸イオン $S_2O_8{}^{2-}$ は $^-O_3S-O-O-SO_3{}^-$ という構造の過酸化物で, 酸化数が -1 の酸素原子をもっているためヨウ化物イオン I^- を酸化してヨウ素分子を生成する.

$$S_2O_8{}^{2-}(aq) + 2I^-(aq) \longrightarrow 2SO_4{}^{2-}(aq) + I_2(aq) \tag{12.31}$$

しかしこの反応は陰イオン $S_2O_8{}^{2-}$ と I^- との間に働く静電的反発のために遅い. 反応系に鉄 (II) イオンを加えるとつぎの 2 段階反応が可能になり, 反応は速やかに進行する.

$$S_2O_8{}^{2-}(aq) + 2Fe^{2+}(aq) \longrightarrow 2SO_4{}^{2-}(aq) + 2Fe^{3+}(aq)$$
$$\underline{+)\quad 2Fe^{3+}(aq) + 2I^-(aq) \longrightarrow 2Fe^{2+}(aq) + I_2(aq)}$$
$$S_2O_8{}^{2-}(aq) + 2I^-(aq) \longrightarrow 2SO_4{}^{2-}(aq) + I_2(aq)$$

●表 11.1 の標準電極電位の値によってこれら 2 つの反応が自発的であることを確かめてみよう.

例3　オゾン層を破壊する塩素原子

地表から $15 \sim 50\,\mathrm{km}$ 上空の成層圏では太陽光によって大気中の酸素からオゾンが絶え間なくつくられ, その 90 % は成層圏にとどまって太陽光線中の紫外線を吸収している.

$$3O_2 \xrightarrow{\;h\nu\;} 2O_3 \tag{12.32}$$

一方, 地上で使用された炭素, 塩素, フッ素からなる化合物, クロロフルオロカーボン（CFC）は大気中では安定で分解されにくいため次第に成層圏にまで拡散し, そこで太陽光線中の紫外線によって, たとえば式 (12.33) に示すように, 分解され塩素原子を生成する.

$$CF_2Cl_2 \xrightarrow{\;h\nu\;} \overset{\bullet}{C}F_2Cl + Cl\cdot \tag{12.33}$$

この塩素原子は以下の反応によってオゾンの分解を触媒する.

$$O_3 + Cl\cdot \longrightarrow O_2 + ClO\cdot$$
$$\underline{+)\quad ClO\cdot + O_3 \longrightarrow 2O_2 + Cl\cdot}$$
$$2O_3 \longrightarrow 3O_2$$

オゾン 2 分子が酸素 3 分子に分解されているが, 塩素原子は消滅しない. したがって塩素原子はこの反応の触媒である.

例4　オレフィンメタセシス（アルケンメタセシス）

分子内に炭素–炭素二重結合をもつ化合物をアルケンというが, 以前はオレフィンと呼んでいた. 4 章で述べた通り二重結合は σ 結合と

π 結合から成り立ち，その結合を切るために必要なエネルギーの平均値は炭素–炭素単結合を切るために必要なエネルギー 348 kJ mol^{-1} の 2 倍近い 612 kJ mol^{-1} である．したがって式 (12.34) のような二重結合の切り貼りが自由にできるなどということは多くの化学者にとって夢にしか過ぎなかった．

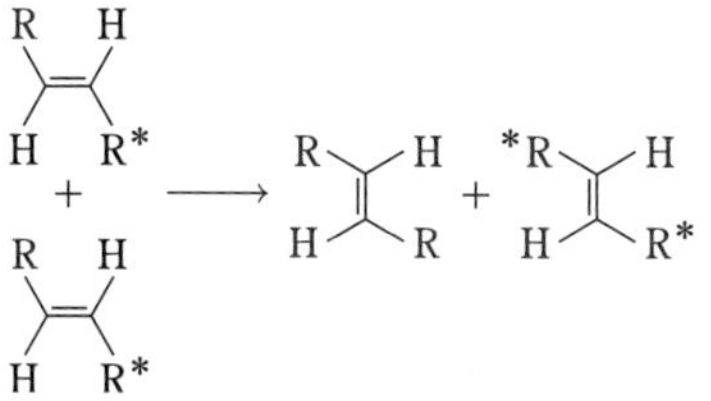
(12.34)

この夢を実現したのが，炭素原子がタングステン，モリブデン，ルテニウムなどの金属原子と二重結合した構造をもつオレフィンメタセシス触媒（M = CHR, M は金属原子）であった[2]．

2)「メタ meta」と「セシス thesis」はともにギリシャ語で，それぞれ「変える」と「位置」を意味する．

この触媒はオレフィンと反応して 4 員環構造をもつ中間体をつくり，そこであたかもダンスのパートナーを換えるようにあっさりと炭素原子を取り換えてしまう（■図 12.10）．

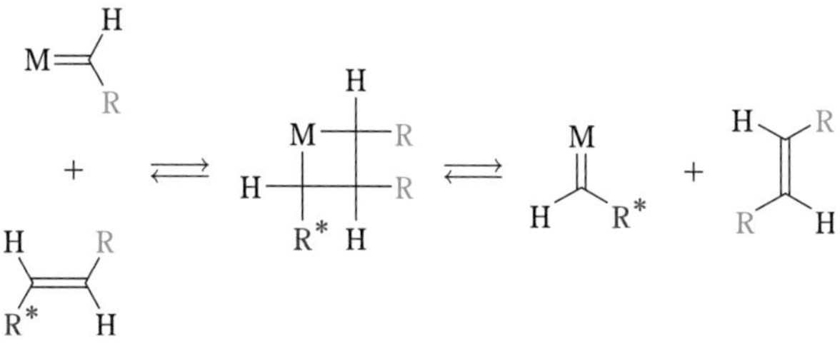

図 12.10　オレフィンメタセシス反応の機構

メタセシス触媒の例を■図 12.11 に，反応の例を■図 12.12 に示す．

図を見ると明らかなように触媒自身の構造はかなり複雑であるが，それらが行う反応は見事としかいいようがない．■図 12.12 に示した

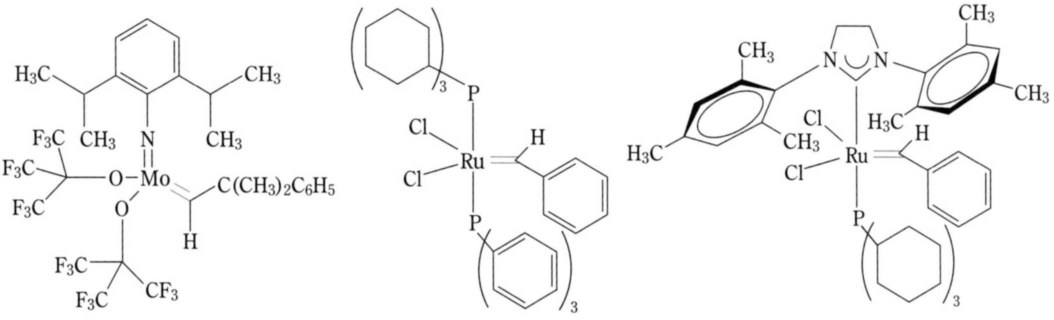

Schrock 触媒　　Grubbs 第一世代触媒　　Grubbs 第二世代触媒

図 12.11　オレフィンメタセシス触媒の例

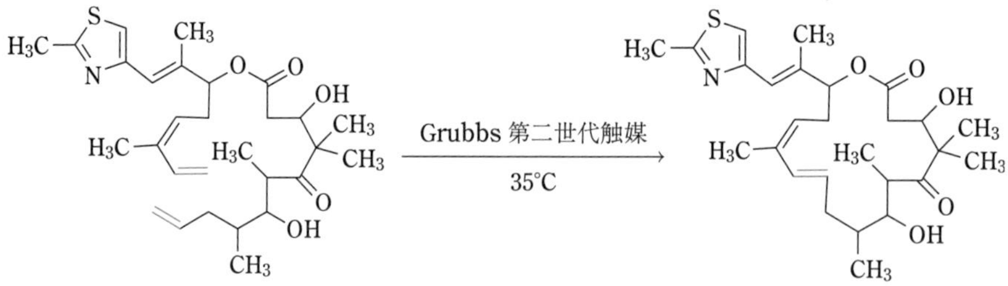

epothilone 490

図 12.12　オレフィンメタセシス反応の例

反応の生成物は抗がん剤であるが，このような精密有機合成反応にオレフィンメタセシスは威力を発揮している.

　メタセシス反応の機構を最初に提案した Y. ショーヴァン，広範囲な利用が可能な新触媒を開発した R. グラブスと R. シュロックの 3 人に 2005 年のノーベル化学賞が授与された.

　例 5　酵素反応

　生体内化学反応の多くは酵素と呼ばれる複雑な分子式と分子構造をもつタンパク質によって触媒されている. 酵素反応の特徴は中性に近い水溶液中で室温に近い温度という温和な条件で速やかに進むだけではなく，反応する分子（基質）の選択性が極めて高いことである. たとえば糖をエタノールに変換する過程で，3-ホスホ-D-グリセリン酸（3-D-PGA）が 2-ホスホ-D-グリセリン酸（2-D-PGA）に変換される [式(12.35)] が，この反応を触媒する酵素ホスホグリセロムターゼは構造が 3-D-PGA にそっくりの 3-ホスホ-L-グリセリン酸（3-L-PGA）を 2-ホスホ-L-グリセリン酸（2-L-PGA）に変換することはできない [3]. また −COO⁻ が −CH=O に変っただけの D-グリセリンアルデヒド-3-リン酸（3-D-PGAld）を基質として同じような反応は進まない.

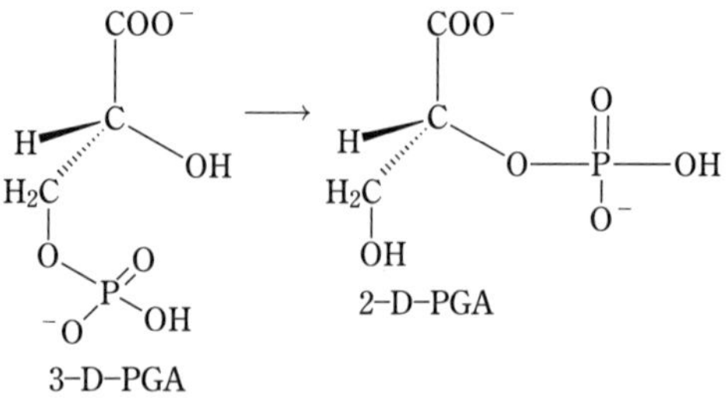

3) 3-D-PGA と 3-L-PGA の構造は互いに実物とそれを鏡に映したときにできる像の関係にある. このような関係にある分子を光学異性体と呼んでいる. 酵素をつくるアミノ酸はすべて α-L-アミノ酸であって，光学異性体 α-D-アミノ酸は使われていない. そのために基質の光学異性体を区別することができる.

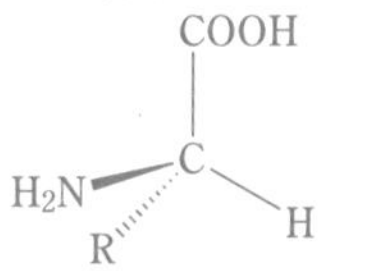

α-L-アミノ酸の構造

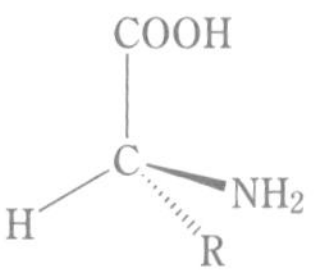

α-D-アミノ酸の構造
R = CH₃, (CH₃)₂CH, C₆H₅CH₂ など

(12.35)

$$
\begin{array}{cc}
\text{COO}^- & \text{CHO} \\
\text{HO} \diagdown \underset{|}{\text{C}} \diagup \text{H} \qquad & \text{H} \diagdown \underset{|}{\text{C}} \diagup \text{OH} \\
\text{CH}_2 & \text{H}_2\text{C} \\
\end{array}
$$

3-L-PGA   3-D-PGAld

このような基質選択性が見られる理由は，酵素分子 E が活性部位と呼ばれる構造が軟らかい部分を利用して，特定の基質とだけ反応を起こすのに適した構造の酵素–基質錯体 ES をつくってから反応するためである．反応が終わると生成物は離れ，酵素 E が再生する．したがって酵素は触媒である．

$$\text{E} + \text{S} \rightleftarrows \text{ES} \longrightarrow \text{E} + \text{P} \qquad (12.36)$$

E: 酵素   S: 基質   P: 生成物

動物は体内に食物として取り込んだタンパク質を加水分解という反応でアミノ酸に分解して利用しているが，このタンパク質の加水分解を触媒する酵素の 1 つカルボキシペプチダーゼ A の活性部位の構造を■図 12.13 に示す．

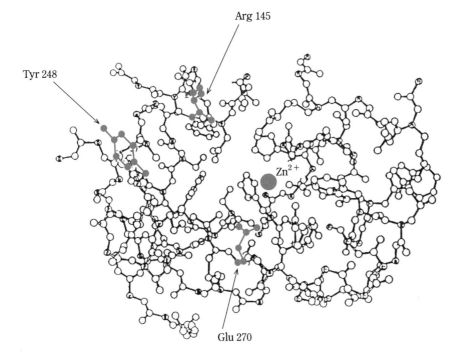

図 12.13 カルボキシペプチダーゼ A の活性部位の構造 (Reprinted from *Advances in Protein Chemistry*, Vol.25, F. A. Ouiochs and W. N. Lipscomb, Steric structure of carboxypeptidase A, p.1, with permission from Elsevier)

　　この酵素は 307 個のアミノ酸からできており，145 番目のアルギニン Arg，248 番目のチロシン Tyr，270 番目のグルタミン酸 Glu に加えて亜鉛イオン Zn^{2+} が活性部位にあって，反応を触媒する上で重要な役割を果たしている．左右のアミノ酸の鎖が折り畳まれた部分は比較的固い構造をしているが，それらをつなぐ中央の部分は柔らかく基質の構造に合わせて変化する．

　　以上 5 つの触媒反応の例を見ただけでも，触媒というものが様々な場面で様々な機構で作用していることがわかるであろう．触媒はこれまでに実に多くの化学者が研究し，20 世紀を通じて大きな発展を遂げてきた分野であり，これからも発展を続けるであろう．

問　題

1. 五酸化二窒素はつぎのように二酸化窒素と酸素に分解する．

$$2N_2O_5(g) \longrightarrow 4NO_2(g) + O_2(g)$$

この反応の進行に伴う五酸化二窒素の濃度変化を 45℃ で追跡した結果は下表の通りである．このデータに基づいて■図 12.4，■図 12.5 に示したものと同じプロットを行い，この反応が 1 次反応であることを確認せよ．

t/s	0	1200	2400	3600	4800	6000	9600
$[N_2O_5]$ / mol dm^{-3}	0.01756	0.00933	0.00531	0.00295	0.00167	0.00094	0.00014

2. 放射性同位元素の壊変はすべて 1 次反応である．三重水素 ^{3}H はつぎの反応式に従って ^{3}He になる．

$$^3_1H \longrightarrow ^3_2He^+ + ^0_{-1}e \qquad t_{1/2} = 12.33\,y\,(年)$$

最初に存在した三重水素の濃度が初濃度の 1/1000 まで減少するのに要する時間を求めよ．　　　　　　　　　　　(122.9 年後)

3. $^{40}_{19}K$ はつぎの反応式に従って安定な $^{40}_{18}Ar$ になる．

$$^{40}_{19}K \longrightarrow ^{40}_{18}Ar + ^0_{-1}e \qquad k = 5.81 \times 10^{-11}\,y^{-1}$$

この反応は生成したアルゴンが失われないという仮定の下に，岩石の生成年代決定に用いられる．ある岩石の標本を分析した

結果，物質量比は $\dfrac{n_{\mathrm{K}}}{n_{\mathrm{Ar}}} = 4.5$ であった．この岩石が何年前に生成したか推定せよ．

(3.5×10^9 年前)

4. シアン酸アンモニウムの水溶液を加熱すると尿素に異性化する．

$$\mathrm{NH_4^+ NCO^-(aq)} \longrightarrow \mathrm{CO(NH_2)_2(aq)}$$

シアン酸アンモニウムの $0.381\,\mathrm{mol\,dm^{-3}}$ の水溶液を $65\,^\circ\mathrm{C}$ に保って尿素の生成を追跡し，以下のデータを得た．この反応の次数を決定し，速度定数 k を求めよ．

t/s	0	1200	3000	3900	9000
$[\mathrm{CO(NH_2)_2}]/\,\mathrm{mol\,dm^{-3}}$	0	0.117	0.201	0.225	0.295

($k = 1.00 \times 10^{-3}\,\mathrm{mol^{-1}\,dm^3\,s^{-1}}$)

5. 炭素–窒素二重結合をもつ化合物 A は，つぎのような反応を行っている．

この反応の速度定数 k を測定して以下の結果が得られた．アレニウスプロットを行い，この反応の頻度因子 A と活性化エネルギー E_{a} を求めよ．

T/K	315.3	325.8	336.3	346.8
$k/\mathrm{s^{-1}}$	70	160	350	700

($A = 7.6 \times 10^{12}\,\mathrm{s^{-1}}$, $E_{\mathrm{a}} = 67\,\mathrm{kJ\,mol^{-1}}$)

6. 反応 $\mathrm{A} + \mathrm{B} \longrightarrow \mathrm{C}$ において A と B の初濃度をそれぞれ a, b とする．$a \gg b$ という条件で以下のデータが得られた．この反応の 2 次反応速度定数 k_2 を求めよ．

$a/\,\mathrm{mol\,dm^{-3}}$	0.01	0.02	0.03	0.04	0.05	0.06	0.07	0.08
$k'/10^{-4}\,\mathrm{s^{-1}}$	1.6	3.2	4.8	6.4	8.0	9.6	11.2	12.8

($1.6 \times 10^{-2}\,\mathrm{dm^3\,mol^{-1}\,s^{-1}}$)

7. A は速度定数 k_1 で B を生成し，B は速度定数 k_{-1} で A を生成する．純粋な A の初濃度を a，時刻 t における A の濃度を $(a-x)$，この反応が平衡状態に達したときの A の濃度を $a-e$ とすると，つぎの関係が成り立つことを示せ．

$$k_1 + k_{-1} = \frac{1}{t}\ln\left(\frac{e}{e-a}\right)$$

8. アレニウスの式 (12.26) は，生体内の反応のような複雑な過程についても成立する場合が多い．

体内に侵入した病原菌が白血球に取り込まれて殺菌される速度が，体温が 36 ℃ から 40 ℃ まで上昇すると 2 倍になったとする．この反応の活性化エネルギーを求めよ． (139 kJ mol^{-1})

9. ある生体反応の速度を 36.5 ℃ で酵素が存在しない条件下で測定したところ，体温 36.5 ℃ での生体内の反応の 1/10^6 であった．2 つの条件下で頻度因子がほぼ同じとしたとき，酵素が存在しない場合と存在する場合の活性化エネルギーの差を求めよ． (35.6 kJ mol^{-1})

索　引

分担執筆者

浅野　努　　　大分大学名誉教授

上野正勝　　　同志社大学名誉教授

大賀　恭　　　大分大学理工学部教授

第4版　Freshman化学

2006 年 11 月 25 日	第 1 版	第 1 刷	発行
2013 年 4 月 20 日	第 1 版	第 6 刷	発行
2014 年 10 月 31 日	第 2 版	第 1 刷	発行
2019 年 2 月 28 日	第 2 版	第 5 刷	発行
2019 年 11 月 10 日	第 3 版	第 1 刷	発行
2022 年 2 月 25 日	第 3 版	第 3 刷	発行
2022 年 10 月 20 日	第 4 版	第 1 刷	印刷
2022 年 10 月 31 日	第 4 版	第 1 刷	発行

著　者　　浅　野　　努

上　野　正　勝

大　賀　　恭

発　行　者　　発　田　和　子

発　行　所　　株式会社　学術図書出版社

〒113-0033　東京都文京区本郷 5 丁目 4 の 6
TEL 03-3811-0889　　振替　00110-4-28454
印刷　三美印刷 (株)

元 素 の

	1	2	3	4	5	6	7	8	9
1	$_1$H 水素 1.008 1s^1								
2	$_3$Li リチウム 6.941** [He]2s^1	$_4$Be ベリリウム 9.012 [He]2s^2							
3	$_{11}$Na ナトリウム 22.99 [Ne]3s^1	$_{12}$Mg マグネシウム 24.31 [Ne]3s^2							
4	$_{19}$K カリウム 39.10 [Ar]4s^1	$_{20}$Ca カルシウム 40.08 [Ar]4s^2	$_{21}$Sc スカンジウム 44.96 [Ar]3d^{1}4s^2	$_{22}$Ti チタン 47.87 [Ar]3d^{2}4s^2	$_{23}$V バナジウム 50.94 [Ar]3d^{3}4s^2	$_{24}$Cr クロム 52.00 [Ar]3d^{5}4s^1	$_{25}$Mn マンガン 54.94 [Ar]3d^{5}4s^2	$_{26}$Fe 鉄 55.85 [Ar]3d^{6}4s^2	58.
5	$_{37}$Rb ルビジウム 85.47 [Kr]5s^1	$_{38}$Sr ストロンチウム 87.62 [Kr]5s^2	$_{39}$Y イットリウム 88.91 [Kr]4d^{1}5s^2	$_{40}$Zr ジルコニウム 91.22 [Kr]4d^{2}5s^2	$_{41}$Nb ニオブ 92.91 [Kr]4d^{4}5s^1	$_{42}$Mo モリブデン 95.95 [Kr]4d^{5}5s^1	$_{43}$Tc テクネチウム (99) [Kr]4d^{5}5s^2	$_{44}$Ru ルテニウム 101.1 [Kr]4d^{7}5s^1	102
6	$_{55}$Cs セシウム 132.9 [Xe]6s^1	$_{56}$Ba バリウム 137.3 [Xe]6s^2	ランタノイド	$_{72}$Hf ハフニウム 178.5 [Xe]4f^{1}4^{5}d^{2}6s^2	$_{73}$Ta タンタル 180.9 [Xe]4f^{14}5d^{3}6s^2	$_{74}$W タングステン 183.8 [Xe]4f^{14}5d^{4}6s^2	$_{75}$Re レニウム 186.2 [Xe]4f^{14}5d^{5}6s^2	$_{76}$Os オスミウム 190.2 [Xe]4f^{14}5d^{6}6s^2	192
7	$_{87}$Fr フランシウム (223) [Rn]7s^1	$_{88}$Ra ラジウム (226) [Rn]7s^2	アクチノイド	$_{104}$Rf ラザホージウム (267) [Rn]5f^{14}6d^{2}7s^2	$_{105}$Db ドブニウム (268)	$_{106}$Sg シーボーギウム (271)	$_{107}$Bh ボーリウム (272)	$_{108}$Hs ハッシウム (277)	10

凡例:
- 原子番号
- 元素記号（天然に存在する放射性元素は赤字，合成された放射性元素は中抜きの赤字）
- $_4$Be ベリリウム 9.012 [He]2s^2
- 日本化学会が定めた4桁の原子量
- 電子配置
- 元素名
- 特定の同位体組成を示さない場合は最もよく知られた質量数を（ ）内に示す.

| ランタノイド | $_{57}$La ランタン 138.9 [Xe]5d^{1}6s^2 | $_{58}$Ce セリウム 140.1 [Xe]4f^{1}5d^{1}6s^2 | $_{59}$Pr プラセオジム 140.9 [Xe]4f^{3}6s^2 | $_{60}$Nd ネオジム 144.2 [Xe]4f^{4}6s^2 | $_{61}$Pm プロメチウム (145) [Xe]4f^{5}6s^2 | $_{62}$Sm サマリウム 150.4 [Xe]4f^{6}6s^2 | $_{63}$Eu ユーロピウム 152.0 [Xe]4f^{7}6s^2 | $_{64}$Gd ガドリニウム 157.3 [Xe]4f^{7}5d^{1}6s^2 | 158 テル [Xe] |
| アクチノイド | $_{89}$Ac アクチニウム (227) [Rn]6d^{1}7s^2 | $_{90}$Th トリウム 232.0 [Rn]6d^{2}7s^2 | $_{91}$Pa プロトアクチニウム 231.0 [Rn]5f^{2}6d^{1}7s^2 | $_{92}$U ウラン 238.0 [Rn]5f^{3}6d^{1}7s^2 | $_{93}$Np ネプツニウム (237) [Rn]5f^{4}6d^{1}7s^2 | $_{94}$Pu プルトニウム (239) [Rn]5f^{6}7s^2 | $_{95}$Am アメリシウム (243) [Rn]5f^{7}7s^2 | $_{96}$Cm キュリウム (247) [Rn]5f^{7}6d^{1}7s^2 | 9 バーム (247 [Rn] |

＊原子量は 日本化学会"4桁の原子量表（2019）"に，電子配置は"CRC Handbook of Chemistry and Physics, 95th ed."による.